实证主义

在微生物学中的嬗变

从罗伯特·科赫——
——到卢德维克·弗莱克

夏钊 著

中国社会科学出版社

MICROBIOLOGY

图书在版编目（CIP）数据

实现主义本体论中的辩证法：乃尔伯特·科耶谢列甫斯基·弗泽布 /
章利春 . —北京：中国社会科学出版社，2023.5
ISBN 978 - 7 - 5227 - 1839 - 2

I.①实… II.①章… III.①辩证唯物论—研究 IV.①B093 - 09

中国国家版本馆 CIP 数据核字(2023)第 074204 号

出版人　赵剑英
特约编辑　张世超
责任编辑　章　蕾
责任校对　杨　林
责任印制　王　超

出　版　中国社会科学出版社
社　址　北京鼓楼西大街甲 158 号
邮　编　100720
网　址　http://www.csspw.cn
发行部　010 - 84083685
门市部　010 - 84029450
经　销　新华书店及其他书店
印　刷　北京明恒达印务有限公司
装　订　廊坊市广阳区广增装订厂
版　次　2023 年 5 月第 1 版
印　次　2023 年 5 月第 1 次印刷
开　本　710×1000　1/16
印　张　19.25
插　页　2
字　数　254 千字
定　价　99.00 元

凡购买中国社会科学出版社图书，如有质量问题请与本社营销中心联系调换
电话：010 - 84083683

目　　录

绪　　论

公元 1432 年，几名修道院院长就一匹马到底有几颗牙齿的问题展开了一场激烈的辩论。13 天里，这场辩论不断升级，未见停歇。他们翻阅了所有的古籍和编年史，发表了绝妙而又冗长的论述，如此广博的学识在当地还是头一次听到。到了第 14 天，一名风度翩翩的年轻修士向满腹经纶的修道院院长们请求插一句话，因为辩论者们的大智慧令他十分着急，他认为有更直接和简单的办法可以弄清辩论者的疑问。他恳求辩论者放下身段，亲自打开马嘴看一看，便能够找到所有疑问的答案。年轻修士提出的办法是如此粗俗，简直闻所未闻。院长们觉得自己的尊严受到了严重的伤害，个个怒火中烧；现场顿时一片骚乱，他们冲上前去，将年轻的修士痛打一顿，之后立刻将他扫地出门。院长们说道，这个鲁莽的新人与圣贤的教诲背道而驰，一定是受到了撒旦的鼓动，竟然敢用如此邪恶且闻所未闻的方法来寻找真理。激烈的辩论又持续了许多天，终于，和平鸽来到了这群人身边，院长们达成了一致意见，共同发表声明：因为严重缺乏相关的历史资料和神学证据，这个问题将成为一个永恒的谜题，他们下令将这一结论写进书里。[①]

---

① Thompson R. P. , Upshur R. E. G. , *Philosophy of Medicine：An Introduction*，New York：Routledge，2018，p. 14.

据说上面这则故事出自弗兰西斯·培根（Francis Bacon，1561—1626）。作为 17 世纪经验论的代表人物，培根撰写这则故事所表达的含义非常明确，即获得知识的途径是经验证据，而不是文本。如今，经验证据毫无争议地成为科学探索的核心，至少在科学共同体内部没有任何争议。

然而，如果对科学哲学稍有了解，人们就会发现即使承认经验证据的重要性，寻找经验证据也绝不会像打开马嘴那样简单。假设按照年轻修士的请求打开马嘴数牙齿，那么人们首先要知道什么是牙齿。一般来说，正常的马都有臼齿上下颌各 12 颗，切齿上下颌各 6 颗。大多数公马在臼齿和切齿之间会长出 4 颗犬齿，母马一般无犬齿。将臼齿、切齿和犬齿定义为马的牙齿似乎是合理的。但是一些马有时会在上臼齿的下面长出小而不规则的狼齿。如果"牙齿"的定义依赖于材质或位置，那么狼齿就属于牙齿，因为它们的材质和其他牙齿一样，并且也都位于颌骨中；但如果"牙齿"的定义依赖于功能，那么狼齿作为牙齿就值得怀疑了，因为它们不具有牙齿的功能。因此，人们开始数牙齿之前，第一步需要明确牙齿的定义。

但即使有了明确的牙齿的定义，数牙齿也并非一件易事。假设狼齿是类牙齿，不是真正的牙齿，那么当年轻修士打开马嘴，他一共数出了 40 颗牙齿，他可以说马有 40 颗牙齿吗？肯定不能，他只能说这匹马有 40 颗牙。让年轻修士多找几匹马继续数牙齿，他也许很快会发现，公马有 40 颗牙齿，母马有 36 颗牙齿。并且，他或许会很快意识到，根据年龄的不同，马口中的牙齿数量也是不一样的，幼马通常有 24 颗暂时性（会脱落）的牙齿。但即使按性别或年龄区分了马匹，马的牙齿的数量也不都一样。因此，年轻修士并不能通过打开马嘴数牙齿，从而回答马到底有多少牙齿的问题，他依旧会被扫地出门。这些因素绝不会破坏这则故事的核心信息，即"古籍和编年史"不是经验知识的基础，但是这些因素却破坏了"年轻修道士"粗糙的经验主义。一个成熟的和可辩护的经验主义需要深思熟虑的和精致的方法论。①

　　或许，你已经意识到构造一个精致的方法来弄清楚马到底有多少颗牙齿可能会遇到的困难。但是，本书想说现实中任意一个科学问题都远比数牙齿要复杂得多。如何看待科学，如何看待科学认识论和方法论的问题在哲学论著中数不胜数，以自然科学为基础的实证主义思潮曾在19世纪和20世纪人文社科领域产生了巨大影响，20世纪50年代以后，新兴的历史主义和科学社会学对科学的反思又产生了许多新颖的见解。在人文社科领域，人们对科学的认知似乎一直处于变动之中，甚至相互矛盾，但是科学家似乎一直沿袭着前人的成就，不断站在巨人的肩膀上前行。这不禁使人疑惑，难道科学概念在人文社科领域和自然科学领域有所不同？

　　当查阅大多数关于实证主义的文章和书籍时，人们会有一种理论都是从先前理论演化而来或者是某某人所说的感觉，原本与自然科学直接相关的研究，似乎落入了文本和权威的窠臼之中。反倒是近年来科学社会学的研究，从大量案例和科学史入手，展示出了一种全新的科学图景。因此，本书尝试从科学史出发，探究实证主义在科学中到底是如何发展的，实证主义的变化在科学领域和人文社科领域是否有所不同，两个领域中的实证主义到底有何联系。

　　微生物学史为本书解决以上疑问，提供了一个很好的科学史案例。在古代，人们无法看到微生物，因此对一些涉及微生物的疾病现象采用了神秘主义的解释。随着显微镜的发明和改进，19世纪末期微生物学领域发生了一场细菌革命。以巴斯德（Louis Pasteur）、科赫（Robert Koch）为代表的微生物学家，颠覆了以往人们对疾病的神秘主义认知，建立起了细菌致病理论，改变了医学的各个方面。② 作为这场革命的核

---

① Thompson R. P., Upshur R. E. G., *Philosophy of Medicine: An Introduction*, New York: Routledge, 2018, p. 15.

② Rosenberg C. E., *The Care of Strangers*, Baltimore: Johns Hopkins University Press, 1987, p. 141.

心人物，科赫通过在实验室中的观察、实验，构建了一套细菌学研究的实证方法"科赫原则"，这一方法也成为细菌学研究的典范。但是，与科赫不同，波兰籍微生物学家弗莱克（Ludwik Fleck）却在20世纪初转变了对疾病概念的认识。结合自身的临床经验和微生物学研究，弗莱克发现医学科学与物质科学一样都存在"实在"问题。通过对医学科学的考察，他认为"在健康与疾病之间没有绝对严格的界限，并且人们无法再一次发现完全相同的疾病图像"①。在弗莱克看来，疾病是思维集体共同构建的一个概念，而不是科赫所认为的由细菌引起的疾病。

从对疾病的神秘主义认知，到实证主义认知，再到相对主义认知，对微生物学史的梳理有助于人们了解微生物学中的实证主义思想是如何被建立起来和如何发展变化的，更重要的是，有助于人们了解实证主义在科学领域中演变的内在逻辑。

第一节　研究缘起

一　研究背景

文艺复兴以来，自然科学家逐渐从中世纪的神学枷锁中解放出来，在欧洲掀起了一场前所未有的"科学革命"。他们不仅挑战了传统的神秘主义和神学思想，而且还精进了以经验为基础的科学观。第一次科学大革命的基本进展是从古代朴素直观的世界图景转变为牛顿的"经典的"世界图景，其特征是，认识对象的感性外观已经让位于认识对象的抽象描述。②"科学革命"破除了人们长期迷信的带有宗教色彩的权威观点，构建了以实验归纳与数学演绎为基础的科学方法，形成了一套以理性为基础的科学观，直接影响了西方近代数学、物理学、化学、生

---

① Fleck L., "Some Specific Features of the Medical Way of Thinking", in Cohen R. S., Schnelle T., *Cognition and Fact*, *Materials on Ludwik Fleck*, *Boston Studies in the Philosophy of Science*, Vol. 87, Dordrecht：D. Reidel Publishing Company, 1986, p. 39.

② 刘大椿：《从科学革命到现代科技革命》，《教学与研究》1997年第3期。

物学、科学哲学等学科的兴起与发展。

19 世纪三四十年代实证主义者掀起了一场以自然科学为基础的哲学思潮，其特征就是强调科学方法的合理性、研究对象的客观性、自然规律的普遍性和科学价值的中立性。[①] 实证主义者第一次明确提出要以实证自然科学的精神来改造和超越传统形而上学。[②] 在几代实证主义者的努力下，到了 20 世纪，实证方法不再只是科学研究的核心，还成为社会科学研究的重要手段。然而，与对培根故事中的年轻修士的分析类似，实证主义者在以经验和逻辑的方式为实证主义辩护时，遭到了大量质疑。法兰克福学派批评道，经验事实所谓的"中立性"只不过是实证主义的主观幻想。[③] 蒯因在《经验论的两个教条》中批评了逻辑实证主义的两个基本信念：综合命题和分析命题的区分、还原论。[④] 波普尔（Karl Popper）批评了逻辑实证主义判断科学划界的评判标准和经验归纳的原则。[⑤] 由于逻辑实证主义自身存在诸多无法克服的逻辑困境——证实原则、归纳问题、还原论等，再加上第二次世界大战引起的科学理性的危机，20 世纪 50 年代逻辑实证主义日渐式微。波普尔、蒯因（Willard Van Orman Quine）、库恩（Thomas Kuhn）等人在批评逻辑实证主义的基础上转向了后实证主义，他们消解了理论和观察之间的区分，否认了逻辑实证主义的还原论主张，将社会因素、历史因素、心理因素等价值概念引入对科学的认知中。

如何认知世界是一个极其复杂的问题。孔德（Auguste Comte）将人类思维模式的进化分成了三个阶段：神学、形而上学以及实证主义阶

[①] 阙祥才：《实证主义研究方法的历史演变》，《求索》2016 年第 4 期。
[②] 刘放桐等：《新编现代西方哲学》，人民出版社 2000 年版，第 1 页。
[③] 陈振明：《法兰克福学派的"批判的科学哲学"——对实证主义的攻击》，《学术月刊》1991 年第 5 期。
[④] ［美］蒯因：《经验论的两个教条》，《从逻辑的观点看》，陈启伟等译，中国人民大学出版社 2007 年版，第 21—48 页。
[⑤] ［英］波普尔：《科学发现的逻辑》，查汝强等译，中国美术学院出版社 2008 年版。

段。① 皮尔斯（Charles Sanders Peirce）将人类确定信念的方法分为四种：固执的方法、权威的方法、先验的方法和科学的方法。② 实证主义者普遍认为自然科学家可以通过重复性实验验证科学假设，能够通过以观察为基础的经验研究发现自然界的客观规律。这种自然科学的认知方式被实证主义者引入人文社科领域，在 19 世纪和 20 世纪产生了巨大影响，哲学、史学、法学、经济学等各个学科都形成了以实证主义方法和信念为基础的流派。虽然实证主义者在一定程度上摒弃了文本主义和形而上学的认知方式，精致地辩护了以经验为基础的认知方式，但是实证主义并不是唯一认识世界的方式，也绝不可能成为唯一认识世界的方式。在对科学认识论的讨论中，实证主义的核心观念在哲学领域遭到了强烈的抨击。20 世纪中期，对实证主义思想的批判甚至延伸到了对科学家研究方法的批判。库恩在《科学革命的结构》中提出范式理论，认为科学家的认知方式受到范式的影响，他们的经验观察并非完全客观；并且当一个范式替代另一个范式时，并不意味着新的范式一定比旧的好，更多的是一种心理格式塔的转换；虽然科学必然进步，但是目标却不是真理。库恩认为人们可能不得不抛弃这么一种不管明确还是含糊的想法：范式的转变使科学家和向他们学习的人越来越接近真理。③ 柯林斯（Harry Collins）则强调科学中社会因素对科学知识的影响，他指出不是自然界的规律强加于我们的观念，而是我们制度化观念的规律强加于世界。④ 通过对 20 世纪科学哲学的简要回顾，可以明显地看出，逻辑实证主义在 20 世纪中期衰落之后，人们对科学活动的讨论转向了两条主要路径：一条是从逻辑实证主义到证伪主义再到历史主义的发展路

---

① ［法］孔德：《论实证精神》，黄建华译，商务印书馆 2001 年版，第 29—30 页。

② ［美］皮尔斯：《信念的确定》，《皮尔斯文选》，周兆平、涂纪亮译，社会科学文献出版社 2006 年版，第 67—85 页。

③ ［美］库恩：《科学革命的结构》，金吾伦、胡新和译，北京大学出版社 2003 年版，第 153 页。

④ Collins H. M.，*Changing Order*：*Replication and Induction in Scientific Practice*，London，Beverly Hills，New Delhi：SAGE Publications，1985，p. 148.

径；另一条是科学知识社会学的路径，即从实证主义转向社会建构主义。这两条路径通常都被视为后实证主义。

　　然而，与通常的认知有些不符的是，一位名叫卢德维克·弗莱克的微生物学家早在 20 世纪二三十年代就提出了一种从社会学的视角看待科学知识的相对主义观点。弗莱克通过对梅毒史和瓦色曼反应的研究，提出了"思维风格""思维集体"理论，认为"知识不仅是认知主体和认知客体间的对话，而且还是一种包含集体在内的三重关系"①，认知不是一个个人的活动，而是包含了个人主体、特定客体和具有主体行为的思维集体的一个复杂活动，并且认知过程受认知共同体中特有的思维风格的限制。在弗莱克看来，通常被认为是知识的积累的科学发展，实则是一种思想的风格持续发展的结果。科学知识受思维风格和社会背景的影响，是历史发展的结果。并且，由于思维风格是可以发生变化的，因此任何观点都会遭到修订或者改变，不存在一个绝对不变的真理。②

　　作为一名医生，出生于 1896 年的卢德维克·弗莱克在利沃夫大学学医期间，学习的是 19 世纪末形成的细菌理论。弗莱克主要研究的斑疹伤寒是一种由立克次氏体引起的传染病。用弗莱克自己的理论来说，他应该是处于当时主流的医学集体之中，深受细菌理论思维风格的影响。但是，弗莱克实际上却颠覆了传统的科学真理观，与 20 世纪上半叶流行的逻辑实证主义背道而驰，而且预示了许多历史主义和科学知识社会学的思想。

二　理论意义

　　国内外学者对实证主义思想的演变和实证主义的新转向做了大量的研究。但是，总体来看，当前的实证主义研究更注重于理论研究，与自

---

①　Fleck L. , *Genesis and Development of a Scientific Fact*, Chicago: The University of Chicago Press, 1979, p. 115.

②　夏钊：《弗莱克研究现状及其在中国的意义》，《科学文化评论》2014 年第 1 期。

然科学研究几乎完全分离。而这种分离导致了人们对实证主义的理解太过宽滥，以致其丧失了概念上的明晰性。① 实证主义是以自然科学为基础的科学思想，孔德将这种思想引入到社会科学领域，以期在社会现象中发现与自然现象中类似的普遍规律。孔德在《论实证精神》中说，实证一词指的是真实、有用、肯定、精确和组织，而非虚幻、无用、犹疑、模糊和破坏，② 并认为实证主义是在开普勒（Johannes Kepler）与伽利略（Galileo Galilei）的科学推动下，培根和笛卡儿（René Descartes）的哲学推动下，才迅速崛起的。③ 虽然孔德明确提出实证主义思想的出现有着深刻的科学、社会、历史和哲学背景，但是在孔德的论述中看不到他对科学中实证主义的分析，只能看到他从"通用说法"④ 中归纳出的实证的属性。孔德之后，实证主义的发展，一方面强调理论的经验特征，要求科学理论必须得到事实的证实；另一方面强调逻辑分析，要求理论符合逻辑的形式。⑤ 虽然逻辑实证主义受到了庞加莱（Jules Hanri Poincaré）和爱因斯坦（Albert Einstein）的物理学、弗雷格（Gottlob Frege）和罗素（Bertrand Russell）的数学的影响，⑥ 但是纯粹形式化的科学解释模式研究脱离了科学活动的实际。⑦ 随着历史主义和建构主义的兴起，人们才再次把关注点拉回科学本身。历史主义强调科学哲学和科学史的结合，力图在对历史的强调中勾画出一种大异其趣的科学解释观；科学知识社会学则关注科学活动和科学知识本身，试图通过社会学研究还原出科学

---

① ［美］扎米托：《科学哲学：从实证主义到后实证主义》，《淮阴师范学院学报》（哲学社会科学版）2013 年第 1 期。

② ［法］孔德：《论实证精神》，黄建华译，商务印书馆 2001 年版，第 29—30 页。

③ ［法］孔德：《论实证精神》，黄建华译，商务印书馆 2001 年版，第 34 页。

④ ［法］孔德：《论实证精神》，黄建华译，商务印书馆 2001 年版，第 29 页。

⑤ 赵万里：《科学的社会建构：科学知识社会学的理论与实践》，天津人民出版社 2002 年版，第 85—86 页。

⑥ Blumberg A. E. , Feigl H. , "Logical Positivism", *The Journal of Philosophy*, Vol. 28, No. 11, 1931, pp. 281 – 296.

⑦ 曹志平：《理解与科学解释：解释学视野中的科学解释研究》，社会科学文献出版社 2005 年版，第 31 页。

原本的面貌。然而，与逻辑实证主义对科学方法和科学知识的客观性和真理性强调不同，后实证主义试图消解科学方法和科学知识的客观性，将科学视为与其他文化等同的社会建构物。本书认同后实证主义对科学实践和科学史的研究，但是并不满意它的相对主义观点。因此，本书在梳理国内外实证主义观点的基础上，致力于从科学本身出发探索实证主义在科学中的原貌，以填补实证主义研究对科学本身关注的不足，并试图剖析实证主义在科学领域中的形象，调和科学主义和相对主义。

三　实践意义

19世纪初，以自然科学为基础的实证主义原本是作为一场政治运动出现于法国，其主要宗旨是反宗教神学和形而上学，主张社会改革，提倡科学精神。只是在之后的发展过程中，逻辑实证主义以经验为基础，以逻辑为工具，旨在将哲学改造为科学的哲学，关注点转到了科学划界、科学说明和科学统一等问题上，实证主义才成为一场不折不扣的哲学运动。20世纪50年代随着人文社科领域对逻辑实证主义态度的转变，人们逐渐认识到科学活动和科学知识的社会性。近年来科学社会学研究开枝散叶，进入科技政策、科技管理、科技传播等领域，它们勾勒出全新的科学形象，挖掘出科学在社会中的发展规律，并通过政策和管理对科学研究产生直接影响。因此，科学认识论问题并不只是单纯的理论问题。本书通过对实证主义在微生物学中的确立和发展的分析，试图勾勒出实证主义在科学领域中的原初形象。从个人层面看，直接从科学活动中了解科学的本质，有助于人们更好地认识自然、了解世界，尊重科学规律，把握科学方法，在此基础上树立正确的科学观；从社会层面看，直接从科学活动中了解科学的本质，有助于传播科学思想，提升公民科学素养，营造符合科学规律的产学研环境，带动和促进经济社会的发展；从国家层面看，直接从科学活动中了解科学的本质，有助于认清科学发展的规律，促进创新驱动发展战略的落实，推动国家综合国力的提升。

第二节 学术前史

国内外学者对实证主义的起源和发展做了大量的相关研究，积累了丰富的研究成果，但是更多的是在哲学层面的抽象讨论，对实证主义的社会和历史因素关注较少，对科学领域中实证主义的演变几乎没有研究。因此，本书主要借鉴历史主义和科学知识社会学对科学活动和科学知识的理论研究，探索实证主义在微生物学中的发展，尤其关注罗伯特·科赫和卢德维克·弗莱克。

一 对实证主义和科学本质的研究

虽然实证主义以自然科学为基础，但是自孔德提出实证主义以来，实证主义就主要被限定于人文社科领域。根据大英百科全书的定义，在西方哲学中，实证主义广义上是指将自身限定于经验材料之内，并排斥先天的或形而上学的思辨的任何体系；狭义上指的是法国哲学家奥古斯特·孔德（1798—1857）的思想。实证主义经历了几个阶段的发展，每个阶段都有着不同的名字，例如经验批判主义（empiriocriticism）、逻辑实证主义（logical positivism）和逻辑经验主义（logical empiricism）。实证主义的基本主张是：（1）关于事实的所有知识都以"实证的"经验材料为基础；（2）超越事实领域的是纯粹的逻辑和纯粹的数学。①

实际上，19世纪孔德提出实证主义就是为了反对神学和形而上学的古老学说，"无疑，没有任何人曾从逻辑上证明阿波罗、弥涅尔瓦等神的不存在，也没有谁证明过东方仙子或者各种诗歌人物的不存在。而当古代教条终于不再适应整个形势的时候，这却一点也不妨碍

---

① Feigl H., "Positivism", Encyclopedia Britannica, Encyclopedia Britannica Inc., https://www.britannica.com/topic/positivism, 2017-04-25.

人类智慧毫无反顾地将其抛弃。"① 并且，孔德的实证主义带着明显的社会政治色彩，科拉科夫斯基（Leszek Kolakowski）在《理性的异化——实证主义思想史》② 中说道，孔德的实证主义源于他对法国社会组织的仔细考察，他认为科学的精神对重建社会秩序必不可少，孔德提出实证主义的目的是进行社会改革。无独有偶，中国早期引入实证主义思想也有着明显的社会政治色彩。被称为中国第一代实证主义者的严复，在西方实证主义思想刚兴起后不久，便通过翻译把实证主义思想引入中国，宣传维新变法思想。③ 严复将实证主义的方法概括为"实测内籀之学"。所谓的实测就是以事实观察和实验作为一切知识的出发点和评价标准。严复之后，在梁启超、王国维、胡适等人的推动下，实证主义科学方法论的影响得到进一步扩大。丁文江、王星拱等人对实证主义的嫡系——马赫主义——的传播，更是在中国树起了科学主义的大旗。④ 但在此后相当长一段时间里的社会现实，决定了实证主义学说在我国影响甚微。只有在结束"文化大革命"，重新唤醒科学的春天之后，实证主义学说才在关于"真理标准"大讨论的影子里悄然复现，不过声音并不响亮，不多久就湮没在经济改革的浪潮里。⑤

虽然实证主义思想得益于 18 世纪欧洲经验科学的巨大发展，特别是来自 18 世纪末和 19 世纪初法国科学家在化学领域和生理学领域所引起的巨大发展，⑥ 但实际上实证主义更多的是受到了 18 世纪启蒙

① ［法］孔德：《论实证精神》，黄建华译，商务印书馆 2001 年版，第 31 页。
② ［波兰］科拉科夫斯基：《理性的异化——实证主义思想史》，张彤译，黑龙江大学出版社 2011 年版。
③ 陈元晖：《严复和近代实证主义哲学——严复是中国第一代实证主义者》，《哲学研究》1978 年第 4 期。
④ 胡伟希：《中国近代实证主义思潮的产生与发展》，《学术月刊》1985 年第 10 期。
⑤ 谢向阳、淦家辉：《什么是孔德的实证主义——对孔德实证主义体系的再认识》，《学术探索》2005 年第 2 期。
⑥ 邱觉心：《早期实证主义哲学概观——孔德、穆勒与斯宾塞》，四川人民出版社 1990 年版，第 25—26 页。

运动的影响。① 实证主义者对科学的理解实际上更多地来源于抽象的逻辑论述，而不是来源于对科学研究的实际考察，其目的仅仅是借助科学的力量，推动社会改革。

如果早期实证主义是一场政治运动的话，那么20世纪初的逻辑实证主义则是一场哲学运动，更远离了对实证主义科学基础的讨论。逻辑实证主义的基本观点大体可以概括为：把哲学的任务归结为对知识进行逻辑分析，特别是对科学语言进行分析；坚持分析命题和综合命题的区分，强调通过对语言的逻辑分析以消灭形而上学；强调一切综合命题都以经验为基础，提出可证实性或可验证性和可确认性原则；主张物理语言是科学的普遍语言，试图把一切经验科学还原为物理科学，实现科学的统一。② 周昌忠认为，逻辑实证主义的知识观继承了怀疑论经验主义，尤其是休谟（David Hume）、马赫（Ernst Mach）、罗素和维特根斯坦（Ludwig Wittgenstein）的经验主义的反"形而上学"立场。逻辑实证主义者的科学观包括，唯有经验科学才提供知识；科学知识是用逻辑工具分析经验的结果，而不是用先验理性综合经验得到的；主张以物理主义来统一科学知识。由于归纳逻辑存在无法克服的弊端，因此逻辑实证主义者提出了"概率性"证明，科学真命题不是绝对的证实，而是借助归纳以高概率为经验证据所证明的假说。③ 范墨昌认为逻辑实证主义的科学观主要包含了三点：（1）逻辑实证主义最基本的原则是经验证实原则；（2）观察是科学理论的起点，归纳是科学理论的通路，科学理论则是观察的结晶；（3）科学知识是一个连续累积的渐进的量变过程，新旧理论之间的关系是归并与还原的关系。以语言和逻辑分析为基础的实证主义的发展，使其转向了纯粹形式化的科学解释模式研究，

---

① 江怡：《什么是实证主义：对它的一种史前史考察》，《云南大学学报》（社会科学版）2003年第5期。

② 安维复：《科学哲学新进展：从证实到建构》，上海人民出版社2012年版，第20页。

③ 周昌忠：《逻辑实证主义的科学观》，《自然辩证法通讯》1983年第5期。

离实际的科学活动越来越远。① 在外部文化的冲击和内在的理论矛盾无法协调的情况下，20 世纪中期逻辑实证主义从鼎盛走向衰微。

随着逻辑实证主义的衰落，围绕着科学本质的讨论，主要产生了两大流派：科学实在论和社会建构论。科学实在论在继承传统实在论的基础上，将研究对象聚焦于科学，主要关注科学研究对象是否真实存在，科学理论是否表达客观世界，科学研究的前提、方法、推理规则和元科学概念是否变化，以及预设问题。② 科学实在论的创始人塞拉斯（Wilfrid Sellars）主张以科学成就来论证物质世界的实在性，他认为科学理论所指的对象实体是客观存在的，并且可以通过逻辑加以分析和证实。③ 普特南（Hilary Putnam）则通过确认科学理论术语和自然种类词的意义与外在实在的因果联系而指称世界，初步确立了"语言"对"世界"的指称关系，树立起实在论的大旗。④ 夏佩尔（Dudley Shapere）则通过"信息域理论"分析了科学理性，论证了科学的进步是一个理性的进化过程。"信息域"既是科学理性发展的客观产物，又是科学实在论进行研究的现实对象；它既是一个理论上的理性重建框架，又是一个方法论上的实在论分析结构。⑤ 科学实在论主要沿着语言分析的路径，继续在哲学领域探讨科学的客观性问题。与此同时，社会建构论主要从科学实践和科学史的研究出发，试图解决科学、实在和文化之间的关系。与科学实在论相比，社会建构主义虽有不同形式，但它们的一个共同观点是，某些领域的知识是社会实

①　范墨昌：《论批判理性主义和逻辑实证主义在科学观上的主要分歧》，《河北师范大学学报》（社会科学版）1990 年第 2 期。

②　周丽昀：《科学实在论与社会建构论比较研究——兼议从表象科学观到实践科学观》，博士学位论文，复旦大学，2004 年，第 9 页。

③　郭贵春：《塞拉斯的知识实在论》，《自然辩证法研究》1991 年第 4 期。

④　郭志强：《语言连接世界何以可能——试论普特南实在论哲学的一致性》，《自然辩证法通讯》2018 年第 3 期。

⑤　郭贵春：《夏佩尔的理性实在论》，《自然辩证法通讯》1990 年第 5 期。

践和社会制度的产物，或者相关的社会群体互动和协商的结果。① 在库恩之前，科学哲学领域基本上是实证论和实在论的天下。库恩的代表作《科学革命的结构》发表以来，人们的关注点逐渐转移到了科学产生背后的社会、历史和文化因素。库恩在《发现的逻辑还是研究的心理学》一文中指出，我们都关心获得知识的动态过程，更甚关心科学成品的逻辑结构，但是要分析科学知识的发展就必须考虑科学的实际活动方式。② 在《科学革命的结构》中，库恩通过对科学史的梳理和重构，提出了著名的"范式"理论，他以科学共同体为中心，讨论了科学理论和科学发展规律的本质。总的来说，"范式"就是指某一科学共同体围绕某一学科或专业所具有的共同信念，这种信念规定他们有共同的基本理论、观点和方法，为他们提供了共同的理论模型和解决问题的框架，从而形成了一种共同的科学传统，规定共同的发展方向，限制共同的研究范围。③ 拉卡托斯（Imre Lakatos）则通过科学史的研究，提出了"科学研究纲领方法论"，该系统由四个相互联系的部分组成：（1）由最基本的理论构成的"硬核"；（2）由许多辅助假设构成的保护带；（3）保卫硬核的反面启示规则——"反面启示法"；（4）改善和发展理论的正面启示规则——"正面启示法"。拉卡托斯将科学哲学与科学史的研究很好地结合起来，认为"没有科学史的科学哲学是空洞的；没有科学哲学的科学史是盲目的"④。

受历史主义影响，布鲁尔（David Bloor）、巴恩斯（Barry Barnes）、拉图尔（Bruno Latour）、伍尔加（Steve Woolgar）、诺尔 - 塞蒂纳（Karin Knorr-Cetina）等人推动的科学知识社会学研究成为社

① 周丽昀：《科学实在论与社会建构论比较研究——兼议从表象科学观到实践科学观》，博士学位论文，复旦大学，2004 年，第 94 页。
② ［美］库恩：《发现的逻辑还是研究的心理学》，《必要的张力》，范岱年、纪树立等译，北京大学出版社 2004 年版，第 262—286 页。
③ ［美］库恩：《科学革命的结构》，金吾伦、胡新和译，北京大学出版社 2003 年版。
④ ［英］拉卡托斯：《科学研究纲领方法论》，兰征译，上海译文出版社 2005 年版，第 141 页。

会建构主义的主要流派，他们通过对科学活动和科学知识的社会性的讨论，构建了一种全新的科学图景。科学知识社会学的主要特征是：第一，科学知识是一种社会产物，其内容是社会构成的，可以对科学知识本身进行社会分析；第二，摒弃了规范哲学的先验论立场，采用经验主义和自然主义的研究方法。与逻辑实证主义从"规范主义"的研究进路出发提供科学的目的论说明模式不同，布鲁尔提出强纲领，试图从自然主义立场出发，提供一种"经验性"的研究进路。① 布鲁尔指出，知识社会学中的强纲领建立在某种相对主义之上，他采取了可能被人们称之为"方法论相对主义"的相对主义，这是一种通过对称性要求和反身性要求概括表达出来的立场。② 布鲁尔将科学知识社会学的研究内容概括为四点：（1）各种群体的总体性社会结构与群体所赞同的宇宙观之间的关系；（2）社会因素（经济、技术、社会发展等）与科学发展的关系；（3）文化的非科学特征与科学的关系；（4）训练过程与社会化过程在科学行为中的重要性。③ 拉图尔和伍尔加1979 年出版的《实验室生活：科学事实的建构过程》④，以及诺尔－塞蒂纳1981 年出版的《制造知识：建构主义与科学的与境性》⑤，更是以人类学方法考察实验室中的科学活动和科学知识，开启了科学技术论研究的实践转向。拉图尔和伍尔加深入美国的一个神经内分泌学实验室，利用两年时间对科学家进行人类学观察，看他们如何选择课题和申请基金，如何从事研究和发表论文，如何评级评奖等等。他们以自然主义的方式研究科学活动，特别探讨了科学活动的社会制约因

---

① 刘崇俊、周程：《强纲领自然主义立场的再审视——在相对主义和科学主义边缘的徘徊》，《科学技术哲学研究》2017 年第 6 期。

② ［英］布鲁尔：《知识与社会意向》，艾彦译，东方出版社 2001 年版，第 252 页。

③ 刘鹏：《科学知识社会学理论评析》，《科学技术与辩证法》2005 年第 3 期。

④ ［法］拉图尔、［英］伍尔加：《实验室生活：科学事实的建构过程》，刁小英、张柏霖译，东方出版社 2004 年版。

⑤ ［奥］诺尔－塞蒂纳：《制造知识：建构主义与科学的与境性》，王善博译，东方出版社 2001 年版。

素，触及人性、社会、理性和知识这些更大的问题，从一个全新的视角对科学事实的建构做了独到的诠释。诺尔－塞蒂纳认为科学知识的生产过程是建构性的，而非描述性的；是由决定和商谈构成的链条。科学事实是由科学家在实验室中建构出来的，这种建构渗透着决定，具有很强的与境偶然性和不确定性[1]。皮克林（Willaim Henry Pickering）1984 年出版的《建构夸克：粒子物理学的社会史》以传统的科学哲学及科学史作为参照对象，提出了他对高能物理学史的"历史描述"[2]。皮克林针对"当代物理学建立在经验事实基础上"这一传统假设，对科学知识的经验基础提出了质疑。皮克林的"历史描述"与传统描述的区别在于，他并不完全依赖科学家正式发表的学术文本或科学教科书，而是深入文本形成的背后，通过对当事人的追踪访问及对实验室档案文献的挖掘解读，重新展现知识观念的形成过程，揭示其中复杂的局面。[3] 同年，拉图尔出版的《法国的巴斯德化》，借助对巴斯德（Louis Pasteur）炭疽疫苗的研究，论述了行动者网络理论（Actor-Network Theory），认为巴斯德借助实验室的力量，让微生物做了他想要它做的事情，巴斯德与微生物的结盟，推动了整个网络的发展。拉图尔打破了以往的人与自然的二元对立，将人与非人以平等的地位拉入一个由相互关系构建的网络中，使社会世界和物质世界都成了网络的产物。[4] 夏平（Steven Shapin）和谢弗（Simon Schaffer）1985 年出版的《利维坦与空气泵：霍布斯、玻意耳与实验生活》，以科学知识社会学的思想方法，对发生在 17 世纪 60 年代和

① 周丽昀：《科学实在论与社会建构论比较研究——兼议从表象科学观到实践科学观》，博士学位论文，复旦大学，2004 年，第 68 页。
② ［美］皮克林：《建构夸克：粒子物理学的社会史》，王文浩译，湖南科学技术出版社 2012 年版。
③ 王延锋：《科学形象的历史描述——皮克林的批判编史学及有关争议之分析》，《自然辩证法研究》2009 年第 4 期。
④ Latour B., *Pasteurization of France*, translated by Alan Sheridan and John Law, Cambridge, Massachusetts and London, England：Harvard University Press, 1993.

70 年代早期英格兰关于实验的一场科学争论进行了重新解读，给人们展示了引人入胜的科学史案例研究。① 夏平和谢弗通过科学史案例研究说明了实验过程中存在的社会因素是"永远无法消除或摆脱的"，政治因素、社会因素会渗透到科学知识生产的整个过程中。他们巧妙地运用史料，用事实来说明科学知识社会学的主要观点和基本思想，在科学史领域产生了相当大的影响。②

可以看出，早期实证主义有着明确的社会、政治意蕴，对科学理性不加批判地吸收接纳，实际上并没有对实证主义的科学基础做细致考察，更多的是在实用层面上加以使用。之后，实证主义的发展更是转向了对科学语言的逻辑分析，借此澄清科学的概念和命题的意义，从而为科学知识辩护。实证主义者大多是在假定科学客观性的前提下从事研究的，几乎没有关注科学发展的社会和历史因素。逻辑经验主义衰落之后，科学实在论采纳了历史主义的部分观点，继续为科学理性辩护，而社会建构主义则通过对科学史和科学实践的具体考察，解构了传统的科学主义，对科学的社会性做了细致分析，构建出了一幅更具实践意义的科学图景。

二　对细菌学史的研究

19 世纪以细菌学的建立为标志，微生物学领域出现了一场革命，③ 对医学发展产生了深远影响。甄橙以《微生物学的辉煌年

---

① ［美］夏平、［美］谢弗：《利维坦与空气泵：霍布斯、玻意耳与实验生活》，蔡佩君等译，上海人民出版社 2008 年版。

② 刘晓：《科学知识社会学的史学实践——评夏平与沙弗尔的〈利维坦与空气泵——霍布斯、波义耳与实验活动〉》，《科学文化评论》2004 年第 5 期。

③ 当然也有人否认革命的存在。2007 年，英国曼彻斯特大学的科技史教授沃博伊斯，通过对 19 世纪英国的梅毒、麻风病、淋病和狂犬病的研究，认为细菌理论在英国并未被证明，因此认为至少是在英国不存在一场细菌学革命。参见 Worboys M. , "Was There a Bacteriological Revolution in Late Nineteenth-Century Medicine?", *Studies in History and Philosophy of Science Part C: Studies in History and Philosophy of Biological and Biomedical Sciences*, Vol. 38, No. 1, 2007。

代——19 世纪的细菌学》为题，介绍了巴斯德、科赫等细菌学家取得的巨大成就，并认为细菌学促进了免疫学的建立，促进了消毒法的诞生，推动了微生物学的发展，指明了药物学的方向。19 世纪细菌学的出现是医学史上的巨大飞跃，不仅对医学产生了巨大影响，而且也改变了整个世界。[①] 周程在《19 世纪前后西方微生物学的发展——纪念恩格斯〈自然辩证法〉发表 90 周年》一文中更为详细地介绍了细菌致病理论出现的前提以及诸多科学家对其做出的贡献。周程认为虽然 19 世纪科学家的工作尚不足以彻底说服那些顽固坚持自然发生说的人们，但却为微生物学的发展，尤其是细菌可通过传染致病学说的建立奠定了重要的基础。[②]

除了对这一时期整体概貌的研究，国内学者还对细菌学的两名代表人物巴斯德和科赫做了一些研究，例如，谢德秋发表《微生物学奠基人——巴斯德》，认为巴斯德是微生物学的奠基人，在微生物学领域做出了广泛的贡献，虽然巴斯德不是医生，但他所创立的微生物致病学说给世界医学带来了革命。[③] 结核杆菌发现 100 周年之际，谢德秋发表《结核杆菌发现者罗伯特·科赫——纪念结核杆菌发现 100 周年》，详细介绍了科赫发现结核杆菌的过程，以及他在科学上的其他贡献。[④] 魏屹东发表《巴斯德：科学王国里一位最完美的人物》[⑤] 和《巴斯德的科学思想及科学方法》[⑥]，比较全面地论述了巴斯德的生平、科学生涯、科学成就、科学思想、科学方法和科学道德。

但是，总体来看，国内对 19 世纪末 20 世纪初微生物学的发展的

---

① 甄橙：《微生物学的辉煌年代——19 世纪的细菌学》，《生物学通报》2007 年第 9 期。

② 周程：《19 世纪前后西方微生物学的发展——纪念恩格斯〈自然辩证法〉发表 90 周年》，《科学与管理》2015 年第 6 期。

③ 谢德秋：《微生物学奠基人——巴斯德》，《自然杂志》1980 年第 5 期。

④ 谢德秋：《结核杆菌发现者罗伯特·科赫——纪念结核杆菌发现 100 周年》，《自然杂志》1982 年第 9 期。

⑤ 魏屹东：《巴斯德：科学王国里一位最完美的人物》，《自然辩证法通讯》1998 年第 4 期。

⑥ 魏屹东：《巴斯德的科学思想及科学方法》，《自然杂志》1999 年第 3 期。

关注度不是很高，大多数都是在医学史①和微生物学史②的著作中简要介绍，没有专门对这一时期细菌学的发展做详细研究。对巴斯德的介绍，主要集中在国外人物传记的翻译③和一些科普作品中，而对细菌学开创者科赫的介绍，就连译著和科普作品也是寥寥无几。因此，几乎没有人从19世纪末20世纪初的微生物学史出发，讨论当时的科学认识论、科学方法论的形成和变化。

　　相较之下，国外对细菌学史的研究则非常丰富。英文中最早的细菌学史著作应该是1926年克鲁伊夫（Paul de Kruif）的《微生物猎人传》，克鲁伊夫利用巧妙的故事体裁，向读者介绍了从近代微生物的先驱到发明"六〇六"的保罗·埃尔利希（Paul Ehrlich）共十三位杰出微生物学家的生平事迹，以及他们在科学上为人类造福的不朽功勋。④ 1932年，克鲁伊夫为了拓展原有的研究，又以其他细菌学家的生平和贡献为中心写了《对抗死亡的人们》⑤。这两本书，基本上涵盖了早期细菌学史上的重要人物。虽然这两本书非常受读者欢迎，但是其作为科普读物，内容存在许多夸大和失实的地方。

　　1887年著名的德国细菌学家勒夫勒（Friedrich Loeffler）就曾计划撰写一部两卷本的细菌学史，但是最后只在1887年发表了其中一部分，并且包含了许多错误。⑥ 因此，1938年英国细菌学家、历史学家威廉·布劳赫（William Bulloch）的《细菌学史》可以算得上是第一部专业的细菌学史著作。全书共分11章，主要讨论了古代传染病学说、活的触染物、自然发生说、发酵、腐败和腐败物中毒、外科感

① 张大庆：《医学史》，北京大学医学出版社2013年版。
② 宋大康：《微生物学史及其对生命科学发展的贡献》，中国农业大学出版社2009年版。
③ ［法］德布雷：《巴斯德传》，姜志辉译，商务印书馆2000年版；［美］罗宾斯：《路易·巴斯德与神秘的微生物世界》，徐新、徐清平译，陕西师范大学出版社2004年版。
④ Kruif P., *Microbe Hunters*, New York：Blue Ribbon Books，1926；［美］克鲁伊夫：《微生物猎人传》，余年译，科学普及出版社1982年版。
⑤ Kruif P., *Men Against Death*, New York：Harcourt, Brace，1932.
⑥ Leikind M. C., "The History of Bacteriology by William Bulloch", *Isis*, Vol. 31, No. 2, 1940.

染、细菌的分类和培养、巴斯德的减毒工作和简要的免疫学史。值得注意的是，本书的参考文献极其丰富，涵盖了大量的一手和二手文献。[①] 1939 年，公共卫生学家威廉·福特（William Ford）出版了一部名为《细菌学》的细菌学史著作。与布劳赫不同的是，福特并没有将书的内容严格限定于医学细菌学，他在书中还专门讨论了显微镜的放大技术，以及科赫的生平和贡献[②]。1970 年，英国病理学家福斯特（W. D. Foster）出版《医学细菌学和免疫学史》，他在书中讨论了传染病细菌理论的发展、巴斯德对医学细菌学的贡献、科赫对医学细菌学的贡献、重要的人类致病菌的发展、免疫学的科学基础、免疫学在医学中的实践应用、细菌学在 20 世纪初期的重要发展和细菌疾病的化学疗法。[③] 布劳赫的细菌学史只介绍到 1900 年，福斯特将时间线延长到 1938 年，讨论了细菌学的进一步发展。2013 年，德国历史学家西尔维娅·贝格尔（Silvia Berger）发表了《战争与和平时期的细菌学：1890—1933 年德国医学细菌学史》，她从社会文化史的视角考察了德国从建国到纳粹出现之前细菌学的发展，着重考察了军事对细菌学的重要影响，并且对细菌思维风格的出现、固化、危机和重塑采取了弗莱克式的论证。贝格尔认为科赫、科赫的同事和科赫的学生创造了细菌学学科的主要特征（即思维风格）：第一，以著名的科赫原则为中心；第二，对细菌物种的稳定性和特异性的有力论证；第三，单一微生物就能引发传染病的理解；第四，这些关于流行病的观念转化为实践操作，将卫生问题重新定义为关于细菌传播的问题。在此思维风格下，细菌学集体的工作趋于稳定化。此外，贝格尔还讨论了健康带菌者的问题，军事医学实践对"细菌学"概念的促进作用，以及细菌学思维风格的固化。最后，贝格尔讨论了细菌学失败和革命产生的

① Bulloch W., *The History of Bacteriology*, New York: Dover Publications, 1979.

② Ford W. W., *Bacteriology*, New York and London: Paul B. Hoeber, 1939.

③ Foster W. D., *A History of Medical Bacteriology and Immunology*, London: William Heinemann Medical Books, 1970.

影响，她认为随着新现象的出现，例如细菌变异、免疫学和新的健康政策，细菌学的思维风格发生了转变，但是对为什么会发生这种转变没有深入讨论。①

　　除了对细菌学学科史的研究外，许多学者还从社会史视角研究个别疾病。1952 年，美国微生物学家杜博斯夫妇（René and Jean Dubos）在《白色瘟疫：结核病、人类和社会》一书中，从医学社会史的视角讨论了结核病与社会的相互影响②。1987 年，剑桥大学现代史教授埃文斯（Richard J. Evans）发表《汉堡死亡：霍乱年中的社会和政治（1830—1910）》，对 19 世纪德国的历史背景和社会环境做了详细描述，并以汉堡的霍乱暴发为中心，详细讨论了政治、科技和社会因素的相互作用，分析了政府和科学家在霍乱年所扮演的角色。③ 香港大学梁其姿教授的《麻风：一种疾病的医疗社会史》一书从社会史的视角剖析中国的麻风病史。④ 当然，除了以疾病为中心的研究外，还有大量对细菌学家的研究，例如巴斯德⑤、李斯特（Joseph Lister）⑥、保罗·埃尔利希⑦等。

　　如今，学界对科技史的研究从以往的内史研究逐渐转变为外史（社会史）研究，从通史类研究逐渐转变为具体的案例研究。历史研究方法的转变也印证了实证主义向后实证主义、科学主义向社会建构主义的转变。

---

① Berger S. , *Bakterien in Krieg und Frieden：Eine Geschichte der Medizinischen Bakteriologie in Deutschland , 1890 - 1933*, Göttingen：Wallstein Verlag, 2013.
② Dubos R. , Dubos J. , *The White Plague：Tuberculosis , Man , and Society*, New Brunswick, N. J. , London：Rutgers University Press, 1987.
③ Evans R. J. , *Death in Hamburg , Society and Politics in the Cholera Years 1830 - 1910*, London：Penguin Books, 2005.
④ 梁其姿：《麻风：一种疾病的医疗社会史》，商务印书馆 2013 年版。
⑤ Robbins L. E. , *Louis Pasteur and the Hidden World of Microbes*, New York：Oxford University Press, 2001.
⑥ Fisher R. , *Joseph Lister*, New York：Stein and Day, 1977.
⑦ Bäumler E. , *Paul Ehrlich , Scientist for Life*, translated by Edwards Grant, New York and London：Holmes and Meier, 1984.

实证主义在微生物学中的嬗变

三　对科赫的研究

在吉里斯皮（Charles C. Gillispie）1972 年主编的《科学家传记辞典》中，多尔曼（Claude E. Dolman）详细地介绍了科赫的生平和贡献。多尔曼认为科赫的主要研究领域是细菌学、卫生学和热带医学，科赫最重要的贡献是改进和创建了许多现代细菌学的基本原理和研究方法，其细菌学研究直接或间接地影响了许多国家基于细菌致病理论的公共健康的立法，更为重要的是启迪了人们对控制疾病的卫生学和免疫学方法的关注。文末，多尔曼还附上了丰富的参考文献，人们可以从中找到大量 1970 年以前的德文和英文文献中关于科赫的纪念性文章，以及关于科赫生平和贡献的文章。[1] 1970 年以后，介绍科赫的文章也还在不断发表。[2]

英文中第一部科赫传记应该是 1988 年布罗克（Thomas D. Brock）发表的《罗伯特·科赫：为医学和细菌学奋斗的一生》，[3] 在此之前仅有一些青少年读物，如《科赫：细菌学之父》。[4] 由于德文版的科赫传记极其丰富，英文学界主要采取翻译的方式介绍科赫，如英文版的《实验室疾病：科赫的医学细菌学》。[5] 此外，英文专著中也有一些突破了传记式写法的著作。如 2016 年阿德勒（Richard Adler）的《罗伯特·科赫和美国的细菌学》，阿德勒在书中追溯了科赫在美国细菌学创

① Dolman C. E. , "Robert Koch", in Gillispie C. C. , *Dictionary of Scientific Biography*, New York：Charles Scribner's Sons, 1972, pp. 420 – 435.

② Wiedeman H. R. , "Robert Koch", *European Journal of Pediatrics*, Vol. 149, No. 4, 1990, pp. 223 – 223；Schultz M. G. , "Robert Koch", *Emerging Infectious Diseases*, Vol. 17, No. 3, 2011, pp. 548 – 549；Akkermans R. , "Robert Heinrich Herman Koch", *The Lancet Respiratory Medicine*, Vol. 2, No. 4, 2014, pp. 264 – 265.

③ Brock T. D. , *Robert Koch：A Life in Medicine and Bacteriology*, Washington, D. C. : ASM Press, 1998.

④ Knight D. C. , *Robert Koch：Father of Bacteriology*, London：Franklin Watts, 1961.

⑤ Gradmann C. , *Laboratory Disease：Robert Koch's Medical Bacteriology*, translated by Elborg Forster, Baltimore：Johns Hopkins University Press, 2009.

建过程中的角色。细菌学最早出现在德国和法国，19 世纪末美国的细菌学研究是空缺的，因此，美国不得不向德国和法国学习细菌学知识和研究技巧。作为细菌学的创始人之一，科赫自然成为全世界细菌学研究领域的榜样。大批美国科学家和学生来到德国，学习科赫的细菌学研究方法，他们回国后为美国的细菌学学科的创建做出了重要贡献。①

科赫的德文传记则非常多。1924 年，科赫的同事基希纳（Martin Kirchner）在柏林出版了关于科赫的传记，介绍了科赫的生平和贡献。②随后还有很多相关传记出版，例如，1976 年根施奥海克（Wolfgang Genschorek）出版了《科赫：生平、工作和时代》。③ 2010 年科赫去世 100 周年之际，就有两部关于科赫的传记出版，鲁施（Babara Rusch）的《罗伯特·科赫：从乡村医生到现代医学的先驱》，④ 格林齐希（Johannes W. Grüntzig）和梅尔霍恩（Heinz Mehlhorn）的《罗伯特·科赫：瘟疫猎人和诺贝尔奖得主》。⑤

还有一些采用新视角撰写的科赫研究，2005 年格拉德曼（Christoph Gradmann）的《实验室疾病：科赫的医学细菌学》采用了一种新的社会史的视角来撰写科赫的一生，主要围绕着科赫对结核病的实验室研究展开论述，将科赫的研究放置于 19 世纪实验室和临床实验的大背景中，借用弗莱克的理论对科赫的细菌学研究进行剖析解读。⑥ 2015 年，施瓦兹（Maxime Schwartz）和佩罗（Annick Perrot）在《罗伯特·科赫和路易斯·巴斯德：两个巨人间的对决》一书中，

---

① Adler R. , *Robert Koch and American Bacteriology*, Jefferson：McFarland，2016.

② Kirchner M. , *Robert Koch*, Berlin：Verlag Julius Springer，1924.

③ Genschorek W. , *Robert Koch：Leben，Werk，Zeit*, Leipzig：S. Hirzel Verlag，1976.

④ Rusch B. , *Robert Koch：Vom Landarzt zum Pionier der Modernen Medizin*, München：Bucher Verlag，2010.

⑤ Grüntzig J. W. , Mehlhorn H. , *Robert Koch：Seuchenjäger und Nobelpreisträger*, Heidelberg, Berlin, Oxford：Spektrum Akademischer Verlag，2010.

⑥ Gradmann C. , *Krankheit im Labor：Robert Koch und die Medizinische Bakteriologie*, Göttingen：Wallstein Verlag，2005.

从 19 世纪德国和法国的高度紧张的政治背景出发，讨论了科赫与巴斯德的对立关系，以及政治和竞争对科学研究的影响。①

除了介绍科赫生平和贡献的专著外，还有大量关于科赫原则的研究。科赫原则通常被认为是科赫最重要的工作之一，历史学家将科赫原则视为19 世纪细菌学革命的缩影，②哲学家将科赫原则视为医学中因果解释和实证方法的典范。③但是，关于科赫原则的内容，实际上不同的学者有不同的用法，有三个步骤的也有四个步骤的。④大英百科全书将科赫原则定义为：（1）一个特异的微生物总是与一种特定的疾病联系在一起；（2）微生物可以从患病生物身上分离出来，并且在实验室里纯净培养；（3）当将培养的微生物接种到健康生物身上时，培养的微生物将导致疾病；（4）可以从新感染的患病生物身上分离出同类微生物。⑤有些学者认为科赫继承了亨勒（Jacob Henle）的思想，将科赫原则称为亨勒－科赫原则⑥，也有学者否认亨勒对科赫的影响⑦。卡特从细菌学研究传统的角度考察了科赫原则的演变，认为克莱布斯（Edwin Klebs）的思想比亨勒的思想对科赫原则的影响更大，并且最终得出科赫原则的因果标准与克莱布斯和亨勒的因果标准均不相同的结论。⑧格拉德曼将科赫原则视为一种因果性的黄金准则，认为科赫原则的蓝图是 1884 年勒夫勒（Friederich Löffler）最先构

① Schwartz M. , Perrot A. , *Robert Koch und Louis Pasteur：Duell Zweier Giganten*, Stuttgart：Konrad Theiss Verlag, 2015.

② Blood P. R. , *A Short History of Medicine*, London：Penguin Books, 2003.

③ Carter K. C. , *The Rise of Causal Concepts of Disease：Case Histories*, Aldershot：Ashgate Publishing, 2003.

④ Carter K. C. , "Koch's Postulates in Relation to the Work of Jacob Henle and Edwin Klebs", *Medical History*, Vol. 29, No. 4, 1985, pp. 353 –374.

⑤ Stevenson L. G. , "Robert Koch", Encyclopedia Britannica, Encyclopedia Britannica Inc. , https：//www. britannica. com/biography/Robert-Koch, 2018 – 07 – 15.

⑥ Evans A. S. , "Causation and Disease：The Henle-Koch Postulates Revisited", *Yale Journal of Biology and Medicine*, No. 49, 1976, pp. 175 –195.

⑦ Doetsch R. N. , "Henle and Koch's Postulates", *ASM News*, No. 48, 1982, p. 555f.

⑧ Carter K. C. , "Koch's Postulates in Relation to the Work of Jacob Henle and Edwin Klebs", *Medical History*, Vol. 29, No. 4, 1985, pp. 353 –374.

建的，并且科赫原则与勒夫勒原则有着一定的传承关系。格拉德曼除了梳理了科赫原则的形成过程，还介绍了从科赫原则出现到如今的发展。[①] 科学家也经常讨论科赫原则的应用，[②] 修正科赫原则，[③] 还有人总结了科赫原则在 21 世纪的发展。[④] 科赫原则是医学史著作中绕不开的重要一环，也是医学教材中重要的组成部分，科赫原则被视为细菌学研究的黄金法则。

对科赫的研究还涉及很多方面，例如关于科赫的热带疾病研究、[⑤]关于科赫的霍乱研究、[⑥] 关于科赫的结核病研究、[⑦] 关于科赫的结核菌素研究、[⑧] 关于科赫的研究技巧、[⑨] 政治对科赫细菌学研究的影响、[⑩] 菲尔绍（Rudolf Virchow） 和科赫的争论[⑪]等等，科赫更是被视

---

① Gradmann C. , "A Spirit of Scientific Rigour: Koch's Postulates in Twentieth-Century Medicine", *Microbes and Infection*, Vol. 16, No. 11, 2014, pp. 885 – 892.

② Falkow S. , "Molecular Koch's Postulates Applied to Microbial Pathogenicity", *Reviews of Infectious Diseases*, No. 10, 1988.

③ Walker L. , Levine H. , Jucker M. , "Koch's Postulates and Infectious Proteins", *Acta Neuropathologica*, No. 1211, 2006, pp. 1 – 4.

④ Antonelli G. , Cutler S. , "Evolution of the Koch Postulates: Towards a 21st-Century Understanding of Microbial Infection", *Clinical Microbiology and Infection*, Vol. 22, No. 7, 2016, pp. 583 – 584.

⑤ Gradmann C. , "Robert Koch and the Invention of the Carrier State: Tropical Medicine, Veterinary Infections and Epidemiology around 1900", *Studies in History and Philosophy of Science Part C: Studies in History and Philosophy of Biological and Biomedical Sciences*, Vol. 41, No. 3, 2010, pp. 232 – 240.

⑥ Gradmann C. , "Die Entdeckung der Choiera in Indien — Robert Koch und die DMW", *Deutsche Medizinische Wochenschrift*, No. 124, 1999, pp. 1187 – 1188.

⑦ Gradmann C. , "Robert Koch and the White Death: From Tuberculosis to Tuberculin", *Microbes and Infection*, Vol. 8, No. 1, 2006, pp. 294 – 301.

⑧ Gradmann C. , "A Harmony of Illusions: Clinical and Experimental Testing of Robert Koch's Tuberculin 1890 – 1900", *Studies in History and Philosophy of Science Part C: Studies in History and Philosophy of Biological and Biomedical Sciences*, Vol. 35, No. 3, 2004, pp. 465 – 481.

⑨ Bynum B. , Bynum H. , "Robert Koch's Culture Tubes", *The Lancet*, Vol. 388, No. 10047, 2016, p. 859.

⑩ Gradmann C. , "Invisible Enemies: Bacteriology and the Language of Politics in Imperial Germany", *Science in Context*, No. 13, 2000, pp. 9 – 30.

⑪ Lammel H. U. , "Virchow Contra Koch? Neue Untersuchungen zu Einer Alten Streitfrage", *Charité Annalen*, No. 2, 1982, pp. 113 – 120.

为细菌学黄金时代最重要的人物。①

四 对弗莱克的研究

卢德维克·弗莱克被认为是"一名具有真知灼见的伟大哲学家，一名卓越的微生物学家和一个百科全书式的人文主义者"②。作为一名微生物学家，弗莱克在斑疹伤寒、免疫学和血清学研究中做出了杰出贡献。斯坦福哲学百科全书对弗莱克的哲学思想做了详细介绍，认为弗莱克在20世纪初就提出了一种从社会和历史因素看待科学的视角。③

国内对弗莱克的研究非常少，仅有张成岗在1998年和2000年对弗莱克思想的介绍，④ 他认为弗莱克的思想与历史主义有着密切的关联，弗莱克是介于逻辑实证主义和历史主义之间的一位过渡型人物。2006年，李创同在《科学哲学思想的流变》一书中，将弗莱克的"思维风格"和"思维集体"看作西方科学史研究的现代传统。⑤2009年，台湾"国立成功大学"历史学系副教授陈恒安出版《20世纪后半叶台湾演化学普及知识的思维样式》，他在书中详细介绍了弗莱克的思想。⑥ 2014年，夏钊发表《弗莱克研究现状及其在中国的意义》一文，简要介绍了弗莱克的思想，并综述了国内外弗莱克研究的现状。⑦

①　Blevins S. M., Bronze M. S., "Robert Koch and the 'Golden Age' of Bacteriology", *International Journal of Infectious Diseases*, Vol. 14, No. 9, 2010, pp. e744 – e751.

②　Fleck L., *Genesis and Development of a Scientific Fact*, Chicago：The University of Chicago Press, 1979, pp. 154 – 165.

③　Sady W., "Ludwik Fleck", The Stanford Encyclopedia of Philosophy, https：//plato. stanford. edu/archives/fall2017/entries/fleck, 2017 – 12 – 15.

④　张成岗：《弗莱克学术形象初探》，《自然辩证法研究》1998年第8期；张成岗：《弗莱克与历史主义学派》，《科学技术与辩证法》2000年第4期。

⑤　李创同：《科学哲学思想的流变：历史上的科学哲学思想家》，高等教育出版社2006年版。

⑥　陈恒安：《20世纪后半叶台湾演化学普及知识的思维样式》，台北：记忆工程2009年版。

⑦　夏钊：《弗莱克研究现状及其在中国的意义》，《科学文化评论》2014年第1期。

国外对弗莱克的研究则十分丰富，例如对弗莱克的哲学思想的研究①、利用弗莱克思想进行科学史研究②和医学案例分析③、对弗莱克科学贡献的研究、弗莱克在纳粹集中营期间道德问题的研究④等，但是本书更关注弗莱克的疾病观。

1990 年，洛伊（Ilana Löwy）讨论了波兰医学哲学的发展，介绍了弗莱克在其中的地位与影响。洛伊出于对弗莱克思想的兴趣，想要探究为什么一个受过微生物学训练的科学家会转向医学生物的社会史研究。洛伊认为弗莱克受到波兰医学哲学的影响，走向了建构主义和相对主义认识论。⑤ 2000 年，布罗尔松（Stig Brorson）则以弗莱克的知识建构主义理论为背景重建了元观念（Uridee 或 Präidee）的概念。说明了弗莱克元观念和其医学分类的观点的联系。认为弗莱克元观念中有四个哲学问题：科学中两种观念的冲突、知识的非实在理论中的"连续"概念、对元观念中非真实内容的描述、分析者观念的非中立性。⑥ 洛伊 2004 年讨论了弗莱克的医学认识论和生物医学研究，⑦ 又于 2008 年发表论文，认为弗莱克所说的科学观察是一个社会和文化的过程，并不仅仅源于实践经验。她还讨论了弗莱克与当时波兰科学

① Zittel C. , "Ludwik Fleck and the Concept of Style in the Natural Sciences", *Studies East European Thought* , No. 64, 2012, pp. 53 – 79.

② Forstner C. , "The Early History of David Bohm's Quantum Mechanics Through the Perspective of Ludwik Fleck's Thought-Collectives", *Minerva* , No. 46, 2008, pp. 215 – 229.

③ Verhoeff B. , "Stabilizing Autism: A Fleckian Account of the Rise of a Neurodevelopmental Spectrum Disorder", *Studies in History and Philosophy of Science Part C : Studies in History and Philosophy of Biological and Biomedical Sciences* , No. 46, 2014, pp. 65 – 78.

④ Hedfors E. , "Medical Ethics in the Wake of the Holocaust: Departing from a Postwar Paper by Ludwik Fleck", *Studies in History and Philosophy of Biological and Biomedical Sciences* , No. 38, 2007, pp. 937 – 944.

⑤ Löwy I. , *The Polish School of Philosophy of Medicine: From Tytus Chalubinski (1820 – 1889) to Ludwik Fleck (1896 – 1961)* , Dordrecht, Boston, London: Kluwer Academic Publishers, 1990.

⑥ Brorson S. , "Ludwik Fleck on Proto-Ideas in Medicine", *Medicine, Health Care and Philosophy* , No. 3, 2000, pp. 147 – 152.

⑦ Löwy I. , "Introduction: Ludwik Fleck's Epistemologyof Medicine and Biomedical Sciences", *Studies in History and Philosophy of Biological and Biomedical Sciences* , No. 35, 2004, pp. 437 – 445.

家和哲学家不同观点的对抗。①

　　格拉德曼不仅是科赫研究专家，而且还是弗莱克思想的拥趸，他在研究科赫和 19 世纪细菌学时都以弗莱克思想为理论框架。格拉德曼在《科赫和白死病：从结核病到结核菌素》一文中认为科赫的结核菌素的失败并不是出于商业原因或者研究出错，而是受科赫创造的细菌学思维风格的影响，② 并在《一种幻象的和谐：1890—1900 年罗伯特·科赫的结核菌学临床和实验测试》一文中认为结核菌素是科赫思维风格下的必然产物。③

　　弗莱克对梅毒病因学的讨论也是很多学者关注的对象，2001 年，瑞士的免疫学家林登曼（Jean Lindenmann）就发文讨论了弗莱克的梅毒病因学观点，讨论了思维集体和思维风格对西格尔（Siegel）和绍丁（Schaudinn）的影响。林登曼认为二者所处的社会条件完全相同，学界接纳绍丁的梅毒概念，摒弃西格尔的概念完全是出于对科学事实的检验。弗莱克所谓的"如果西格尔具有与绍丁一样的社会条件，学界同样会接受西格尔的梅毒概念"的论述是站不住脚的。④ 2002 年，瓦格宁根大学的哲学助理教授范登贝尔特（Henk van den Belt）批评了林登曼的研究，认为林登曼对事实和人工事实采用了不对称的研究方法，没有对支持和反对绍丁梅毒概念的人采用同样的态度。⑤ 同期杂志上还刊登了

---

① Löwy I. , "Ways of Seeing: Ludwik Fleck and Polish Debates on the Perception of Reality, 1890 - 1947", *Studies in History and Philosophy of Science*, Part A, No. 3, 2008, pp. 375 - 383.

② Gradmann C. , "Robert Koch and the White Death: From Tuberculosis to Tuberculin", *Microbes and Infection*, Vol. 8, No. 1, 2006, pp. 294 - 301.

③ Gradmann C. , "A Harmony of Illusions: Clinical and Experimental Testing of Robert Koch's Tuberculin 1890 - 1900", *Studies in History and Philosophy of Science Part C: Studies in History and Philosophy of Biological and Biomedical Sciences*, Vol. 35, No. 3, 2004, pp. 465 - 481.

④ Lindenmann J. , "Siegel, Schaudinn, Fleck and the Etiology of Syphilis", *Studies in History and Philosophy of Biological and Biomedical Sciences*, No. 32, 2001, pp. 435 - 455.

⑤ van den Belt H. , "Ludwik Fleck and the Causative Agent of Syphilis: Sociology or Pathology of Science? A Rejoinder to Jean Lindenmann", *Studies in History and Philosophy of Biological and Biomedical Sciences*, No. 33, 2002, pp. 733 - 750.

林登曼的回应。① 这三篇文章讨论了大量弗莱克对梅毒的社会认知，但同时也反映出科学家和哲学家思维风格的不同，林登曼认为事实和人工事实的区分是科学的核心，而范登贝尔特则认为事实和人工事实都是社会建构。

哥本哈根大学的布罗尔松（Stig Brorson）更是认为，弗莱克式的研究进路是一种对早期细菌理论史的实证重构的可替代选择，提供了深入理解现代传染病知识发展的社会文化背景的有用框架。②

如今，学界已经普遍将弗莱克视为科学知识社会学的先驱，弗莱克的思想也被运用到解释科学史和医学案例中，但是大部分研究都将弗莱克置于哲学领域，而忽略了弗莱克自身微生物学家的身份。如果不将弗莱克看作科学知识社会学或科学哲学的先驱，而是看成是微生物学思想史中的一个变革人物，那么 20 世纪初微生物学领域为什么会出现弗莱克式的人物，则成为一个需要解答的问题。

第三节　思路与内容

一　主要研究内容

（一）微生物学前史研究

虽然"言必称希腊"带有一丝贬义的意味，但是当人们研究西方科学的发展史时，却都有着一种共同的学术自觉，那就是回到希腊去。因为追根溯源，科学的起源都能在希腊找到源头。由于本书关注的是微生物学中的实证主义，因此也不可避免地需要从希腊时期的微生物学观点开始梳理。然而，微生物学与其他科学之间存在

① Lindenmann J. , "Discussion: Siegel, Schaudinn, Fleck and the Etiology of Syphilis: A Response to Henk van den Belt", *Studies in History and Philosophy of Biological and Biomedical Sciences*, No. 33, 2002, pp. 751 – 752.

② Brorson S. , "The Seeds and the Worms: Ludwik Fleck and the Early History of Germ Theories", *Perspectives in Biology and Medicine*, Vol. 49, No. 1, 2006, pp. 64 – 76.

一个巨大的不同，它的发展更依赖于技术的发展，尤其是显微镜技术的发展。实际上，只有当 16 世纪人们发明了显微镜之后，微生物学才算是正式产生。那么，为什么还要从希腊时期开始梳理微生物学的发展呢？这是因为，虽然希腊时期人们无法看到微生物，但是他们却凭着想象构建出了一系列物种产生和疾病发生的学说，而这些学说又作为人们所掌握的微生物的知识始终影响着人们的认知，直到 19 世纪。因此，本书以人们对微生物的认知、对疾病的认知以及对二者之间关系的认识出发，梳理 19 世纪之前的微生物学发展史，以寻找出 19 世纪微生物学中各种争论的根源，并试图描绘出微生物学思想的变化，以及在显微镜出现之后，以实验方法为基础的实证主义的变化。

（二）科赫的微生物学研究

即使到了 19 世纪，希腊时期提出的自然发生说和瘴气理论仍然支配着当时的微生物研究，虽然新兴的微生物致病理论提出了看似更为合理的解释，但是由于设备的缺陷和研究技巧的不成熟，微生物学家无法通过实验令人信服地证明自己的观点。就在各方观点相持不下的时候，科赫横空出世，凭借着炭疽病研究、创伤感染研究、结核病研究以及显微镜、染色技巧、显微照相术、平板培养技术的改进和使用，提出了一套任何人都可以理解和重复的细菌学说证明方法，即后来的科赫原则。这样，他就通过精巧的实验成功地证明了细菌致病说，回答了当时人们对细菌理论的质疑。但是，科赫的原则并不是一种纯粹抽象的建构，而是在不断解决难题的过程中积累起来的经验方法。科赫的细菌学研究主要是为了解决两个难题，一个是如何看到细菌，另一个是如何证明细菌导致了疾病。本书围绕着这两个问题，详细梳理科赫的细菌学研究，勾画出科赫的科学实证主义。

（三）影响微生物学研究的社会要素

通过对微生物学史和科赫的细菌学研究的梳理，可以看出微生物学思想总是在不断的争论中演进的。在实证方法出现之前，人们对微生物的认知更多的是一种纯粹的抽象建构，主要是借助权威和神秘的力量，或者类比的方法，证明自身观点的正确性。实证观念出现之后，人们则倾向于争相设计看似客观的朴素实验来证明自己的观点。然而，人们发现即便是被视为实证方法典范的科赫原则也并非普遍适用，它也只是科赫按照自身细菌学观念设计出来的一种证明方法，它与其他证明方法在本质上并无不同，都是一种为了证明自己观点的人工物。此外，在微生物学研究中，观点的争论不仅仅是纯粹的学术问题，时常也夹杂着个人的情感和利益，并受社会和国家等因素的影响。正如科学知识社会学家所说，科学研究中存在的社会因素是永远无法消除或摆脱的，政治因素、社会因素会渗透到科学知识生产的整个过程中。本书通过讨论科赫与佩滕科费尔（Max Joseph von Pettenkofer）的霍乱争论，剖析不同信念对科学研究的影响；通过讨论科赫与巴斯德的争论，剖析社会和国家因素对科学研究的影响；通过讨论科赫的结核菌素研究，剖析固化的思维风格或范式对科学研究的影响；通过讨论当时细菌学无法解释的难题，剖析认知局限对科学研究的影响。总结出微生物学中科学实证主义所遭遇的困境。

（四）弗莱克的"思维风格"和"思维集体"理论

受 20 世纪初科学史和科学哲学研究以及自身医学研究和临床实践的影响，弗莱克认识到不存在独立于"经验"的实在。弗莱克对"科学事实"的相对性的论证很大程度上基于他对两种微生物现象的分析：细菌的变异性和抗体的特异性。细菌的变异性打破了科赫时期对细菌稳定性的认知，由于细菌是可变的，细菌与疾病的因果关系就受到了质疑；弗莱克通过对瓦色曼反应的研究，发现虽然该测试对疾病具有特异性，但是对抗原却没有。因此，弗莱克认为抗体与抗原反应的能力是血清的整体特性，而不是可以被分离和分别研究的某种单一类型的分子。医学研究中的整体论观点使弗莱克在看待科学事实时也采用了一种整体论的视角，他认为科学知识并不是客观的和不变的知识，它受到思维风格和社会背景的影响，科学观察也是一个社会和文化的过程。通过构建"思维风格"和"思维集体"理论，弗莱克跳出了科学主义的窠臼，将社会、历史因素都纳入对科学事实的讨论中。不过，本书也注意到，弗莱克没有否认科学的实证方法，他只是强调这种方法如何受到"思维风格"的影响，以及科学事实从科学家的实验室进入公众视野后的变化与发展。通过对弗莱克相对主义思想的来源和内容的研究，本书试图构建出一种在社会实践中的整体论实证主义。

（五）基于微生物学史的研究看实证主义的发展

通过以上四个方面的研究，本书总结出了微生物学发展的四个特征：以技术发展为动力，以问题为导向，以证实原则为基础，从还原论到整体论。从这些特点出发，本书构建出了科学中的三种实证主义：朴素实证主义、还原论实证主义和整体论实证主义。三种实证主义都是以经验为基础理解自然现象，只不过朴素实证主义通常仅是对现象与现象之间因果关系的总结和推测；还原论实证主义将宏观现象还原为微观现象，将复杂现象还原为单一要素，通过实验排除不相关因素，从而得到科学理论；而整体论实证主义则是在承认科学理论的前提下，回归宏观现象，在社会实践中将社会、历史、政治等宏观要素再次纳入考虑之中。实际上，科学研究中的实证主义是一直沿着科学实证主义发展的，科学就是不断地寻找现象背后的决定性因素和导致这一现象的机制。然而，一旦进入实践领域，作为一种文化现象的科学就不再是现象的唯一解释，人们需要从整体上重新审视被解释的现象。通过对实证主义的三种区分，本书试图勾勒出实证主义在微生物学中的变化及其原因，以及它们各自的特点和适用范围。

二　主要研究方法

(一)　概念分析法

正如本书书名所示，本书主要讨论的是实证主义在微生物学中的变化。因此，本书首先要弄清楚微生物学中的实证主义的内涵与外延。实证主义概念在以往的研究中并不统一，不同的学者有着不同的定义。

本书主要以德兰蒂（Gerard Delanty）和伊恩·哈金（Ian Hacking）对实证主义的定义为基础，讨论微生物学中的实证主义。英国萨塞克斯大学社会学教授德兰蒂将实证主义总结为：（1）科学主义或科学方法的统一性。自然科学通常被认为是所有科学的模型，知识的意义仅仅是通过自然主义的科学定义的。（2）自然主义或现象主义。科学是对外在于科学的实在的研究。实在可以被客观地还原为观察单位或自然现象。（3）经验主义。科学的基础是观察。科学发展是通过观察和借助实验方法的确证实现的。科学法则是具有普遍的解释力的因果法则，可以预期未来发生的事情。（4）价值中立。科学不对它的研究对象作价值判断。科学是一种社会和伦理价值中立的活动。①著名科学哲学家伊恩·哈金将实证主义总结如下：（1）强调证实（或某些变换形式，如证伪）：有意义的命题是那些真假值可以用某种方式来确定的命题。（2）偏重观察：我们看到的、感觉到的、触摸到的等，为所有的非数字知识提供了最佳内容或基础。（3）反对原因：自然界除了某种时间恒常地跟随另一种事件之外，没有因果性。（4）轻视说明：说明可能有助于我们组织现象，但是除了说某些现象有规则地以如此这般的方式出现，对于为什么问题并不能给出任何更深层次的回答。（5）反对理论实体：实证主义者倾向于非实在论，这不仅是因为他们把实在限定在可观察范围，而且也因为他们反对原因，对

---

① Delanty G., *Social Science: Beyond Constructivism and Realism*, Minneapolis: University of Minnesota Press, 1997, p. 13.

说明持怀疑态度。他们并不想从电子的因果效益而推出电子存在，因为他们反对原因，认为现象之间只存在恒常的规则性。（6）实证主义者对以上五点的总结就是反对形而上学。实证主义者说，不可检验的命题、不可观察的实体、原因、深层说明——这些都是形而上学的东西，必须抛弃。①

本书从中梳理出了一些最为根本的共识。（1）实证主义是以自然科学为基础的；（2）重视观察和实验；（3）强调经验证实；（4）科学法则具有普遍解释力，可以预期未来。本书试图以这些原则为基础，梳理微生物学中实证主义的发展和变化，并对哲学中实证主义概念与微生物学中实证主义概念作对比分析。

（二）文献分析法

由于本书大体上属于思想史研究，研究内容主要来源于大量的文献材料，因此本书需要利用文献分析法，对相关材料进行整理、分析，勾画出整个研究的框架。对微生物学发展史的研究，主要是以现有的医学史、微生物学史、细菌学史等学科史研究为基础，辅以个别重要的科学论文，以微生物学中长期争论的问题为线索，梳理出从古代到 20 世纪初的微生物学的发展脉络。对科赫的研究，主要是以科赫自身的论文为基础，着重分析科赫在解决细菌学难题时提出的原创性技术和方法，构建出科赫细菌学研究中的实证原则。对微生物学中社会因素的研究，主要是以一手文献、二手文献，包括当时的新闻报道、科赫和其他科学家公开发表的争论文章为基础，着重分析研究信念、认知局限、个人情感、个人利益、国家利益等因素对微生物学研究的影响。对弗莱克的研究，主要是以弗莱克发表的哲学论文和书籍为基础，辅以科学论文和其他材料，着重讨论弗莱克对微生物思想的继承与变革，及其相对主义科学观，即

---

① ［加］哈金：《表征与干预：自然科学哲学主题导论》，王巍、孟强译，科学出版社 2010 年版，第 34 页。

"思维风格"和"思维集体"理论。

（三）历史研究法

本书的切入点主要是微生物学思想，微生物学中的技术，以及微生物学研究与社会之间的互动，因此本书需要采用一种系统的历史研究法，以思想史进路为主线，以技术史进路和社会史进路为辅助，更好地呈现出微生物学中实证主义的发展。从思想史进路出发，本书围绕着人们对微生物概念、疾病观念和微生物与疾病的关系的认知，梳理出这些观念在各个时期的变化，从而勾画出实证主义在不同时间的变化。从技术史进路出发，本书以如何看到细菌和如何证明细菌导致了疾病这两个问题为基础，详细探讨了科赫提出的技术方法，并从中总结出科赫以技术为基础的实证原则。从社会史进路出发，讨论微生物学和社会之间的互动，分析了政治、经济、文化、历史，以及认知局限性对微生物学理论形成的影响，从而分析从科赫到弗莱克的实证主义思想的变化。

三　技术路线

本书对哲学中的实证主义、微生物学观念和代表人物，以及自然科学中的实证主义进行了区分与映射（图1）。

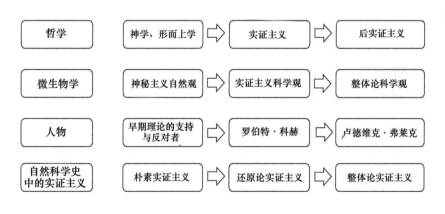

图1　概念映射图

通常认为，实证主义哲学出现于19世纪，其目的主要是反对以往的神学和形而上学，经过批判经验主义、逻辑经验主义的发展，实证主义在20世纪中期出现了语言转向和实践转向，进入后实证主义。在微生物学领域，自然观同样出现了类似演变，科学革命之后，实证主义科学观逐渐取代了以往的神秘主义自然观，随着新现象的出现和社会、心理等因素的引入，20世纪初期出现了整体论科学观。微生物领域中不同时期的科学观非常复杂，涉及的关键人物不胜枚举，同一时期的观点也各不相同，甚至相互矛盾。由于本书关注的是实证主义，因此主要择取了坚持证实原则的科学家作为切入点，梳理实证主义在微生物学中的发展。对早期微生物理论人物的考察，着重分析他们以观察和实验为基础对早期理论的证明或反驳。19世纪微生物学发展中有许多重要人物，如英国的李斯特、法国的巴斯德、德国的科赫等，选择科赫作为实证主义科学观的代表人物主要是因为"科赫原则"被视为细菌学实证研究的典范。卢德维克·弗莱克本身具有双重身份，他的科学哲学先驱和科学知识社会学奠基人的地位如今已经得到了广泛的认可，但是他微生物学家的身份却很少被深入讨论。本书认为讨论典型微生物学家思想的转变，可以反映出科学观念在微生物学中的变化。在对比哲学层面实证主义的内涵的基础上，本书通过对微生物学思想发展特点的讨论，构建出了实证主义在微生物学中的发展和变化。

本书的研究思路如图2所示，实线内为本书涉及问题和内容，虚线内为研究思路的预设。本书的研究主题是微生物学中实证主义的变化。为了研究这一主题，本书将其拆分为两个问题：（1）实证主义在微生物学中是如何变化的；（2）发生变化的原因是什么。通过文献的梳理和分析，本书认为在微生物学中存在三种实证主义：朴素实证主义、还原论实证主义和整体论实证主义。其中朴素实证主义以早期通过观察和实验证明或反驳"自然发生说"和"瘴气理论"的人为代表，还原论实证主义以科赫为代表，整体论实证主义以弗莱克为代表。本书以思想史视角为主，技术史和社会史视角为辅，通过概念对比分析、文献分析和历史分析，试图以科学思想变化和技术革新为基础，讨论科学、社会和实证主义的关系，进而总结出实证主义变化的原因。

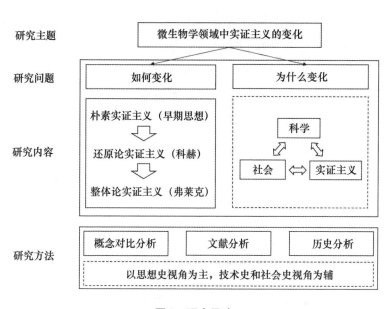

图 2　研究思路

四　本书结构

绪论部分通过文献综述和理论梳理，提出本书的研究主题，界定了自然科学中实证主义的范围，并给出了本书的研究思路。本书以实证主义在微生物学中的嬗变为主题，以微生物学史研究为基础，结合社会、历史等因素，讨论实证主义如何变化和为什么变化的问题。

第一章主要讨论"自然发生说""瘴气理论"和"细菌理论"的提出和发展过程。通过对微生物学史的考察，认为人们对自然界的认知在观察和实验的基础上不断推进。随着显微镜的发明，人们逐渐从对宏观现象的总结与归纳转向了对宏观现象背后微观现象和普遍规律的探寻。

第二章讨论了科赫对"细菌理论"的证实。科赫的细菌学研究以细菌的可视化，细菌和疾病的因果关系证明为核心，为了看到细菌，科赫改进了显微镜、染色技巧、显微照相术；为了证明细菌和疾病的因果关系，科赫发明了纯净培养方法。在以问题为导向的技术革新的支持下，科赫最终通过动物实验证明了细菌是疾病的致病因。科赫原则也成为细菌学实证研究的典范。

第三章讨论了实证主义观点所遇到的困境。虽然微生物学实证思想取得了巨大成功，人们发现了许多致病菌，但是即便是严格按照实证主义的观点进行科学研究，科学家也可能得出不同的结论。本章从研究理念、利益纷争、观念限制和认知局限等四个视角分析了实证科学观面临的困境。

第四章以弗莱克为中心，着重讨论弗莱克思想转向背后的科学原因。本章认为基础微生物学中的细菌的变异性和抗体的特异性，科学实践中的研究观念和政治因素，对弗莱克思想产生了巨大的影响。弗莱克通过梅毒史和瓦色曼反应的讨论认识到了实证主义科学观的局限性，因此他将社会和历史因素引入对科学事实的讨论中，试图从相对主义的视角看待科学事实。但是弗莱克仍然坚信在科学思维风格的影响下，科学事实是科学家以观察和实验的方法得出的，只是在传播的过程中，人们对科学事实的认知产生了多样的理解。因此，对科学事实的认知应该采取一种整体论的视角。

第五章总结了微生物学思想发展的四个特点，提出了微生物学中的三种实证主义，即朴素实证主义、还原论实证主义和整体论实证主义。本书认为科学研究是以还原论实证主义为基础，不断纵深研究现象背后的微观事实和作用机制；而为了更好地理解科学和传播科学，人们需要在承认科学事实的基础上，横向纳入对社会、历史等因素的考量。整体论实证主义不像逻辑实证主义偏向对科学决定论的强调，也不像是建构主义偏向对社会决定论的强调，而是站在科学主义的立场上，承认社会因素的影响。

结语部分强调以观察和实验为基础的科学研究是推动人类认识世界、改造世界的核心力量。本书承认科学只是人类文化的一部分，也承认社会因素会影响科学研究的客观性，以及科学活动中的社会因素，但是站在实验实在论的立场上，本书认为人类可以通过科学实验的方式认识到客观的外部世界，人类社会与人类文明的发展需要对科学精神和科学思想的大力宣扬。

第四节　创新与不足

一　创新点

第一，提出了从科学史的视角看待实证主义的观点。虽然实证主义通常被认为是以自然科学为基础的哲学立场，但是纵观实证主义发展史，实证主义者总是在默认科学合理性的基础上，从概念、语言和逻辑出发，为科学知识和科学方法辩护。从孔德主义到马赫主义，再到逻辑实证主义，人们谈及实证主义或者实证主义发展史时，也总是倾向于从哲学或者思想史的视角讨论实证主义的成功与失败。即便是批评实证主义的观点，也大都是从实证主义的概念出发，批评实证主义理论和逻辑的内在矛盾。

20世纪中期兴起的后实证主义转变了以往人们对科学的理想化认知，深入地剖析了科学的社会性。在库恩、拉卡托斯等哲学家的影响下，人们逐渐意识到了科学史对理解科学本质的重要性。受其影响，本书提出了从科学史的视角讨论实证主义的观点，认为实证主义的基本观点来源于自然科学，通过对科学史的考察，人们可以深入地理解实证主义思想的科学起源，以及实证主义在科学中是如何兴起与发展的。从科学史的视角讨论实证主义有助于人们进一步理解实证主义的本质、范围以及意义。

第二，试图在科学主义和建构主义之间找出一个折中点。实证主义一直被人们诟病的是它从绝对的和静态的视角看待科学，将科学视为人类知识的典范，将实证方法视为人类获得知识的唯一途径，从而走向了一种将科学神圣化的科学主义。虽然 20 世纪中期，人们逐渐意识到科学自身的局限性，在批判科学主义的基础上，揭示了科学和社会的相互作用，以及科学的历史性，但是极端的建构主义者却将科学的社会性推向极端，完全消解了科学的客观性。本书认为科学主义和极端的建构主义都是不可取的。通过对微生物学史的研究，本书认为科学有其内在的发展逻辑，科学始终沿着问题不断演进，科学对外部世界的描述和解释也是不断深入和扩展的，科学观察和科学实验在一定程度上验证或是证明了科学理论的正确性，人们不能像建构主义那样完全否认科学的客观性和实在性。因此，本书试图通过整体论实证主义的论述，在科学主义和建构主义之间找出一个折中点，调和科学的科学性和社会性。

第三，提出了微生物学发展中实证主义的三个阶段，即朴素实证主义、还原论实证主义和整体论实证主义。虽然孔德认为人类的知识是从神学阶段，到形而上学阶段，再发展到实证主义阶段的，但是通过对微生物学史的研究，本书发现科学实证的思想实际上很早就出现了，实证主义的发展有着一条自身的演进路径。借鉴唯物主义的三种历史形态——朴素唯物主义、机械唯物主义和辩证唯物主义，本书基于对微生物学思想发展特点的梳理，提出了以实证原则为核心的实证主义三阶段理论。

二 不足之处

第一，预设了科学中的实证主义。本书主要是想通过梳理微生物学思想的发展史，揭示出实证主义在微生物学中的发展。但是实证主义本身是一个哲学概念，在历史上科学家几乎没有使用过这个概念，因此讨论哲学意义上的实证主义在微生物学中的发展是一个伪问题。然而，实证主义者都认为他们的基础观点来源于自然科学，那么厘清自然科学与实证主义的关系则有助于人们更好地理解实证主义。本书中使用的实证主义是对哲学上使用的实证主义的一种回溯，主要是总结出实证主义的基本观点，然后回归到微生物学史中进行验证与考察。本书认为只要坚持以观察和实验为基础的证实原则就可以被视为实证主义。然而，由于本书对科学中实证主义概念的定义过于简单，没有对实证主义和科学方法做出区分，在很多情况下直接将科学中的实证方法等同于实证主义，因此本书很大程度上是以哲学的实证主义为基础，预设了科学中存在实证主义，而不是从科学史的研究中总结出科学的实证主义思想。

第二，史料使用得并不充分。本书在讨论微生物学思想史时仅选择了两个典型人物。在讨论微生物学中的实证主义思想时，主要是介绍科赫的科学研究工作，试图通过科赫的科学研究展现出 19 世纪微生物学中实证主义的特点。在讨论实证主义思想的变化时，主要是介绍弗莱克对微生物学的反思，试图通过弗莱克的经历和文献展现出 20 世纪初期新视角和新思想的产生。

然而，19 世纪除了科赫以外，还有许多著名的微生物学家，例如法国的巴斯德；当时微生物学的发展也不仅仅只有细菌学，免疫学和卫生学也产生了巨大影响；除了科学论文之外，还存在大量关于科学家思想的其他文献，例如信件。以上这些内容本书基本都没有涉及。20 世纪初微生物学内部出现诸多新的学科分支，例如免疫学、血清学等，微生物学的研究范式也逐渐超出了细菌理论的范围，这一时期出现了大量有待解决的新现象和新问题，本书仅仅对这些新发展做了简要的介绍，更多的是以弗莱克的一家之言概括这一时期微生物学的新发展。由于史料使用得并不充分，因此本书在讨论微生物学思想的发展时并不全面。

第三，理论阐述较为浅显。本书通过对弗莱克之前微生物学史的梳理，对微生物学思想的发展和变化做了一定的分析讨论，总结出了微生物学思想发展的三个阶段及其总体特征。但是由于之前并没有人从科技史的视角讨论过实证主义的变化，因此本书中提出的三种实证主义的理论还比较浅显，仅仅是基于微生物学思想发展的特点初步提出的一种理论认知。关于朴素实证主义、还原论实证主义和整体论实证主义的内在逻辑和相互关系以及这一理论必要性的论述并不充分。

第一章

微生物学中的实证主义的兴起

19 世纪的研究结果表明，大量人类和动物疾病都是由微生物进入体内导致的，这些微生物无法通过肉眼识别，必须借助显微镜才能看到。这些疾病被认为是传染的，有时零星出现，有时广泛流行。许多流行病对国家或国际产生重要影响，甚至会出现全世界流行的状况。

然而，从古至今人类对流行病的认知不断发生着变化。虽然在西方古代文献中记载了大量用来表达流行病的词汇，例如 $\lambda o\mu\acute{o}\varsigma$、$\lambda o\mu\acute{\omega}\delta\eta\varsigma$、$\nu\acute{o}\sigma o\varsigma$、*pestis*、*pestilentia*，但是相同的词汇在历史的每一个时期或许都蕴含着不同的意思。透过现代人的视角，人们总能从古代文献的词汇或段落中，模糊地看到人们现在认为的真理。假设说古人确实与现代人在某些方面有着类似的观点，或者说现代人的某些观点来自古人，那么现代观点与古代观点最大的不同是什么呢？通过科学史研究，人们就可以清楚地知道，虽然古人确实提出了一些与现代人类似的观点，但是二者论证这一观点的方法却有着明显差别。例如流行病，古人和现代人都认为它是一种突然暴发且广泛传播的疾病，但是论及流行病的起源时，古人或是诉诸天道惩戒，或是直指牛鬼蛇神，而现代人则通过经验观察、对比研究、实验证实等方法，将最主要的病因归咎于某些微生物的传播。[1]

---

① Bulloch W. , *The History of Bacteriology*, New York：Dover Publications, 1979, p. 3.

对自然的认知方法的转变可以被视为古代和现代科学的分界点。现代科学认知自然时，不再诉诸神秘的力量，而是将自然界看作一个客观存在的实体，并且认为自然界存在规律，这些规律可以通过经验观察、实验研究、归纳推理等科学方法认识。由于近代以来，这种实证科学观在人类对自然的认知过程中取得了巨大胜利，因此，实证科学观也成为现代最为重要的科学认识论。然而，被现代普遍接受的实证科学观不是一蹴而就的，它也存在漫长的发展历程和被人们接受的过程。

为了更好地理解实证科学观，本书认为有必要回顾一下实证科学观的兴起与发展。由于本书着重于讨论微生物学中的实证科学观，因此本章着重梳理人类对疾病和微生物的认识以及论证方法的变化，试图找出微生物学中实证主义的起源。

第一节　微生物学前史中的神秘主义观点

虽然人类很早就已经通过观察和思考，意识到某些疾病具有传染性，但是受限于对自然的认知程度和宗教的影响，只能将引发疾病的原因归于超自然的力量。

远古时期，人们将看不见明显直接原因的疾病解释为魔鬼、神灵、上帝、妖术、巫术导致，或受害者丧失了某种灵魂导致的。当疫病流行时，人口死亡大半，这种莫名其妙的威胁自然使人类迷信法术，因此巫医权威迅速提高，于是产生了暗示疗法，例如把符咒、死人骨头和骨灰以及动物爪牙等悬挂颈前。所有此类习俗表示在古人思想中存在疾病与人、动物或事物的联系。这种思想仍然存在于许多现代迷信中，信仰者认为这些行为与疾病的发生和预防存在重要联系。①

---

① 卡斯蒂廖尼：《医学史》，程之范、甄橙译，译林出版社 2014 年版，第 19 页。

古代文明中，对流行病的认知也继承了这种巫医观念，流行病的暴发被解释为天降灾祸，时常与星象和宗教神学紧密联系在一起。例如，美索不达米亚人认为恶神和魔鬼的附体是疾病和厄运的根源，他们主张通过吟诵咒语、实施巫术，来驱逐恶魔从而解除疾病。① 古代中国将流行病与天象、阴阳五行结合在一起，将瘟疫的暴发解释为"天降灾异"，解除灾祸的方法是"行天道"。而犹太教、基督教等一神论宗教则将瘟疫解释为神对世俗的惩罚、审判和磨难，治愈疾病的唯一方法是向神祈祷。甚至在英国都铎王朝时代，清教徒还谴责政府对流行病的抑制政策，认为"能驱散上帝愤怒的不是打扫卫生，保持室内和街道的清洁，而是净化我们的心灵，使我们的灵魂远离罪恶"②。

虽然巫术、魔法、神学对流行病的解释一直存在，但是古希腊罗马时期还是出现了一种理性、科学看待疾病的传统。其中希波克拉底、亚里士多德和盖伦的思想构成了古代医学思想的核心。

生活于公元前5世纪的希波克拉底被认为是古希腊医学传统的核心人物，他不再诉诸外力来解释疾病，而是基于实验、观察和推理，提出了一套形而上学的医学理论来解释疾病，即体液理论。希波克拉底及其支持者认为，水、火、土、气四种因素构成了人的血肉之躯，并且分别与冷、热、干、湿四种习性相对应。由此形成了人体的四种体液：血液、黏液、黄胆汁和黑胆汁。血液从心来，代表热；黏液从脑来，散布到全身，代表冷；黄胆汁由肝脏分泌，代表干；黑胆汁从脾胃来，代表湿。四种体液的流动维持着人的生命，体液之间的相互调和和平衡意味着健康，体液比例的失衡意味着生病。③ 希波克拉底已经关注到了许多流行病，例如疟疾、肺结核等，他发现这些疾病存在季节性和地域性变化，他将病因解释为由于外部环境导致的体液的

---

① ［美］玛格纳：《医学史》，刘学礼译，上海人民出版社2017年版，第23页。
② ［英］波特：《剑桥插图医学史》，张大庆译，山东画报出版社2007年版，第56页。
③ 石庆波：《希波克拉底与西方医学人文传统的萌芽》，《淮北师范大学学报》（哲学社会科学版）2017年第6期。

失衡，主要是吸入了沼泽散发的臭气瘴气、食用了不洁的食物和水。①

亚里士多德则被认为是科学史上耸立的一座分水岭。他的科学观和世界观长期主导着科学的方法论和科学研究方向。② 以往在分析亚里士多德思想时，人们过于偏重他的物理学和哲学思想，其实亚里士多德著作中有三分之一的内容涉及生物学问题，他的生物学和分类学思想对后来生物学的发展产生了巨大影响。

亚里士多德将生物划分为三个种类——植物、动物和人。每个种类都受到其类型独有的"灵魂"的支配。植物具有植物灵魂，它是植物吸收养分、成长、繁殖的力量之源。动物灵魂具有植物的功能，并具有可移动的能力。人类除了具有植物和动物的功能之外，还具有思考的能力。植物和动物的分类存在一种等级形式，按照降序，植物物种区分为乔木、灌木、草类。动物区分为，有血动物的脊椎动物和"无血的"无脊椎动物，每一类又会做进一步划分。有血动物包括胎生四足动物、卵生四足动物、鸟类、鱼类。还会根据骨骼结构、外形或行为特征对这些类别再做区分。③ 亚里士多德还讨论了生物的生长和繁殖，他认为生长或变化只不过是显露出原已潜藏着的那些特征而已，就像是橡树种子中潜藏着一棵橡树。繁殖过程中，雄性向后代提供"形式"，雌性向后代提供"物质"。④ 亚里士多德是自然发生说的支持者，他甚至为各个物质中生长出来的特定物种编制了名录。按照亚里士多德的说法，有性、无性繁殖或自然发生都需要热量。高等生物是通过"动物热"产生的，而低等动物则是在雨、空气和太阳热的

① ［古希腊］希波克拉底：《希波克拉底文集》，赵洪、武鹏译，安徽科学技术出版社1990年版，第34—72页。
② ［美］麦克莱伦第三、［美］多恩：《世界科学技术通史》，王鸣阳等译，上海世纪出版集团2007年版，第96页。
③ Applebaum W. , *The Scientific Revolution and the Foundations of Modern Science*, Westport, Connecticut, London: Greenwood Press, 2005, pp. 63 – 64.
④ ［美］麦克莱伦第三、［美］多恩：《世界科学技术通史》，王鸣阳等译，上海世纪出版集团2007年版，第105页。

共同作用下，从黏液和泥土中产生的。晨露同黏液或粪土结合就会产生萤火虫、蠕虫、蜂类或黄蜂幼虫；潮湿的土壤会产生老鼠。① 亚里士多德的自然发生说思想对后来微生物学的发展产生了巨大影响。

盖伦被称为希腊医学的集大成者，他在亚里士多德奠定的基本框架下，提出了自己的生理学观点，他认为"灵气"是生命的要素，共有三种："动物灵气"位于脑，是感觉和动作的中心；"生命灵气"在心内与血液相混合，是血液循环的中心，并且是身体内调节热的中心；"自然灵气"从肝到血液中，是营养和新陈代谢的中心。② 盖伦也继承发展了希波克拉底的体液理论，他把体液的作用看作各种不同气质的基础：血气方刚者由具有潮湿和温暖这种基本性质的血液控制着；在冷静沉着者身上，潮湿和寒冷的黏液控制着人体的灵魂特质；忧郁的人是处在干而冷的黑胆汁的影响之下；易怒者是由于干而热的黄胆汁的作用。③ 盖伦还将药物按照热、冷、干、湿严格分类，这些药物通过恢复患者体液的平衡来治疗疾病。"热"性疾病，如出现高烧症状的疾病，通常会使用凉性的药物治疗。④ 盖伦也注意到了疟疾和霍乱等疾病，他虽然准确地记录了疾病的症状，但还是将这些疾病的病因解释为体液的不均衡。盖伦认为通过放血术可以将体内的臭味、腐烂的有害物质排出，以起到治疗效果。因为撰写了大量著作，盖伦一直被视为16世纪以前解剖学和生理学的最高权威，没有人能动摇他的地位。⑤

虽然古希腊罗马对医学做了大量研究，但是中世纪基督教文化却彻底改变了医学的地位。某些基督教神学家将瘟疫、饥荒、战争和自

---

① ［美］玛格纳：《生命科学史》（第3版），刘学礼译，上海人民出版社2009年版，第210页。

② ［意］卡斯蒂廖尼：《医学史》，程之范、甄橙译，译林出版社2014年版，第217页。

③ 张大庆：《医学史十五讲》，北京大学出版社2007年版，第48页。

④ ［美］凯利：《医学史话：早期文明（史前—公元500）》，蔡和兵译，上海科学技术文献出版社2015年版，第102页。

⑤ ［美］玛格纳：《医学史》，刘学礼译，上海人民出版社2017年版，第104页。

然灾害解释为上帝对人类傲慢无礼的仁慈的惩罚。中世纪的文献中记载了两种令人谈之色变的流行病：腺鼠疫和麻风病。占星家把腺鼠疫归咎于土星、木星以及火星的一次恶毒的联结。由于腺鼠疫的传播速度快，致死率高，它对中世纪时期的欧洲社会产生了巨大冲击，据统计，从 1347 年至 1353 年，爆发的"黑死病"腺鼠疫夺走了 2500 万欧洲人的性命，占当时欧洲总人口的三分之一。1348 年，教皇企图在复活节朝圣罗马以赢得上帝的仁慈结束鼠疫的流行。事实证明，虔诚的力量远不及鼠疫的力量。祈祷、游行、向保护神求助，所有这些都和医生或者骗子开的药一样没有任何效果。① 相较于被视为天灾的鼠疫，中世纪很多人将麻风病患者视为"不洁的"，极端分子更是将麻风病解释为身体和道德的污染，警告所有人远离麻风病人。② 英文中指称麻风病人的单词"leper"，现在仍然被用来指那些出于道德和社会原因被憎恶和遗弃的人。中世纪对麻风病唯一有用的措施就是隔离病人，与鼠疫传播途径不同，麻风病主要是通过直接接触和接触患者使用过的物品传播，对麻风病人的强制隔离可以很好地避免麻风病的传播，但是由于没有任何治疗手段，被隔离的患者只能自生自灭。

第二节　技术革新带来的微生物思想的革新

与欧洲中世纪的黑暗时期相比，伊斯兰世界对医学和科学做出了巨大贡献。这一时期，阿拉伯世界对古希腊罗马的经典文献做了大量翻译，到了 10 世纪，几乎所有的希腊医学经典都被翻译为阿拉伯语。在翻译的基础上，阿拉伯世界融合东方和西方知识，极大地推动了科学和医学的发展。后来随着奥斯曼帝国的衰落，大量持有科学和医学文献的学者来到意大利，将阿拉伯语的文献翻译为拉丁语，才使得古

---

① ［美］玛格纳：《医学史》，刘学礼译，上海人民出版社 2017 年版，第 140 页。
② ［美］玛格纳：《医学史》，刘学礼译，上海人民出版社 2017 年版，第 147 页。

希腊罗马的经典文献重回西欧。这些经典文献的回归，成为公元14到17世纪文艺复兴运动的一个前提。文艺复兴时期，欧洲的经济、社会、政治和智识观念发生了重大转变，人们对大自然的认识也产生了新的飞跃。一场轰轰烈烈的科学革命改变了以往的科学理论体系和科学思维方式，建立了以实证方法为基础的近代自然科学体系。哥白尼（Nicolaus Copernicus）、伽利略、开普勒、吉尔伯特（William Gilbert）、波义耳（Robert Boyle）、牛顿（Isaac Newton）、维萨留斯（Andreas Vesalius）、哈维（William Harvey）等人颠覆了传统的权威科学观，严格地以经验事实为依据，通过观察和实验推导出对客观世界的科学知识，奠定了近代科学的基础。

科学革命时期，微生物学最重要的两个发展是显微镜的发明和传染病观念的提出。人们通过显微镜看到了古代科学家没有看到的微小生物。虽然人们没能看到导致疾病的微生物，但是传染病观念的提出为后来细菌致病理论的发展开辟了道路。

一　显微镜的发明和使用

虽然人们很早就提出并制造了一些可以用来放大影像的镜片，但是一般认为第一台复式显微镜是由两名荷兰眼镜制作师——詹森（Zaccharias Janssen）和他的父亲马滕斯（Hans Martens）在1590年制造的。他们发现通过调整，多镜片放大镜对近物的放大倍率要高于单镜片放大镜，这种多镜片放大镜后来成为复式显微镜的雏形。这种早期显微镜的放大倍率接近10倍，它们也被称为"跳蚤镜"，因为可以通过这种显微镜更好地观察小型昆虫。但是这种显微镜非常原始，即使通过伽利略、罗伯特·胡克（Robert Hooke）和简·施旺麦丹（Jan Swammerdam）的改造，这种显微镜的放大倍率最高也只能上升到20到30倍。[①] 不过，

———————————

① ［美］凯利：《医学史话：科学革命和医学（1450—1700）》，王中立译，上海科学技术文献出版社2015年版，第67—78页。

到了 17 世纪中期，列文虎克（Antoni van Leeuwenhoek）发明了镜片研磨、抛光以及增加镜片弧度的新方法，使得显微镜的放大倍率大幅提升，制造出了拥有 200 倍倍率以上的显微镜。

胡克是早期著名显微镜学家之一。1662 年担任了伦敦皇家学会的实验主持人。1633 年他几乎每周都会做一场关于显微镜研究的讲座。他早期使用显微镜观察了软木塞的蜂房结构，并将这种结构命名为"cell"。1665 年胡克出版了《显微术：利用放大镜对微小物体的生理学描述》一书，介绍了他对显微镜的改进，并且描绘了几十种精美的插图，包括昆虫、霉菌、种子和软木塞薄片。[①]

与胡克相比，同时代的列文虎克则是一名业余显微镜爱好者。列文虎克是荷兰的一名布商，他在业余时间从事镜片研磨。虽然列文虎克并不富有，也没有受过很好的教育，甚至只会说荷兰本地的语言，但是他的勤奋和手巧，使他制造出了最大可以放大 270 倍左右的显微镜。他利用自制的显微镜，仔细观察了生物的微结构，包括活的和死的动物，他还看到了各种木材、盐晶体和肌肉的细胞。列文虎克首次发现了血红细胞，以及人类和各种动物的精子，并首次描述了微生物的形态结构。[②] 从 1673 年开始，列文虎克将他的显微镜研究寄送给伦敦皇家学会，其中大部分都被发表在皇家学会的《哲学汇刊》上，这使列文虎克一跃成为国际知名的显微镜研究者。1680 年列文虎克被选为皇家学会的会员。

列文虎克最重要的微生物观察是首次发现了原生动物和细菌。列文虎克可能在 1676 年就已经观察到了这些生物，根据列文虎克的描

① Hooke R. , *Micrographia, or, Some Physiological Descriptions of Minute Bodies Made by Magnifying Glasses, with Observations and Inquiries Thereupon*, London：Jo. Martyn and Ja. allestry, 1665. in Applebaum W. , *The Scientific Revolution and the Foundations of Modern Science*, Westport, Connecticut, London：Greenwood Press, 2005, p. 81.

② Croft W. J. , *Under the Microscope：A Brief History of Microscopy*, Singapore：World Scientific, 2006, pp. 12 – 13.

述，人们几乎可以确定他观察到的是胡椒水中的细菌。不过，1683年列文虎克才首次描述了有机质中寄生的细菌，他通过观察从牙齿中取出的物质，发现了一种牙齿菌，他写道："我反复地观察到有许多微生物在我所说的物质中优美地移动。"列文虎克一共描述了四种细菌，并绘制了它们的可识别的图像。与此同时，列文虎克还在自己的粪便中和马蝇的肠子里发现了活动的微生物，"这些微生物移动得非常优美，一些比血细胞大，一些比血细胞还要小"。这些寄生的微生物很可能是贾第鞭毛虫（Giardia），因此贾第鞭毛虫被视为第一个被人类观察到的寄生性原生动物。[①]

显微镜的使用引发了许多关于生殖本质的新思考。微生物到底从何而来？古希腊、古埃及都认为有些生物可以凭空产生，亚里士多德更是自然发生说的拥护者，他坚持认为低等形式的生物，例如蛆或幼虫是从泥或腐坏的有机物质中生长出来的。为了验证生物是不是凭空产生，意大利科学家雷迪（Francesco Redi）设计了一系列实验。当时人们认为蛆来自腐肉。雷迪将腐肉放置在6只罐子中。其中的3只罐子敞开，置于空气之中，而另外3只则被严格密封。没有密封的罐子很快招来许多苍蝇，并且没过几天就出现了大量蛆虫，而密封的罐子中的腐肉却没有长出蛆。之后，雷迪公开宣布他已经证明了自然发生没有可能。自然发生说的追随者们仍心存不甘，他们声称接触空气是自然发生的条件之一，密封的罐子使腐肉无法接触空气，当然不会生出生物了。

为反驳这一论调，雷迪重新设计了实验，这次他没有密封罐子，而是将可以隔绝苍蝇但允许空气通过的网状物盖在罐口。然而，雷迪的实验并非每次都能成功，因此那些拥护自然发生论的学者们仍然未被说服，他们依旧认为列文虎克描述的"微小生物"可以从没有生命的物质中自然产生。关于自然发生说的争论愈演愈烈，不同观点的科学

① Foster W. D. , *A History of Medical Bacteriology and Immunology*, London：William Heinemann Medical Books, 1970, p. 4.

家争相通过观察和设计实验证明自己的观点，直到 19 世纪，巴斯德设计曲颈烧瓶实验才最终说服人们生物无法"凭空而生"。[①]

二 传染病观念的提出

文艺复兴时期，鼠疫、麻风减少了，而天花、水痘、麻疹、流感、梅毒这样的流行病却增加了，其中梅毒更是被称为"文艺复兴的灾难"。[②] 由于梅毒是一种性传播疾病，一些宗教教徒就将梅毒解释为"性欲灾祸"，认为梅毒是上帝对不检点性行为的惩罚。占星术士还认为 1484 年 11 月 25 日土星和木星在天蝎座和火星宫位下相合，大吉星木星被邪恶的土星和火星征服，导致了性欲灾祸。而统治着性器官的天蝎座解释了为什么性器官成为新疾病攻击的第一个地方。[③]

除了这些神秘主义的解释，文艺复兴时期另一个重要的贡献就是提出了传染病的观念。1546 年意大利医师伏拉卡斯托（Girolamo Fracastoro）在《论传染和传染病》一书中，把传染病解释为一种由人类感觉器官感觉不到的微小粒子传染的疾病。伏拉卡斯托认为这种粒子具有一定繁殖能力，能从患者传染给健康人，使健康人患病。他把传染病的传染途径分为三类：第一类为单纯接触传染，如疥癣、麻风、肺结核；第二类为间接接触传染，即通过衣服、被褥等媒介物传染；第三类为没有直接或间接接触的远距离传染，如鼠疫、沙眼和天花等。伏拉卡斯托的想法与 19 世纪后期细菌学的主张非常类似，只可惜当时还未发明显微镜，他的这种想法无法通过观察和实验证实，因此他的观点没有被更多人接受。伏拉卡斯托还对梅毒进行了观察，并写了一篇名为《西菲利斯：高卢病》（Syphilis, sive Morbus

---

① ［美］凯利：《医学史话：科学革命和医学（1450—1700）》，王中立译，上海科学技术文献出版社 2015 年版，第 72 页。

② ［美］玛格纳：《医学史》，刘学礼译，上海人民出版社 2017 年版，第 194 页。

③ Fleck L., *Genesis and Development of a Scientific Fact*, Chicago: The University of Chicago Press, 1979, p. 2.

Gallicus）的长诗，论述了这种疾病的起源、病征和治疗。他长诗中的人物，一位名为西菲利斯的牧羊人由于诅咒太阳，导致了这种梅毒的暴发，之后人们就把这种病命名为西菲利斯，即今天所说的梅毒。[1]

随着17世纪显微镜的发明，人们逐渐认识到某些疾病可能是由某些不可见的、活的微小生物导致的。1658年德国的耶稣会士基歇尔（Athanasius Kircher）就推测瘟疫可能是由微型寄生虫侵入身体导致的，但没有给出任何证据。17世纪人们观察到的第一种由微生物入侵导致的人类疾病是疥疮（scabies）。疥疮是一种微小的螨虫深挖入皮肤导致的疾病，裸眼几乎看不到这种螨虫，但是利用一个简易的低倍显微镜就可以轻易识别出它。这种螨虫很可能在中世纪欧洲就被发现了，但是当时它并没有被认为是疥疮的病因，实际上它是否存在也存在争论。真正发现疥螨，并明确指出它是疥疮病因的人是雷迪的学生，意大利人博诺莫（Cosimo Bonomo）。1687年，博诺莫发表文章介绍了疥螨导致疥疮病的原理。十年之后，这篇文章被翻译成英文发表在皇家学会的《哲学汇刊》上，从而得到了广泛传播。博诺莫写道：

> 通过长期观察，我发现被瘙痒困扰的可怜孩子们会从身上针眼一样的点上的结痂皮肤中取出一个小水囊组织，然后像掐跳蚤一样用指甲掐爆它们，在来航（Leghorn）的牢狱中，皮肤结痂的奴隶也经常会相互这么做……这使我想要去看看这些小水囊到底是什么东西。我很快找到了一个瘙痒难耐的患者，问他觉得他身上哪里最痒，然后从他的身体上取出了一个非常小的水囊，几乎无法辨识。利用显微镜观察，我发现它是一种非常微小的生物，形状像乌龟，颜色发白，背上有一点暗，有着细长的毛发，动作敏捷，有六只脚，尖尖的头，在鼻子的顶部有两个小角……我仔细检查了

---

[1]　张大庆：《医学史十五讲》，北京大学出版社2007年版，第94页。

这些小动物是否产卵，经过多次调查，最后当我借助显微镜绘制其中一个小动物的图像时，我幸运地从小动物的后半部分看到了一个坠落物，小到几乎看不见的一个白色的卵，几乎透明，椭圆形，像是菠萝的种子……从这一发现出发，不难给出一个关于瘙痒的更为合理的解释，这种传染病很可能有着自己的起源，既不是盖伦的黑胆汁（melancholy humour），也不是西尔维厄斯（Silvius）的腐蚀性的酸，也不是范·赫尔蒙德（Van Helmont）的特别的酵素，也不是血清或淋巴中的刺激性盐，而是持续叮咬在皮肤上的小动物……从此我们开始明白证明瘙痒是一种传染病是多么重要，因为通过简单接触，这些生物就可以轻易地从一个人传播给另一个人，它们的动作极其敏捷，爬在人的身体表面，钻到表皮底下，并且非常容易附着于任何接触过它们的东西，很难被发现，它们会在人身上快速通过产卵繁殖。这种传染病可以通过瘙痒患者使用过的床单、毛巾、手帕、手套等东西传播也就不足为奇了。我们很容易可以在这些患者的日用品中观察到这些生物，实际上我还观察到，它们离开身体可以存活两或三天。①

博诺莫的发现被认为是医学史的一个转折点，它改变了医生以体液分布为基础的病因学观念，开始将客观的、外源性的致病微生物视为疾病的病因。虽然在现代概念中疥螨不是微生物，而是一种寄生虫，但是在当时看来，疥螨是一种非常小的动物，这种动物可以导致疾病，使人们很容易就可以联想到更小的微生物也可以导致疾病。博诺莫的发现为之后细菌致病说奠定了基础，不过真正发现可以导致疾病的微生物则是在150年之后了。②

---

① Foster W. D. , *A History of Medical Bacteriology and Immunology*, London：William Heinemann Medical Books, 1970, p. 3.

② Foster W. D. , *A History of Medical Bacteriology and Immunology*, London：William Heinemann Medical Books, 1970, p. 4.

第三节　传染病和细菌学思想的出现

一　18世纪的传染病观念

欧洲人长期受困于传染病的流行，但一直无法找出传染病流行的原因，他们只能通过隔离和尽可能的清洁控制这些疾病的扩散，到了18世纪后期，卫生学逐渐成为一门具有独立性质的学科，主要研究如何更好地防控流行病的暴发。[①] 从整体上看，18世纪的卫生学主要是建立在瘴气理论上的，人们普遍认为一些流行病的暴发与垃圾、粪便、尸体等物质散发出的腐败气体相关。因此18世纪中期，欧洲的主要城市逐渐开始改善居住环境，集中清理垃圾和排泄物，并兴建一些公共卫生设施，例如公共浴池，试图通过对公共卫生和个人卫生的改善，防止流行病的暴发。

17—18世纪，一些学者也提出了寄生虫致病的观点。如1699年法国人安德里（Nicholas Andry）发表《论人体内蠕虫的产生》（*On the Generation of Worms in the Human Body*），他不认为寄生虫是自然发生的，他指出寄生虫病是人们食用了含有寄生虫的卵的食物，从而导致寄生虫在体内繁殖。18、19世纪之交，法国的布勒托诺（Pierre Bretonneau）首次提出了特异性学说，他详细研究了白喉（diphtheria，由布勒托诺命名）和伤寒热（typhoid fever）。通过仔细的临床研究和大量的尸检，布勒托诺认为不同种类的白喉在病理上是一样的，不论在喉咙或鼻子局部，还是散播到了下呼吸道，都会显示出喉炎的临床症状。同样地，通过指出小肠中特殊的病变，布勒托诺还区分了伤寒热和其他疾病的发热症状。根据大量的临床经验，布勒托诺认为白喉和伤寒热都是传染病，但他也意识到它们的传染性都不如天花。布勒托诺坚信每一

---

① ［意］卡斯蒂廖尼：《医学史》，程之范、甄橙译，译林出版社2014年版，第665页。

种病的种子会导致一种特殊疾病，就像是自然界中所有种子都会长出特定的物种。[①]

虽然有以上研究，但是总体来看，受显微镜的缺陷和主流的疾病解释观点的影响，18 世纪微生物学并没有取得较大的进展，这一时期，还是理论远远胜于观察事实的时代。

二　19 世纪的微生物疾病

进入 19 世纪后，由于产业革命促进了机械制造技术的发展，加上光学理论的进步，显微镜的性能有了明显改善。[②] 浸液物镜和偏光显微镜的出现，极大地消除了像差、色差，提高了放大倍率和分辨率，使得微生物学的进一步发展成为可能。

人类观察到的第一个由微生物引发的疾病是一种蚕病，各地对这种病的称呼各不相同，最知名的应该是硬化病（muscardine）。意大利人巴斯（Agostino Bassi）对这种病做了详细研究，19 世纪 30 年代他展示了死亡的蚕的组织中滋生了大量的真菌。通过将这些真菌接种给健康的蚕，健康的蚕也出现了硬化病的症状，巴斯认为是这些真菌导致了蚕的硬化病。1835 年，巴斯发表了一本关于蚕病的书，然而从那以后，由于眼疾恶化，他不再从事微生物研究。但是，巴斯已经清楚地认识到，微生物可能是传染病的致病因，在继续完善他的理论的基础上，巴斯认为他的理论不仅适用于蚕，而且适用于人。[③]

人类观察到的第一个由微生物引发的人类疾病是癣菌病。1839 年，苏黎世的医学教授舍恩莱因（Johan Schoenlein）受巴斯关于蚕硬化病研究的启发，在癣菌病的脓疮中发现了一种真菌，但是他无法证

①　Foster W. D. , *A History of Medical Bacteriology and Immunology*, London：William Heinemann Medical Books, 1970, p. 6.

②　周程：《19 世纪前后西方微生物学的发展——纪念恩格斯〈自然辩证法〉发表 90 周年》，《科学与管理》2015 年第 6 期。

③　Bulloch W. , *The History of Bacteriology*, New York：Dover Publications, 1979, p. 159.

明真菌是癣菌病的病因。①

　　1840 年，德国微生物学家亨勒（Jakob Henle）发表了一篇重要文章《论瘴气和传染物》。在这篇长文中，亨勒回顾了所有已知的传染病的起源，花了大量篇幅构建了"传染病"的类别，证明"瘴气性""瘴气—传染性""传染性"疾病本质上是一致的。亨勒坚持认为不同疾病之间存在特殊的差异，必须要考虑到它们不同病因之间的特殊差异。然后，亨勒用证据证明传染病的病因是微生物，"寄生性微生物和患病机体有密切关系"，他指出传染物可以在体内繁殖，与发酵物类似，它们也可以自我繁殖，是一种"低等真菌"。传染物质的物理—化学特征可以通过加热和消毒破坏，这也证明了它的生命本质。如果承认传染物是生物，那么它们必须被划归到生物世界已知的类别，但它们不可能是昆虫。亨勒写道，"我们日益熟悉它们广泛的分布、快速的繁殖和微观生物世界的重要特性，我们很自然就会将传染物想象成一种植物体"。②

　　当亨勒论证特定的微生物是特定疾病的病因时，他则表现出了谨慎和批判的态度。亨勒认可博诺莫将疥螨（Sarcoptes）作为疥疮的病因，巴斯将真菌作为硬化病的病因，但是其他再无证据。亨勒判断微生物与疾病的因果关系的标准，可以从他关于弧菌和梅毒关系的讨论中看出端倪。亨勒指出，尽管在梅毒病变中弧菌非常常见，但弧菌也并非总是存在，而且人们在非梅毒性龟头炎和牙齿间淤积的物质中也发现了类似的弧菌，因此说弧菌导致了梅毒病并不能成立。亨勒还反驳了他的同事舍恩莱因关于癣菌病的论文，因为他无法确认真菌是否

　　① Foster W. D. , *A History of Medical Bacteriology and Immunology*, London：William Heinemann Medical Books, 1970, p. 7.

　　② Henle J. , "On Miasmata and Contagia", *Bulletin of the Institute of the History of Medicine*, Vol. 6, No. 8, 1938, pp. 907 – 983.

是致病菌，或许真菌仅仅是一种特别适宜在脓疮病变中生长的微生物。[①] 如何证明细菌导致疾病的问题成为之后细菌学研究的核心，40年后这一问题才由他的学生罗伯特·科赫解决。

第四节　以实验为基础的微生物学纷争

随着显微镜的产生，人们已经观察到了许多微生物，包括真菌、细菌。然而关于微生物的起源问题、微生物和疾病之间关系的问题仍然存在争论。

一　关于自然发生说的争论

虽然雷迪在17世纪就设计实验反驳了自然发生说，但是关于自然发生说的争论并没有停歇，实际上大部分时间自然发生说仍占据主流地位。18世纪英国科学家尼达姆（J. T. Needham）通过实验证明微生物是从腐败物质中自然发生的，并提出理论论证这种自然发生是必然的。尼达姆将肉汁盛于玻璃瓶内密封起来，放在热碳上加热一段时间。这样的话，微小的动物或它们的卵子根本不能进入瓶中，即使之前瓶中已经有了微小动物或卵，也会被杀死。几天之后，尼达姆打开玻璃瓶，发现里面有成堆的小生物。尼达姆认为，不论玻璃瓶是敞开的还是封闭的，煮沸过的还是没有煮沸过的，所有装有肉汁的玻璃瓶中都会长出生物，因为在组成动植物结构的每个可见的丝状体中都存在一种能生长的力量。当动物和植物死亡后，它们就缓慢地分解成一种相同的要素，尼达姆称之为一种能产生新生命的宇宙种子。[②] 1748年尼达姆在伦敦皇家学会《哲学汇刊》上发表了这一观点。尼达姆通

---

① Foster W. D. , *A History of Medical Bacteriology and Immunology*, London：William Heinemann Medical Books, 1970, pp. 8 – 9.

② ［美］玛格纳：《生命科学史》（第3版），刘学礼译，上海人民出版社2009年版，第210页。

过实验证明自然发生说的观点得到广泛传播。

然而，受雷迪实验的影响，意大利学者斯帕兰札尼（L. Spallanzani）坚持认为生物不会自然发生。通过数百次的实验，斯帕兰札尼指出，肉汁不会产生微生物，它只是繁殖微生物，由于空气中携带了许多微生物的卵，因此当空气与肉汁接触时，微生物的卵就会进入肉汁进行繁殖。针对尼达姆的实验，斯帕兰札尼以不同时长加热装有肉汁的玻璃瓶，从而确定不同微生物对热的耐受性。斯帕兰札尼发现，某些高等的微小生物只要略微加热就会被杀死，而另外一些非常小的生物在沸水中煮了将近一个小时还不死。因此，斯帕兰札尼指出，尼达姆的实验看似成功，但实际上是因为对肉汁加热的时间不够，未能将肉汁中原来携带的微生物的卵杀死。[①]

尼达姆很快就对斯帕兰札尼的批评做出了回应。尼达姆指出要求延长对肉汁的加热时间是不合理的，因为：一是长期加热玻璃瓶，会导致玻璃瓶中的空气产生变化，以至于其不再适合微生物的产生和繁殖；二是肉汁之所以能生成微生物，是因为肉汁是一种有机质，它原本就具有一种产生微生物的"生命力"，长时间加热肉汁会破坏肉汁的"生命力"。因此，尼达姆认为，并不是加热的肉汁不能自动产生微生物，而是斯帕兰札尼的实验方式破坏了从有机质中自然生出微生物的条件。[②] 为了驳倒尼达姆，斯帕兰札尼又重新设计实验，针对性地批驳了尼达姆新提出的观点和论据。但是斯帕兰札尼并未真正驳倒尼达姆，这场争论一直延续到19世纪。

1810年，法国化学家盖－吕萨克（J. L. Gay-Lussac）提出加热过的玻璃瓶中缺乏氧气，而氧气是发酵和腐烂所必需的，从而支持了尼达姆的说法。19世纪30年代施旺（T. A. H. Schwann）重复了斯

---

① ［美］玛格纳：《生命科学史》（第3版），刘学礼译，上海人民出版社2009年版，第211—212页。

② 林定夷：《科学逻辑与科学方法论》，电子科技大学出版社2003年版，第410—411页。

帕兰札尼的许多实验，并做了精致的改进，除了加热培养基外，还增加了加热空气这个条件。为了证明加热不会导致"生命力"消失，施旺用实验表明青蛙在这样的空气中仍能很好生存。但由于施旺的实验存在某些技术问题，结果并不稳定。德国微生物学家舒尔茨（F. Schultz）、施罗德（H. Schröder）和杜施（T. von Dusch）尝试过滤空气中的微生物，证明不携带微生物的空气与肉汁接触不会产生生物，但这些实验并不能保证每次都能成功。由于证据不充分，这些实验都无法成为驳倒自然发生说的判决性实验。①

19世纪中期自然发生说最强有力的捍卫者之一是普歇（F. A. Pouchet），他是法国鲁昂（Rouen）自然博物馆的馆长，著名的植物学家和动物学家。从1858年起，普歇就不断向巴黎科学院提交论文，为自然发生说提供证据。1859年，他发表了一篇约700页的巨著《自然发生论》，详细地论述了他的基本原理和实验，试图证明自然发生说。

普歇认为大自然把自然发生作为生物繁殖的一种方法，因此他设计的实验不是去确定是否有自然发生的现象，而仅仅是去发现这个过程发生的方法。普歇认为自然发生需要一种从先前已存在的物质中获得生命力，并只能在有机质和溶液中产生，而这种有机质和溶液也必须来自生命体，因而其中已保留有生命的特性。按照普歇的说法，推动自然发生的条件是有机物、水、空气和适当的温度，这些必然条件的变更，都将影响所产生的有机体的类型。因此，在一系列用来验证某一有机质对生物自然发生的影响的实验中，普歇严格地控制变量，试图找出每个因子在自然发生中的作用。在普歇手中，关于自然发生的标准实验都得出了肯定的结果。②

---

① ［美］玛格纳：《生命科学史》（第3版），刘学礼译，上海人民出版社2009年版，第212页。

② ［美］玛格纳：《生命科学史》（第3版），刘学礼译，上海人民出版社2009年版，第212页。

由于各派学者对自然发生说各执己见，莫衷一是，并且都通过实验加以证明，这就使得自然发生说一直没有定论，成为热门的科学问题。1860 年法国科学院决定悬赏研究这一问题，如果有谁能够用精确的和可重复的实验阐明生物能否自然发生的问题，科学院将授予奖金。①

　　与其他从理论上批评普歇的学者不同，巴斯德把精力集中于论战的实验基础上。首先，巴斯德通过实验证明了空气中存在微生物。巴斯德在玻璃管的一端塞入消毒过的棉花，然后把玻璃管接到吸气机上，使空气通过玻璃管，经过 24 小时，把带有灰尘的棉花塞取出，浸入酒精和乙醚的混合液中，然后把漂洗下来的灰尘收集起来，放在显微镜下观察。巴斯德在这些灰尘颗粒中除了观察到了无机物质，还发现了各种各样的微生物。这就证明了空气中存在微生物。

　　接着，巴斯德通过对照实验，寻找微生物产生的原因。根据自然发生说的观点，生物是从腐败发酵的有机质中自生出来的，并且与空气接触是有机质腐败和发酵的必要条件。巴斯德认为，有机质可以产生微生物，要么是因为有机质自身携带了微生物，要么是因为空气中的微生物进入了有机质之中，因此，只要杀死有机质和空气中的微生物，有机质就不会产生微生物了。于是，巴斯德重复并改进了 1836 年施旺曾经做过的实验。与施旺一样，巴斯德将有机溶液和空气分别加热，为了避免自然发生说的支持者批评加热会导致空气丧失"生命力"，他使用水流将加热过的空气冷却后再导入装有有机溶液的玻璃瓶，并密封。巴斯德发现密封瓶中的有机溶液长时间不会腐败，也不会生成微生物。但如果打开密封的玻璃瓶，将带有灰尘的棉花放入有机溶液中，然后再密封玻璃瓶，那么不久之后，有机溶液就会腐败，并出现一些微生物。②

　　虽然巴斯德试图证明在相同的条件下，只有某些微生物进入玻璃

　　① 林定夷：《科学逻辑与科学方法论》，电子科技大学出版社 2003 年版，第 412 页。
　　② 林定夷：《科学逻辑与科学方法论》，电子科技大学出版社 2003 年版，第 413 页。

瓶中，有机质才能生出微生物，但是他并没有完全避免加热会导致空气丧失"生命力"的观点。自然发生说的支持者反驳道，前一个玻璃瓶中没有产生微生物是因为空气经过高温加热就不适宜于微生物的自生了，而后一个玻璃瓶产生了微生物是因为打开密封瓶时普通的空气进入了玻璃瓶中。

巴斯德深知从理论上与自然发生说的支持者争论是不会有结果的，因此他针对反驳者的观点，再次修改实验方法，设计出了一套巧妙的"曲颈烧瓶实验"。巴斯德把一个烧瓶放在火焰上烧制，拉出弯曲的、特别的长颈。如果把液体放在这样的烧瓶中灭菌，那么尽管普通的空气能自由进入烧瓶中，但瓶中的有机溶液将仍然保持无菌而不会变质。带菌的灰尘颗粒在长颈弯处被拦住了，这就使得有机溶液免受微生物的侵袭。但是如果把曲颈瓶倾斜一下，让有机溶液通过弯曲的颈部或把长颈打断，那么培养液很快就会充满微生物（图3）。在这个实验中，巴斯德只对有机溶液进行了加热灭菌处理，而未对空气作任何处理，因此很好地反驳了自然发生说的观点，取得了决定性的胜利。1862年，巴斯德凭这一工作获得了巴黎科学院的奖金。①

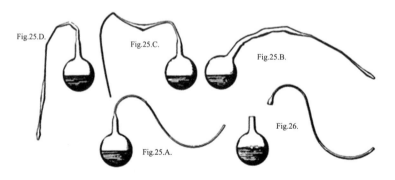

图3　巴斯德的曲颈烧瓶实验

①　［美］玛格纳：《生命科学史》（第3版），刘学礼译，上海人民出版社2009年版，第213页。

二　关于细菌致病说的争论

（一）对细菌致病学的反对

1840 年亨勒就已经推测出微生物与传染病有着密切的关系，但是他并没有通过实验为这一理论增添任何新证据，他一生的工作都在传染病以外的领域。因此，总体来看，亨勒对同时代人的影响力十分有限。当时人们对微生物引起传染病的理论仍普遍持怀疑态度。[1]

19 世纪 40 年代是化学科学迅速发展的时期，尤其是受著名化学家李比希（Justus von Liebig）的影响，化学被广泛应用于解决医学问题。李比希自信地提出了"感染和瘴气的化学理论"，猛烈地抨击了亨勒提出的细菌理论，他认为"没有什么比将微生物假设为瘴气和传染物更缺乏科学基础的恶作剧了……"李比希还批评了当时的生理学家，认为他们太过倾向于"从因果关系看待两个频繁出现关联的事物"。[2] 因此，当时人们根本无法区分到底是微生物导致了疾病，还是疾病引发了微生物的繁殖。

1842 年，格鲁比（David Gruby）在鹅口疮病变中发现了白色念珠菌（candida albicans）。作为一名细菌理论的支持者，他将白色念珠菌归为鹅口疮的致病因。然而，细菌学说的批评者则并不认为是白色念珠菌导致了鹅口疮，虽然他们承认真菌和疾病溃烂区域的联系，但是他们认为，当之前具有特殊生命形式的有机质或细胞进入分解状态时，面对强大的化学和物理规律，大量的有机质或细胞都会丧失它们的活力，其他仍然保有活力的细胞则会成为一种新形式的有机体……

———————

①　Foster W. D. , *A History of Medical Bacteriology and Immunology*, London：William Heinemann Medical Books, 1970, p. 9.

②　Foster W. D. , *A History of Medical Bacteriology and Immunology*, London：William Heinemann Medical Books, 1970, p. 10.

成为低等生物和植物。① 也就是说，身体组织的溃烂是一种化学和物理的过程，在这一过程中存活下来的细胞会形成真菌，不是白色念珠菌导致了鹅口疮，而是鹅口疮的溃烂引起了白色念珠菌的繁殖。

1850 年英国病理学家西蒙（John Simon）在圣托马斯医院的普通生理学讲座上批评了亨勒的细菌理论。西蒙指出，人们已经认识到了许多人类、动物和植物的寄生虫病，但是它们与细菌理论想要解释的传染性发热有着本质的区别。真正的寄生虫病主要引起局部病变而不是全身性紊乱。虽然在蚕硬化病中，局部的病变是多种多样的，但在真菌占据蚕的整个身体之前，蚕并不会死亡。西蒙总结了他的反对意见：症状没有出现时，寄生虫——如果有害的话——会不断繁殖；症状出现了，有害的寄生虫就不会再繁殖；寄生虫自己会避免被发现。西蒙也认为"传染病的现象是以化学为基础的"②。

19 世纪中期最知名的细菌理论的反对者是比尔（L. S. Beale），他相继担任了伦敦国王学院医学院生理学、病理学和医学的主席。比尔出生于 1828 年，非常善于在医学研究中使用显微镜，他最重要的身份是一名前沿的临床生理学家。比尔的教科书《医学中的显微镜》（*The Mircroscope in Medicine*）于 1854 年首次出版，是临床病理学的经典著作之一。1868 年，比尔受邀在牛津大学做一个系列讲座，他讲述了"疾病细菌，它们的起源和本质"，他的讨论基于广泛的实践经验，主要是他对人类和动物组织的显微镜观察。比尔认为"高等生物总是携带低等生物。可能没有组织不携带细菌，人类的血液中也都能发现它们……只要高等生命体活着且在生长，那么细菌是被动的和休眠的，但是高等生命体出现改变和异常情况时，它们就会变得活跃，并开始繁殖"。比尔正确地展示了消化道和呼吸道的上皮细胞中确实包

① Foster W. D. , *A History of Medical Bacteriology and Immunology*, London：William Heinemann Medical Books, 1970, p. 10.

② Foster W. D. , *A History of Medical Bacteriology and Immunology*, London：William Heinemann Medical Books, 1970, p. 10.

含了细菌,但是由于显微技巧的不成熟,使他误认为细胞和细菌是类似的。为了反对细菌理论,比尔指出细菌和真菌无处不在,它们是无害的,并且指出有些毫无疑问的传染物质中并不包含细菌,例如天花水疱中的物质,有些携带细菌的有机质却不具有传染性。这些现象都反对了细菌致病的观念。比尔做了许多人体实验和推测论证,提出了替代细菌理论的理论,他认为疾病细菌源于身体中的"原生物质"(bioplasm),由于正常组织的失常,才产生了"疾病细菌"。健康组织和"疾病细菌"相接触,导致"原生物质"生产出更多的"疾病细菌"。[1]

另一个反对细菌理论的重要人物是英国生理学家巴斯蒂安(H. C. Bastian),他承认细菌与特定疾病相关,但不认为细菌导致了疾病。巴斯蒂安质疑将传染病和发酵类比的有效性,质疑巴斯德关于微生物导致发酵的论述。巴斯蒂安认为人们"普遍承认":(1)给实验动物接种细菌可以不产生任何影响;(2)细菌存在于健康人的组织中;(3)由化学刺激导致的实验动物的病变中也充满了细菌;(4)存在明确不包含细菌的传染性液体,并且细菌在这些液体中的繁殖会减小这些物质的毒性;(5)细菌不存在于活人的血液中,而是在人死后很快出现。因此,巴斯蒂安坚持认为,即使病人的体液和组织中存在微生物,"在很大程度上也是因为这些体液和组织的结构和活力发生了某些变化(由于健康营养的偏差),细菌和类似微生物出现在那里是病理过程的产物……"[2]

19 世纪中期细菌理论最大的竞争理论是"瘴气说",实际上,瘴气理论是细菌理论之前最主要的解释疾病产生过程的理论。19 世纪上半叶,人们对"传染病"的分类并不清晰,像天花、梅毒这样明显具

---

① Foster W. D. , *A History of Medical Bacteriology and Immunology*, London: William Heinemann Medical Books, 1970, p. 16.

② Foster W. D. , *A History of Medical Bacteriology and Immunology*, London: William Heinemann Medical Books, 1970, pp. 19 – 20.

有传染性的疾病，人们倾向于认为它们是通过接触传播的传染病，但是一些主要通过空气或水源等介质传播的流行病，例如疟疾、霍乱和伤寒，更多的人则认为它们是一种区域性疾病，主要以瘴气理论来解释。瘴气理论的支持者认为土壤会向空气排放一种废气——"瘴气"，这种废气是导致大多数传染病的病因。实际上，早在希波克拉底时期，人们就已经认为沼泽散发的臭气可以导致疾病。

19世纪中期，英国瘴气理论的代表人物是流行病学家法尔（Wiliam Farr）和社会改革家查德威克（Edwin Chadwick），他们都认为垃圾、腐败的食物、粪便、坟地、潮湿阴暗的地方会产生瘴气，这种瘴气会导致疾病的暴发。因此，查德威克主张通过公共卫生政策的改革和公共卫生设施的改进，防止传染病的暴发。虽然他们对公共卫生的改革确实推动了英国社会的进步，但是他们以统计为基础的方法根本无法证明瘴气理论，瘴气理论仅仅是他们用来解释流行病现象的理论（准确地说应该是信仰）。在英国霍乱疫情的调查中，斯诺（John Snow）否认了瘴气说，认为被污染的水才是引起霍乱的真正原因，并给出了充足的证据。1866年之后，法尔才逐渐转变态度，接受了斯诺的观点。但是查德威克却一生都坚信瘴气理论，受他影响，著名的英国护士南丁格尔（Florence Nightingale）也始终坚持认为流行病是由腐败的气味或瘴气引发的，而不是被污染的水。①

19世纪中期德国最主要的瘴气理论支持者是著名卫生学家佩滕科费尔，他批评了斯诺的观点，认为霍乱不是由水源传播的，而是人类的粪便和尿液污染了土壤，引发了一种"霍乱瘴气"。虽然佩滕科费尔承认霍乱是由患者携带的特殊微生物被排入环境之中引起的，但是他坚信细菌无法单独导致疾病。佩滕科费尔提出了"土壤理论"，他认为存在一个霍乱细菌X，但自身不产生霍乱。在适当的地方和时

---

① Halliday S., "William Farr, The Lancet, and Epidemic Cholera", *Medical Science Monitor*: *International Medical Journal of Experimental & Clinical Research*, Vol. 8, No. 6, 2002, pp. LE18 – 19.

间，土壤中存在一种基质 Y，Y 与 X 结合产生出一种"瘴气"Z。而 Z 才是"真正的霍乱毒素"，没有 Y 的情况下，X 没有毒性。19 世纪中期佩滕科费尔的流行病学和卫生学理论在德国占据了主导的地位。[①]

（二）对细菌致病说的支持

1840 年亨勒提出细菌理论之后，细菌理论实际上很长一段时间都没有太大的进展，人们也没有发现新的致病菌，倒是在临床领域，一些医生发现了某些看不见的物质和疾病的联系。1847 年匈牙利产科医生塞麦尔维斯（Ignaz Philipp Semmelweis）在奥地利的一家医院工作时发现，在医院里分娩的妇女由于产褥热成批死去，但在家里分娩的妇女却很少得这种病，他意识到，有可能是医生加剧了这种疾病在病人之间的传播。由于医生在对产妇做子宫检查时都是连续工作，因此医生将患病产妇子宫内的"腐败物质"带给了健康的产妇。于是，塞麦尔维斯要求所有的医务人员每次检查一位产妇之后必须用强化学溶液彻底洗净双手，以去除可能沾染上的"腐败物质"和气味，采取这一措施后，该医院的产褥热发生率开始急剧下降。1849 年，塞麦尔维斯因匈牙利宣布独立被迫离开奥地利，于是，这家医院的医生略去了不愉快的洗手程序，以致病人中患产褥热的比例又开始上升。与此同时，塞麦尔维斯不管到哪家医院工作，都坚持用强化学溶液洗手，结果由他照顾的病人因产褥热死亡的不到 1%。塞麦尔维斯用实践证明了洗手对降低产褥热的发生率是有效的，但他不知道洗手之所以有效，是因为致病细菌在这一过程中被大量消灭了。[②]

尽管 19 世纪中期的细菌理论提出了真菌和细菌是致病菌的可能性，临床医学也发现了某些看不见的物质会导致疾病，可是由于当时

---

① Howard-Jones N., "Gelsenkirchen Typhoid Epidemic of 1901, Robert Koch and the Dead Hand of Max von Pettenkofer", *British Medical Journal*, No. 1, 1973, pp. 103–105.

② 周程：《19 世纪前后西方微生物学的发展——纪念恩格斯〈自然辩证法〉发表 90 周年》，《科学与管理》2015 年第 6 期。

微生物知识的局限性，细菌理论面临着诸多困难。例如，当时没有现代意义的病毒概念，因此一些病毒性传染病无法被证明是由细菌引起的，例如天花和麻疹，这些例子往往会破坏整个细菌理论。此外，通过动物实验，当时的细菌学家还从腐烂物质中分离出了许多无害的细菌。对大多数研究者来说，他们不敢想象如此微小、外表相似的微生物会是有着不同特性的不同物种。[①] 虽然细菌学家推测细菌是传染病的致病因，但是细菌理论的反对者，或者以自然发生说为基础，坚持认为细菌是疾病的结果；或者坚持瘴气说，认为外部环境是引发疾病的真正原因，而不是细菌。

作为自然发生说的反对者，巴斯德也参与到了细菌理论的研究中。19 世纪 60 年代，巴斯德通过对酒、醋的发酵研究，提出所有的发酵和有机分解都是由微生物导致的。以此为基础，巴斯德推测疾病组织的病变与溃烂也是由微生物导致的。1865 年一种奇怪的疾病袭击了法国南部的蚕丝业，大量蚕的死亡，使从业者感到绝望。在恩师安德烈·杜马（Jean Baptiste Andre Dumas）的请求下，对蚕一无所知的巴斯德来到蚕病重灾区阿莱斯开展蚕病的防治研究。虽然 19 世纪 30 年代，意大利人巴斯就在患蚕硬化病的蚕的体内发现了真菌，并推测是真菌导致了蚕病，但是直到巴斯德着手调查法国的蚕病，巴斯的观点一直没有得到证实。巴斯德来到阿莱斯之后，通过对蚕的解剖和显微镜观察，很快就在蚕的体内发现了一种椭圆形棕色微粒子。为了确证这种微粒子的传染性，巴斯德把桑叶涂上这种微粒子给健康的蚕吃下去，蚕很快染病死去。同时巴斯还发现，放在蚕架上面格子里的蚕，可通过落下的蚕粪将这种病传染给下面格子里的蚕。因此，巴斯德建议彻底消灭已受感染的蚕和桑叶，以阻止蚕微粒子病的蔓延。此项建议使法国的蚕丝业得以起死回生。巴斯德的上述发现使人们意识到，

① Foster W. D., *A History of Medical Bacteriology and Immunology*, London：William Heinemann Medical Books, 1970, pp. 12 – 13.

疾病确实是可以通过寄生的微生物进行传播的。[1]

　　受巴斯德研究的启发，英国外科医师李斯特认为，伤口化脓、术后感染很可能是由微生物从外界入侵引起的。在 1867 年发表的关于骨折的论文中，李斯特指出没有创伤的普通骨折不会受到感染，而骨头穿透了皮肤的复合骨折通常会引发创口附近的组织化脓腐烂，甚至通过血液引起全身性感染，而二者唯一的差别是有创口的骨折使组织和血液接触到了空气。由于巴斯德在批评自然发生说时指出，空气中的氧或其他气体成分并不是促使有机质发酵或腐烂的缘由，真正的缘由乃是悬浮在空气中的微生物。[2] 因此，李斯特除了坚持洗手和清洗白大褂外，还从 1867 年开始使用一种叫作苯酚的防腐剂清洗手术器具，并往手术室的空气中和墙壁上喷洒这种防腐剂消毒。此外，李斯特还使用消过毒的纱布进行创口包扎，并敷以杀菌药剂，从而达到杀菌和隔离空气中微生物的目的。结果，李斯特所在的医院手术死亡率迅速从 45% 下降到 15%。1874 年 2 月，李斯特在写给巴斯德的信中说道："请允许我趁此机会向您表示衷心的谢意，感谢您以出色的研究向我证明了微生物和发酵理论的真实性，并给出了灭菌法取得成功的唯一原理。"[3] 李斯特的外科实践间接证明了巴斯德关于微生物致病的研究，推进了人类对疾病起源的认知。

　　第一个被发现的导致人类疾病的细菌是麻风杆菌。1874 年，挪威人汉森（Armaur Hansen）首次报告了这一发现。麻风病当时在挪威非常常见，以至于挪威成了欧洲研究麻风病的中心。除了当地的专家，来自世界各地的杰出的病理学家都经常到挪威考察麻风病。麻风

① 周程：《19 世纪前后西方微生物学的发展——纪念恩格斯〈自然辩证法〉发表 90 周年》，《科学与管理》2015 年第 6 期。

② 宋大康：《微生物学史及其对生命科学发展的贡献》，中国农业大学出版社 2009 年版，第 25 页。

③ 周程：《19 世纪前后西方微生物学的发展——纪念恩格斯〈自然辩证法〉发表 90 周年》，《科学与管理》2015 年第 6 期。

·69·

病通常被认为是遗传病，而不是传染病。汉森的主要功绩是，他不惧反对，坚持认为麻风病是传染病。汉森明确看到了麻风杆菌，但是由于他的技巧太过粗糙，他对观察到的杆状物和它们与疾病的因果性持怀疑态度。直到 1879 年，奈瑟（Neisser）才首次基于适当的染色，证明了这种细菌与疾病的关系。[1]

对炭疽病的研究可能远比其他疾病更为重要，因为它可以明确地展示细菌是疾病的致病因。炭疽病并不是多么重要的人类疾病，但是却是极其重要的牛羊疾病。1850 年巴黎的医生拉耶（P. F. U. Rayer）首次报告了患炭疽病死去的羊的血液中的细菌，这些细菌实际上是由他的朋友达维恩（C. Davaine）观察到的。德国人波林德（P. A. A. Pollinder）也独立地发现了同样的细菌，并且几名研究者充分证明了炭疽血液的传染性。1850 年之后达维恩停止了对炭疽病的研究，但是在阅读了巴斯德丁酸发酵研究中对杆状细菌的描述后，他对炭疽病的兴趣被重新点燃。达维恩发现巴斯德描述的杆状物与他在炭疽血液中看到的微生物十分相似，他重新开启炭疽病研究。1863 年到 1870 年，达维恩发表了超过 20 篇系列论文，他引起了人们对这一主题的普遍兴趣，确证了杆菌是炭疽病的致病因。然而，他并没有解决炭疽流行病的所有问题，例如，人们总是通过给健康动物接种患病动物的血液引发炭疽病，批评者认为是血液中的其他物质导致了炭疽病，而不是杆菌。通常认为，巴斯德在纯净人工培养物（无菌尿液）中将炭疽杆菌培养了好几代，最后将纯净的杆菌接种给豚鼠，证明了炭疽杆菌可以导致炭疽病，[2] 但是巴斯德培养纯净炭疽杆菌的方法遭到了很多质疑，致使细菌致病理论仍没有被证实。不过巴斯德自己似乎并不致力于找出纯净培养物，他更关注的是如何通过减毒和灭菌，

---

① Foster W. D., *A History of Medical Bacteriology and Immunology*, London：William Heinemann Medical Books, 1970, p. 17.

② Foster W. D., *A History of Medical Bacteriology and Immunology*, London：William Heinemann Medical Books, 1970, p. 17.

制造出免疫疫苗。

经过 19 世纪诸多学者的努力，细菌致病理论已经得到了很多人的支持，巴斯德更是让细菌致病理论深入人心。然而，对细菌致病理论的因果证明一直悬而未决。最终真正证明细菌致病理论的人则是本书的一名主角——德国细菌学家罗伯特·科赫。

小结　从朴素实证主义到还原论实证主义

通过对科赫之前的微生物学史的简要回顾，可以看出，人类对微生物和疾病的认知存在一种从超自然的神秘主义和形而上学到科学的实证主义的转变。从认识论来看，微生物学的实证主义摒弃了传统诉诸魔鬼、神灵、上帝等超自然力量对世界的描述，以及对自然知识的朴素的理论建构，转向了如何认识外部世界，科学理论何以成立的问题。从方法论上看，微生物学的实证主义摒弃了文本主义和权威主义，颠覆希波克拉底、亚里士多德和盖伦的传统科学观，开始以经验事实为依据，通过观察和实验归纳总结出对客观世界的科学知识。

此外，微生物学中一直存在一种经验传统，人们通过对宏观现象的总结和归纳，得出了一些关于自然的认知。例如"自然发生说"和"瘴气理论"。人们看到生命总是从泥土、黏液和有机体中生长出来，就认为生命是"自然发生"的；看到沼泽周边经常暴发流行病，就认为是沼泽散发出的"瘴气"导致了疾病。人们甚至还会设计一些实验来验证这些理论。虽然现在人们知道这些理论进行了错误的归因，但是这种从经验出发，认识现象的方法，可以被视为一种朴素实证主义。

微生物学中认知和方法发生巨大转变是因为一项重要的技术发明，即显微镜。人们通过显微镜看到了以往未曾看到的微生物世界，如何解释微生物本质和作用，以及它们与宏观现象之间的联系就成为微生物学中的核心问题。由于古代文献中并没有记载这种生物，一些理论性的描述也无法很好地解释微生物的作用，因此人们不得不采用一种新的方法来认知它。

虽然传统的自然发生说和瘴气理论，为解释微生物的本质和作用提供了一条路径，但是人们在验证或反驳这些观点的过程中，逐渐形成了一些新的微生物学知识。这些新观点和新知识并不是立即就被接受的，传统的观点、神秘主义的思想一直伴随其左右，与之相抗衡。到底哪一种观点才是正确的观点？这需要人们对自己的立场和知识进行辩护，辩护的方法要么是诉诸神灵、情感和权威，要么诉诸理性、逻辑和经验事实。随着人们对自然界认知的不断加深以及技术的革新，不论是传统观念的支持者，还是新观点的支持者，都倾向于使用实验来证明自己的观点。究竟谁的观点能胜出，在很大程度上取决于谁设计的实验可以说服更多的人，因此在科学领域，实验成为验证知识正确与否的重要标准。而实验方法，实际上就是在对现象背后原因深入追寻的过程中，不断地排除不相关的要素，将宏观现象还原为微观现象，将复杂现象还原为简单要素，从而确定因果关系。这种方法不再像朴素实证主义那样简单地从现象表面寻找原因，而是以一种还原论思想为基础，寻求现象背后的微观原因和作用机制。

19世纪，借助显微镜，人们逐渐认识到微生物在发酵和腐败过程中的作用。由于人们在病患的血液和组织中也发现了类似的微生物，因此一种细菌导致疾病的理论应运而生。但是人们证明细菌理论的方法各不相同，由于糟糕的技巧或者错误的观念，使细菌理论留下了许多供人攻击的把柄。与自然发生说和瘴气理论的支持者一样，如果细菌理论无法通过实验回应人们的质疑或者批评，它同样无法得到人们的认可。虽然亨勒、塞麦尔维斯、巴斯德、李斯特、达维恩等科学家从理论和实验上都为细菌理论做出了重要贡献，但是他们的方法都不具有普遍性，仅仅是在他们各自的领域加深了人们对细菌理论的理解。对细菌理论的最终证明，还有待罗伯特·科赫的登场。

第二章

科赫的实证主义思想

罗伯特·科赫是德国著名的细菌学家，与法国的巴斯德并称为现代微生物学的奠基人。科赫的细菌学研究完全是以观察和实验为基础的，他提出的"科赫原则"更是被视为细菌学实证研究的典范。

在科赫之前，微生物学思想已经从诉诸超自然力量的巫术和神灵的解释，自然发生说和瘴气理论的形而上学的建构，发展到了以观察、实验等经验方法为基础探索复杂现象和规律的阶段。虽然一些微生物学家已经提出了细菌导致疾病的观点，但是对细菌和疾病的因果证明一直悬而未决。19 世纪中后期，科赫参与到了对细菌理论证明的队伍中，他通过改进观察和实验手段，让人们更清楚地看到了细菌，证明了细菌与疾病的关系。科赫以观察和实验为基础的细菌学研究方法是一种典型的实证方法。因此，本章试图通过考察科赫的细菌学研究，总结出科赫的实证主义思想。

第一节　科赫细菌理论的起源：炭疽病研究

一　研究背景

19 世纪中期，流行病的起源和传播是一个巨大的谜团。一些人坚持"瘴气说"，认为腐烂物质散发出的有毒空气或"瘴气"导致了疾病，流行病是一种不具有传染性的区域性疾病，除了"瘴气"，还与饮食、环境、情绪、不检点的行为相关。另一些人则坚持"传染说"，认为流行病是由一种特殊的细菌引起并传播的，这些细菌直接或者间接从患者传播给健康的人。①

1840年，亨勒发表文章称传染物质是一种活体，并且指出可以通过实验的方法分析传染病。到了19世纪中后期，疾病是否由细菌引起的问题成为整个欧洲医学界的核心议题。虽然当时主流的生理学家，例如柏林的菲尔绍（Rudolf Virchow）和维也纳的比尔罗特（Theodor Billroth）完全否认微生物在传染病中的作用，但是细菌致病说的拥护者克莱布斯（Edwin K. Klebs）遵从亨勒的教导，做了许多白喉、天花和创伤感染的接种和培养研究，认为细菌可以繁殖，是引起疾病的原因。不过，由于克莱布斯的实验技巧很差，他并没能通过实验向同行证明他想法的正确性。虽然当时人们仍然无法回答到底是疾病导致了细菌，还是细菌引起了疾病，② 但总体上看，"传染说"已经成为"瘴气说"强有力的竞争理论。

1866年，科赫从格丁根大学毕业获得医学博士学位。在格丁根大学期间，科赫与老师亨勒关系密切，由于亨勒是细菌致病理论早期的支持者和宣传者之一，因此科赫很可能是在亨勒的影响下接受了细菌致病理论，虽然科赫否认这一点。③ 毕业后的科赫在事业发展上并不顺利，六年间他一直迁居，更换工作。直到1872年，科赫在沃尔施泰因（Wollstein，即现在波兰的沃尔什滕 Wolsztyn）谋得了一份地区医生的工作，才稳定下来，开始从事一些研究工作。

1875年秋，为了开阔眼界，科赫前往慕尼黑和奥地利参加了一些医学会议，并且参观了一些实验室。在慕尼黑，科赫参加了德国公共

---

① Ross L. N., Woodward J. F., "Koch's Postulates: An Interventionist Perspective", *Studies in History and Philosophy of Biological and Biomedical Sciences*, No. 59, 2016, pp. 35 – 46.

② Brock T. D., *Robert Koch: A Life in Medicine and Bacteriology*, Washington, D. C.: ASM Press, 1998, pp. 29 – 30.

③ Gradmann C., *Robert Koch: Zentrale Texte*, Berlin: Springer Spektrum, 2018, p. 2.

卫生学会（Deutsche Gesellschaft für öffentliche Gesundheitspflege）的会议，并参观了当时最著名的卫生学家佩滕科费尔的实验室。在奥地利格拉茨（Graz）参加了德国自然科学家和医生学会（Gesellschaft Deuscher Natureforscher und Ärtze）的会议。这次旅行中，科赫了解了医学中的前沿研究，并对细菌学研究产生了极大的兴趣。回到沃尔施泰因之后，科赫便开启了他的细菌学研究。[1]

19世纪70年代，很多"传染说"的支持者都选择了炭疽热研究，其原因为：第一，炭疽杆菌相较于其他细菌比较大，可以轻易地通过显微镜观察；第二，在疾病的最后阶段，血液中存在大量炭疽杆菌，非常便于取样；第三，在动物实验中可以容易地传播这种疾病；第四，炭疽病是一种重要的家畜病，涉及巨大的经济利益，并且偶然会传染给人，造成医学问题。[2]

1850年巴黎寄生虫专家拉耶和达维恩研究了患炭疽病的羊的血液，他们在患炭疽病的羊的血液中发现了"一些比血细胞长大约两倍的丝状物"，但没有指出这些丝状物究竟是什么。1855年，德国医生波伦德（Franz Aloys Antoine Pollender）发表论文称，他在其他患炭疽病的动物的血液中发现了类似的丝状物，并且与几名研究者充分证明了炭疽血液的传染性，推测这些丝状物可能与疾病有关。[3] 1857年和1858年，基于波伦德的研究，德国医生布劳尔（Friedrich August Brauell）用患炭疽病的动物的血液做了大量接种实验，他指出这种丝状物是一种细菌，它不会出现在健康的或者患其他疾病的动物的血液中。布劳尔还发现即使怀孕的病羊的血液中含有这种细菌，它

① Brock T. D., *Robert Koch: A Life in Medicine and Bacteriology*, Washington, D. C.: ASM Press, 1998, pp. 27 - 28.

② Brock T. D., *Robert Koch: A Life in Medicine and Bacteriology*, Washington, D. C.: ASM Press, 1998, pp. 30 - 31.

③ Foster W. D., *A History of Medical Bacteriology and Immunology*, London: William Heinemann Medical Books, 1970, p. 17.

们的胎儿的血液中也不会有这种细菌，胎儿的血液不会传播炭疽病。但是，布劳尔也发现接种了不含这种细菌的血液有时也会引发炭疽病。[1] 达维恩在看到 1861 年巴斯德在丁酸发酵（butyric ferment）的研究中对杆状细菌的描述后，又想起了 1850 年他观察到的丝状物。1863 年，达维恩发表论文，直接将之前观察到的丝状物或微小的物质称为细菌，并认为巴斯德在发酵过程中发现的杆菌与炭疽病中的这种细菌非常相似。从 1863 年到 1870 年，达维恩发表了超过 20 篇关于炭疽病的论文，也认为健康动物的血液中不存在炭疽细菌。通过动物实验，达维恩发现包含了炭疽细菌的血液可以传播炭疽病，食用被污染的食物也会引起炭疽病，从而断言这种细菌是炭疽病的致病因。[2]

虽然达维恩关于炭疽病的研究是已有研究中最为详尽的，但是他仍有许多没有解决的问题。1865 年，布劳尔反驳了达维恩的观点，认为"我们并不知道杆状物如何形成和传播，从逻辑上看，我们并没有证明这种物质是炭疽病出现的必要条件"，并重述了他 1858 年的观点——不含这种细菌的血液有时也会引发炭疽病，他认为血液中的其他成分也可能是炭疽病的病因。法国研究者勒普拉（Emile-Claude Leplat）和雅亚尔（Pierre-François Jaillard）在法国也发现了类似的物质，他们认为只有从血液中分离出这种细菌，然后通过接种实验才能判定它们与炭疽病的关系。然而，布劳尔认为当时从血液中分离出炭疽细菌是不可能的，因此人们无法断言这种细菌就是炭疽病的致病因。1871 年，在克莱布斯的指导下，蒂格尔（Ernst Tiegel）试图通过新设计的一种实验，判断是不是细菌导致了炭疽病。蒂格尔使用泥土过滤炭疽血液，他说接种没

① Carter K. C. , "The Koch-Pasteur Dispute on Establishing the Cause of Anthrax", *Bulletin of the History of Medicine*, Vol. 62, No. 1, 1988, pp. 42 – 57.

② Foster W. D. , *A History of Medical Bacteriology and Immunology*, London: William Heinemann Medical Books, 1970, p. 17.

有过滤过的血液会引发炭疽病，但是接种过滤过的血液却不会。① 虽然这种试图消除血液中的细菌的方法，提供了一种新的思路，但是仍然无法判定到底是什么物质导致了炭疽病。

到了 19 世纪 70 年代中期，虽然大多数人都承认炭疽病是一种与微生物有关的传染病，但是仍然存在一些无法解释的现象：第一，用含有炭疽细菌的血液感染动物，但是在被感染的动物的血液中无法观察到这种细菌；第二，接种不含炭疽细菌的血液，有时反而会引发炭疽病，并在患病动物血液中发现细菌。此外，也有人指出炭疽病不仅与散布在地面上的传染物相关，而且与土壤的条件相关，有许多关于环境与炭疽病关系的讨论，例如为什么流行炭疽病总是出现在潮湿的地区，如河谷、湿地和湖边；为什么炭疽病总是出现在潮湿的季节，特别是八月、九月最热的时候；为什么每次在某些牧场和饮水地放牧后就会有动物感染炭疽病；等等。②

二　炭疽杆菌生命周期的研究

由于当时沃尔施泰因暴发了炭疽病，致使大量牛羊死亡，偶尔还有人感染炭疽病，1873 年作为地区医生的科赫展开了对炭疽病的初步调查。1874 年 4 月 12 日，科赫在患炭疽病死去的羊的血液中发现了达维恩发现的炭疽细菌，并观察到伸长的细菌中有一些透明的小颗粒。③ 1875 年年末，科赫从慕尼黑和奥地利旅行归来，便专注于炭疽杆菌的研究。

科赫的炭疽病研究一开始就是站在细菌理论的立场上的，他默认炭

---

① Carter K. C. , "The Koch-Pasteur Dispute on Establishing the Cause of Anthrax", *Bulletin of the History of Medicine*, Vol. 62, No. 1, 1988, pp. 42 – 57.

② Koch R. , "The Etiology of Anthrax, Founded on the Course of Development of the Bacillus Anthracis", in *Essays of Robert Koch*, trans. Carter K. C. , Westport: Greenwood Press, 1987, p. 1.

③ Brock T. D. , *Robert Koch: A Life in Medicine and Bacteriology*, Washington, D. C. : ASM Press, 1998, p. 31.

疽杆菌导致了炭疽病，推测炭疽杆菌通过分裂生长，并且会像菌类和藻类一样形成孢子。因此，从理论意义上看，科赫的细菌学研究就是为了证明自己的细菌学观点，并回应当时细菌理论无法解释的现象。

为了证明是炭疽杆菌导致了炭疽病，科赫首先研究了动物血液中的炭疽杆菌。科赫将患炭疽病死去的羊的血液，接种给豚鼠，豚鼠第二天就死了。通过解剖亡鼠，科赫在其血液、淋巴结和脾脏中发现了杆状物。科赫又将亡鼠的脾血接种给新的健康鼠，新鼠会出现同样的症状并很快死去。通过重复这一接种过程，科赫可以将炭疽病传播十几代。通过大量的实验和观察，科赫发现只要接种包含炭疽杆菌的物质就可以导致炭疽病。不过，科赫之前的很多研究者都得出了类似的结论，问题的困难在于如何证明是炭疽杆菌导致了炭疽病，而不是接种物中的其他物质导致了炭疽病。

为了解决这一难题，科赫开启了对炭疽杆菌生命周期的研究，他认为证明了细菌生命周期与疾病过程的关系，就确保了细菌与疾病的关系。

科赫利用显微镜仔细观察，发现杆状物会不断伸长，有些杆状物伸长到一定程度会断开，有些杆状物长边的边缘会出现一些凹陷，仿佛就要被分开一样，但仍然连在一起。因此，科赫推测这些杆状物是活的，通过伸长和分裂的方式繁殖，并认为可能是这些杆状物在繁殖过程中在血液中产生了二氧化碳或毒素，导致了炭疽病。[①]

为了更好地培育炭疽杆菌，科赫设计了一套保温和保湿的设备，并改进了观察细菌的技巧。

> 我用一个平皿装上潮湿的沙子，作为保湿的容器。我在沙子上铺一层过滤纸，然后将制备物放在过滤纸上，再用一个玻璃皿扣

---

① Koch R., "The Etiology of Anthrax, Founded on the Course of Development of the Bacillus Anthracis", in *Essays of Robert Koch*, trans. Carter K. C., Westport: Greenwood Press, 1987, pp. 2 - 3.

在过滤纸上。如果沙子够厚，玻璃皿向下沉 0.5—1 厘米，制备物将保持充分的潮湿。我的保温箱可以装 6 个包含制备物的平皿。由于没有燃气供应，我将一个石油灯装在一个圆筒中供暖。任何缺乏燃气或调节器的人，如果想要用保温箱做这类实验，我的保温方法可供参考。使用很小的火焰，人们就可以给一个很大的设备加热。我给这个灯装了一个油罐，可以不用经常加油，大概一天加一次油就足够了。它可以保持恒温，温度变化不超过一两度。[①]

通过尝试和调整，科赫找到了培养炭疽杆菌适合的湿度和温度。科赫从病鼠体中切下含有大量炭疽杆菌的肾，然后切片做成制备物放置到保湿皿中，再将保湿皿放到 35—57℃的保温箱中。15—20 个小时之后，人们检测制备物，可以清楚地看到保存完好的肾细胞和血细胞，还有一些没有变化的炭疽杆菌，但是数量相较之前少了许多。除此之外，人们还能看到一些比炭疽杆菌长 3—8 倍的弯曲的物质。如果观察载玻片的边缘，人们还能发现更长一些的丝状物缠绕在一起，长度比原初的杆状物长一百倍以上，并且它们不是透明的，结构也不一致。仔细观察，可以看出丝状物像是由一个个小颗粒串成的珍珠项链，这些小颗粒具有很强的反射性。继续观察，人们还可以看到一些断裂的丝状物，以及一些散落的小颗粒和一些堆积在一起的小颗粒。[②]（图 4）通过这一观察，科赫认为炭疽杆菌会不断伸长，然后成为丝状物，然后丝状物中会出现一些小颗粒，最终丝状物断开，小颗粒会散落或堆积在一起。科赫推测这些颗粒就是炭疽杆菌的孢子。

---

① Koch R., "The Etiology of Anthrax, Founded on the Course of Development of the Bacillus Anthracis", in *Essays of Robert Koch*, trans. Carter K. C., Westport: Greenwood Press, 1987, p. 16.

② Koch R., "The Etiology of Anthrax, Founded on the Course of Development of the Bacillus Anthracis", in *Essays of Robert Koch*, trans. Carter K. C., Westport: Greenwood Press, 1987, pp. 3 -4.

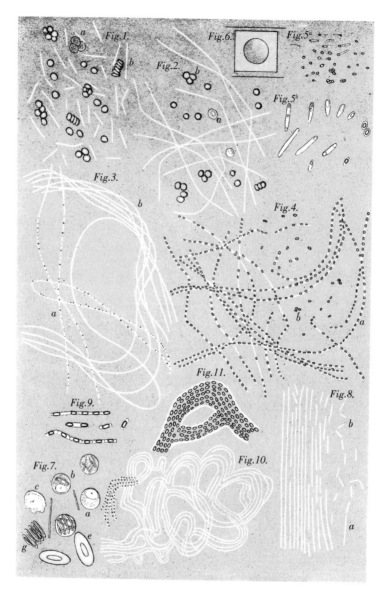

图4 图为手绘的炭疽杆菌的生长周期，Fig. 5 为布雷斯劳大学植物学教授科恩
（Ferdinand Cohn）手绘，其他均为科赫手绘（图片来源：Schwalbe J.，*Gesammelte Werke von Robert Koch. Bd I*，Leipzig：Thieme，1912，Tafel 1）。Fig. 1 – 7 为显微镜放大 650 倍下的炭疽杆菌图像，Fig. 5 为显微镜放大 1650 倍的孢子萌发的图像

三　悬滴法的发明

为了更好地观察炭疽杆菌的变化过程，科赫精心改进了显微镜设备，并发明了悬滴法。在之前的研究中，科赫已经知道了培养炭疽杆菌所需要的空气、培养基、温度和湿度等条件。按照这些条件，科赫改造了显微镜的载物台，以便于利用显微镜直接观察炭疽杆菌成长的全过程。科赫使用自制的石油灯给载物台加热控温，用凹槽载玻片和盖玻片替代保湿皿。

……我给盖玻片的下侧滴上一滴新鲜的牛血清或者一滴新鲜、纯净的牛眼房水，牛眼房水实验效果更好一些。当然，滴液必须足够薄，以便于显微镜观察。在滴液的边缘，我会放一块尽可能小的新鲜的含炭疽杆菌的肾组织。我立即将盖玻片放在边缘涂了油的凹槽载玻片上。中空的空间会立即布满水蒸气，这些水蒸气量并不大，一些在滴液边缘的细菌会干掉。滴液通常好多天都保持不变。我把制备物放在加热台上，等到加热的液体停止晃动之后，我在滴液中看到了一些细菌。我记录下它们的形状和长度后，立即抬起镜筒，以免制备物受热不均或过分冷却。我每隔10—20分钟会观察制备物一次。起初，炭疽杆菌会变得有些厚，然后明显膨胀，其他物质在最初的2个小时中几乎没有任何变化。之后，炭疽杆菌开始生长，3—4小时之后，它们会长到10—20倍长，并且开始挤压其他炭疽杆菌，它们相互交织在一起。再过几个小时，单个丝状物就会长得非常长，它们穿过几个观察区域，看起来就像是一条玻璃线或攀爬植物长长的蔓藤。它们在一起形成非常精巧的螺旋，缠绕在一起或者打结形成不规则的形状。……10—15小时之后，坚韧和成熟的丝状物中会出现明显的颗粒物。几个小时之后，这些颗粒物会长成具有高折射率的蛋状孢子。最后，丝状物会逐渐断开，孢子会自由沉落在滴液的底部，厚厚地堆积在一起。制备物会在这一状态下保持几周。①

19 世纪微生物学家研究微生物时主要使用的是滴压法：将传染物质切片混合营养液，夹在载玻片和盖玻片之间，使用显微镜观察。这种方法是研究微生物形态最简单、最基本的方法。但是由于微生物生长有着苛刻的空气、温度、湿度条件，滴压法只能静态地观察微生物的形态和基本特征，无法观察到微生物的生长过程。因此，科赫之所以得以首次看到炭疽杆菌形成孢子的过程，得益于他对显微镜观察方法的改进，以及创立了悬滴法。盖玻片和凹槽载玻片之间的封闭的中空地带给微生物的生长提供了适当的空气和湿度；悬滴液为微生物提供了营养物质和生长空间，载物台的改进为制备物提供了温度条件。与滴压法不同，悬滴法可以很好地观察到微生物的生长状况。之后，悬滴法也成为微生物研究的基本方法之一，其致力于观察并区别细菌的运动方式，观察细菌的繁殖方式及孢子萌发等。

四 炭疽孢子的研究

在确认了炭疽杆菌会从杆状物成为丝状物，最终形成孢子之后，为了确证炭疽杆菌的完整生命周期，科赫接下来要证明，这些具有高折射率的小颗粒是真正的孢子，而不是偶然的产物或死亡的细菌的降解物。因此，科赫必须证明在特定的温度、营养和空气条件下，炭疽孢子可以直接生长为与炭疽病患者体内一样的炭疽杆菌。

科赫发现，炭疽杆菌在 35℃的环境中生长速度最快；温度提高，40℃的时候会发育不良，45℃时似乎就不再生长；温度降低，炭疽杆菌的生长速度会越来越慢，低于 18℃时炭疽杆菌偶尔才会形成孢子，低于 12℃时，炭疽杆菌不再生长。

---

① Koch R., "The Etiology of Anthrax, Founded on the Course of Development of the Bacillus Anthracis", in *Essays of Robert Koch*, trans. Carter K. C., Westport: Greenwood Press, 1987, pp. 4 – 5.

在适宜于炭疽杆菌生长的温度下，科赫将包含有孢子的液体接种给实验动物，这些液体中没有杆菌和丝状物，但是同样引发了和接种新鲜炭疽物质一样的炭疽病。这就解释了为什么接种某些不含炭疽杆菌的血液，有时也会引发炭疽病。由于炭疽杆菌的生长有着一定的条件限制，在不符合生长的环境中，炭疽杆菌会很快死掉并失去活性，将含有失去活性的炭疽杆菌接种给实验动物并不会引起炭疽病，这就解释了为什么有时候用含有炭疽细菌的血液感染动物也不会引发炭疽病。科赫发现，孢子或含有孢子的丝状物即使在恶劣的环境中也不会死掉，他将含有孢子丝状物的液体快速干燥，几个小时或几天之后，给干燥物滴上一滴眼房水，然后使用滴压法观察制备物。在35℃的保温箱中放置半个小时，原本丝状物中的小颗粒逐渐分离，有些丝状物已经消失。3—4个小时之后再观察，就可以看到一些已经形成的孢子。

在高倍显微镜下，每个孢子看起来都像是镶嵌在一个球形玻璃壳中的鸡蛋，看起来就像是一个明亮狭窄的球包围着孢子。通过翻动孢子的方向，可以轻易地辨识出这是一个球形结构。这个物质首先会改变它的球形结构；它会沿着长轴开始伸长，成为一个扩大了的鸡蛋。孢子仍然在这个小小的圆柱体的一极。不久，这个玻璃状的物质会变得更长，呈现为螺旋状，同时孢子开始丧失它的光泽。孢子很快会变得暗淡和微小，分解为不同的部分，直到它最终完全消失。……几个小时之后，孢子会长成细菌，细菌又会长成丝状物。①

通过实验，科赫完整地观察到了炭疽杆菌的生长周期，并且由于科赫给出了细致的研究步骤，任何想要重复科赫研究的人都可以按照科赫

① Koch R., "The Etiology of Anthrax, Founded on the Course of Development of the Bacillus Anthracis", in *Essays of Robert Koch*, trans. Carter K. C., Westport: Greenwood Press, 1987, p. 6.

的方法观察到炭疽杆菌的生长过程。科赫首先来到布雷斯劳植物生理学研究所向科恩演示了他的发现，科恩重复了他的实验，印证了科赫发现的每一个细节。此外，科恩还发现了与炭疽杆菌非常相似的枯草杆菌，这种杆菌也会产生孢子。科赫根据科恩的发现，进一步对比了炭疽杆菌和枯草杆菌，他发现接种外形与炭疽杆菌相似的枯草杆菌并不会引发炭疽病，从而首次证明了细菌致病性的物种差异。用科赫自己的话说，"因此，只有一种细菌可以导致这种特殊疾病，接种其他的分裂杆菌时，要么没有任何影响，要么导致完全不同的疾病……"①

科赫观察到放牧时因炭疽病死掉的动物有时会被就地掩埋或者置之不理，患病动物的血液会和潮湿的泥土或者肥料混合到一起。牧场中的空气、营养、湿度和温度都符合孢子形成的条件。孢子一旦形成，即使是在恶劣环境中也可以存活多年，"接种四年前就干燥的羊的血液，也可以引发致命的炭疽病"。② 只要孢子遇到适合的环境，炭疽杆菌就会再次生长。这就解释了土壤的"毒性"如何持续多年，以及季节性反复出现的问题。科赫发现了孢子在炭疽热中的重要性后，立即建议将患病动物焚烧或者深层掩埋，防止孢子形成。③

1876 年，在科恩的帮助下，科赫的文章发表于科恩自己主持的期刊《植物生物学通讯》（*Beiträge zur Biologie der Pflanten*）。这篇名为《炭疽热病因学，以炭疽杆菌的发展周期为基础》（Die Aetiologie der Milzbrand-Krankhei, begründet auf die Entwicklungsgeschichte des Bacillus anthracis）的文章奠定了科赫研究基础，成为科赫细菌学研究范式的开端。

---

① Koch R., "The Etiology of Anthrax, Founded on the Course of Development of the Bacillus Anthracis", in *Essays of Robert Koch*, trans. Carter K. C., Westport：Greenwood Press, 1987, p. 11.

② Koch R., "The Etiology of Anthrax, Founded on the Course of Development of the Bacillus Anthracis", in *Essays of Robert Koch*, trans. Carter K. C., Westport：Greenwood Press, 1987, p. 10.

③ Blevins S. M., Bronze M. S., "Robert Koch and the 'Golden Age' of Bacteriology", *International Journal of Infectious Diseases*, Vol. 14, No. 9, 2010, pp. e744-e751.

第二节　科赫对细菌的可视化：显微照相术、染色技巧和显微镜的改进

　　虽然通过对炭疽杆菌的生命周期的研究，科赫强有力地回应了人们对炭疽杆菌的质疑，并证明了含有杆菌和孢子的物质都可以引发炭疽病，但是想要证明细菌致病说，让学界接受自己的研究并不那么容易。由于科赫在接种实验中使用的是炭疽组织或含有炭疽组织的体液，因此科赫实际上并没有完全证明到底是炭疽杆菌还是炭疽组织中的其他物质引起了炭疽病。虽然科赫认为他在接种实验中使用的孢子是纯净的，但是唯一能证明孢子纯净的证据却是他自己的显微镜观察。

　　虽然 19 世纪 20 年代末，随着显微镜技术的进步，显微镜已经成为医学研究必不可少的工具。[①] 但是细菌在液体中是透明的，并且还会移动，想要精确观察几乎不可能。此外，微生物学家想要证明自己的观点，就必须演示自己的研究，由于不可能给所有人当场演示自己的研究成果，细菌学家不得不通过手绘的方式将自己的研究成果呈现给同行。然而，由于显微镜质量、观察技巧和绘制技巧的不同，手绘图并不能满足细菌学成果沟通的需求，人们绘制的细菌图多多少少都歪曲或遗漏了一些信息，并且大多数插图都是原理图，忽略了比例，无法相互比较。有些人粗心大意或绘制水平有限，以至于无法判断他们是否看到了真正的细菌。虽然手绘图可以用来证明可能看到的细菌，但是它们很难使人们达成共识。[②]

　　因此，随后几年，科赫一直在寻找能让人达成共识的细菌学研究方法。为了能够在患病动物组织中看到细菌，并展示给同行，科赫首

---

　　① 夏钊：《20 世纪前期德国诺贝尔奖的高产成因刍议》，《安徽大学学报》（哲学社会科学版）2016 年第 4 期。

　　② Koch R. , " Verfahren zur Untersuchung, zum Konservieren und Photographieren der Bakterien", in Schwalbe J. , *Gesammelte Werke von Robert Koch. Bd* I , Leipzig：Thieme, 1912, p. 28.

次在细菌学研究中使用了显微照相术；为了获得高质量的照片，他改进了显微镜，并利用苯胺染料给细菌染色；为了分离和培养纯净细菌，科赫改进固态培养基，发明浇注平板培养法，改进灭菌法；为了证明细菌是疾病病因，科赫进行了大量的动物实验，小鼠、豚鼠、兔子、狗、青蛙、鸟、猴子等都成为他的"宠物"。

一　显微照相术

为了向众人更好地展示自己的研究成果，科赫在炭疽热研究之后转向了对显微照相术的研究。[①] 显微照相术不仅促使科赫改进他的显微镜，而且促使他完善了制备细菌样本的方法。为了获得更高质量的照片，科赫与当时韦茨拉尔（Wetzlar）知名的显微镜制造商赛贝特和克拉夫特（Seibert und Krafft）有过频繁的通信（图5）。

1876 年 7 月 14 日

我在绘制细菌时遇到了巨大困难，我希望通过拍照解决这些问题。我按照莱夏特和杜恩拜克的书，从事了很多年显微拍照工作。我从布雷斯劳的植物学研究所得知，你们公司提供最好的显微拍照光学设备。我已经有了你们的设备目录，但是在其中我没有找到适于我的研究的设备。我需要一个可以至少放大 1200 倍的镜头，但是我不需要拍摄大尺寸的照片，直径不会超过 10 厘米……如果你们可以告诉我，它是否可以为诸如细菌这样的微小透明的物体拍摄出高质量的照片，我将不胜感激，如果你们可以给我推荐一款显微拍照设备，那将再好不过了。[②]

---

① 布罗克认为科赫对显微照相术的兴趣，源于科赫小时候他的舅舅对他的启蒙。参见 Brock T. D. , *Robert Koch: A Life in Medicine and Bacteriology*, Washington, D. C. : ASM Press, 1998, p. 55。

② Brock T. D. , *Robert Koch: A Life in Medicine and Bacteriology*, Washington, D. C. : ASM Press, 1998, pp. 55 – 56.

1876 年 10 月 10 日

　　我匆忙地写这封信是想说，我订购的显微照相设备已经完好的收到了。但是它并不完全适合我的显微镜，我希望我可以通过一些微小的调整使它变得合适……如果你们可以就如何使用光照系统给我一些建议，我将万分感激。它如何在日光下使用？快门速度设置到四分之一如何使用？是否需要使用一块磨砂玻璃或类似的东西？在我的订单中，我还订购了一个镜台测微计，可以尽快把它（1 毫米划分成 100 等份）寄给我吗？之后我将立即支付测微计和设备的钱。①

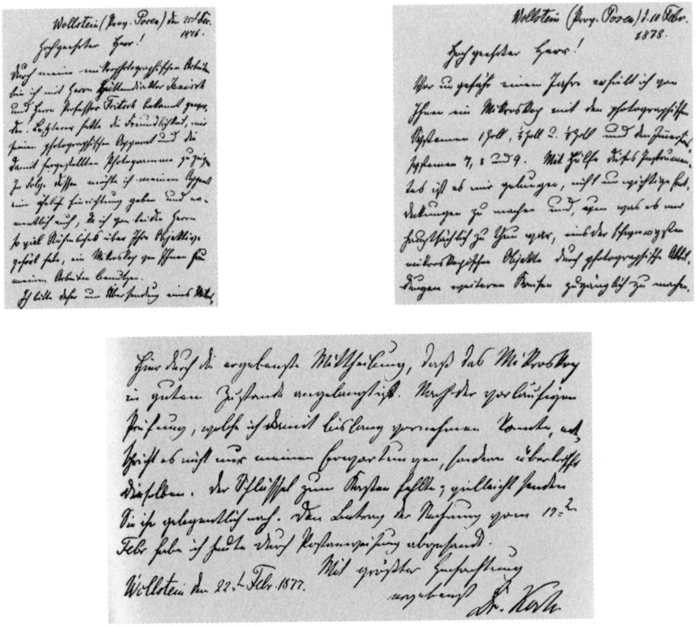

图5　科赫与显微镜制造商之间的通信

---

　　① Brock T. D., *Robert Koch：A Life in Medicine and Bacteriology*, Washington, D. C.：ASM Press, 1998, p. 56.

显微镜制造商根据科赫的要求，很快提供了符合科赫需求的配件。经过科赫的亲手改装，他的显微镜的质量得到明显提升。起初，科赫按照莱夏特（Oscar Reichardt）和施杜恩拜克（Carl Stürenberg）的垂直照相法进行拍摄，由于焦距有限，显微镜最大只能放大 300 倍。后来，科赫改进了拍摄方法，他采用水平拍摄法，得到了他想要的倍数。① 除了拍摄方法的改进，显微拍照时日光也是一个重要因素，只有日光充足的情况下拍摄才能成功，稍微有一些乌云就可能导致曝光的失败。为了避免屋内屋外的跑动，科赫拍照时总会让女儿艾米（Emmy Koch）在屋外观察日光的变化，在云将要遮住太阳时提醒自己，科赫将自己的女儿戏称为"逐云者"（Wolkenschieber）②。此外，在科赫生活的年代，胶片是不存在的，照相设备只能使用涂有感光乳液的玻璃板作为底片，科赫发现只有刚涂好的感光板才适于显微拍照，干了的感光板不适于高倍放大的需求。③ 因此，当时想要拍到一张令人满意的照片非常困难。

二 染色技巧

除了拍摄设备，制备细菌样本对显微照相也非常重要。细菌在液体中是透明的，并且还会移动。科赫发现通过烘干的方式可以将细菌固定在载玻片上，这样不仅可以终止细菌运动和布朗运动，而且可以固定样本。科赫非常强调这种干燥保存技术的重要性，因为干燥的制备物可以保存几周甚至几个月，可以用于对比研究。烘干样本之后，就可以给制备物染色了。布雷斯劳大学的魏格特（Carl Weigert）发现最好的染色剂

---

① Brock T. D. , *Robert Koch: A Life in Medicine and Bacteriology*, Washington, D. C. : ASM Press, 1998, p. 57.

② Brock T. D. , *Robert Koch: A Life in Medicine and Bacteriology*, Washington, D. C. : ASM Press, 1998, p. 61.

③ Brock T. D. , *Robert Koch: A Life in Medicine and Bacteriology*, Washington, D. C. : ASM Press, 1998, p. 58.

是苯胺染料，他将这一方法推荐给了科赫。科赫注意到这些苯胺染料只会给细菌染色，可以将细菌和其他非生命沉淀物、油滴或其他微小物体区分开来。科赫测试了大量的苯胺染料，包括甲基紫（methyl violet）、品红（fuchsin）、番红（safranin）、伊红（eosin）、甲基绿（methyl green）等。在一些情况下，品红的染色效果会好一些，但是在大多数情况下，甲基紫可以完美地染色。在照相工作中，感光片的感色度是一个重要因素，因此科赫也经常使用苯胺棕染色。科赫详细记录了染色过程，强调染料选择和平板冲洗的重要性。[1] 这些染色技巧成为科赫之后发现结核杆菌的重要基础。

1877 年，在科恩的帮助下，科赫的第二篇题为《细菌检测、保存和拍照的方法》（*Verfahren zur Untersuchung, zum Konservieren und Photographieren der Bakterien*）的论文同样发表于《植物生物学通讯》。在这篇论文中，科赫详细描述了他对细菌的制备、染色、观察和拍照的过程，并且精心挑选了 24 张细菌照片（图6）。[2] 细菌照片的首次发表引起了学界的广泛关注，并且由于科赫将实验步骤描述得非常详细，其他同行可以轻易重复这一工作，使得他的细菌染色和拍照技巧在细菌学研究中得到广泛传播。科赫还发现细菌照片除了可以用来与同行交流之外，还可以用于给细菌分类，观察照片可以避免眩光引起的眼部不适，并且通过拍照还能对不同种类和不同时期的细菌进行对比研究，显微照相也成为细菌研究的重要方法之一。

三　显微镜的改进

但是，在研究疾病组织中细菌的生长时，科赫发现原来的显微镜并不适用于观察组织中的细菌，并且他的拍照方法也无法给组织中的

---

[1] Brock T. D. , *Robert Koch: A Life in Medicine and Bacteriology*, Washington, D. C. : ASM Press, 1998, p. 63.

[2] Koch R. , "Verfahren zur Untersuchung, zum Konservieren und Photographieren der Bakterien", in Schwalbe J. , *Gesammelte Werke von Robert Koch. Bd I*, Leipzig: Thieme, 1912.

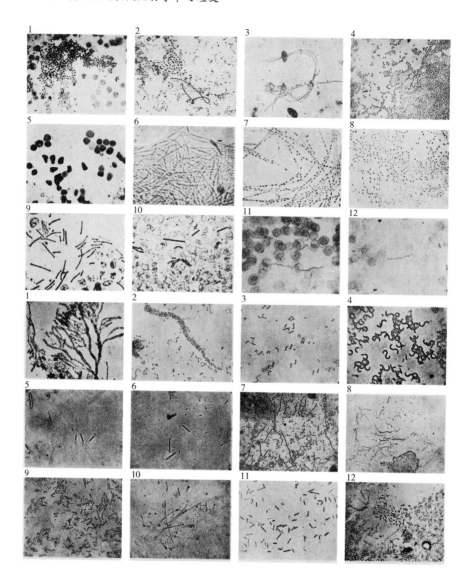

图6 科赫在《细菌检测、保存和拍照的方法》一文中发表的细菌照片

细菌拍照。虽然在科赫的时代，显微镜技术已经有了十足的进步，但是仍然难以满足对细菌这样微小的物体的观察。此时就不得不提到阿贝（Ernst Abbe），阿贝原本是耶拿大学的数学、物理学和天文学讲师，后来成为卡尔·蔡司（Carl Zeiss）显微镜公司的光学顾问，1871年阿贝离开耶拿大学成为蔡司公司的合伙人，并于1888年成为公司的唯一股东。阿贝发现单纯提高显微镜的放大倍数，并不会使显微镜观察的图像变得更清晰，他认识到了显微镜放大倍数和分辨率之间的重要差异。如何提高分辨率成为亟待解决的问题。经过大量的测试，阿贝证明显微镜的镜头除了需要接受直射光以外，同时还需要有衍射光，进入物镜的衍射光越多显微图像就越清晰。19世纪中期，显微镜学家就已经发现以一个角度将光直接打在样本上可以增加显微镜的分辨率。阿贝证明了斜射光可以增加分辨率是因为光束直接打到了镜头的一侧，使得衍射光进入了镜头的孔径中。阿贝发现使用浸没式透镜可以增加显微镜的孔径，从而使更多的衍射光进入镜头。阿贝提出了数值孔径的概念，指代一个镜头的进光量。根据这一理论，阿贝发明了第一个油浸镜。用油替代水的浸没式透镜可以达到与玻璃一样的折射率，使镜头收集所有的衍射光，从而提高显微镜的分辨率，1879年阿贝首次发表了他对油镜的研究。

实际上，科赫在1878年就已经到卡尔·蔡司公司拜访过阿贝，并且获得了一台装配油镜的显微镜。在1879年阿贝的论文中，他还提到科赫在细菌研究中使用了他的油镜。① 虽然油镜获得了巨大成功，很快便得到了广泛的使用，但是仅靠油镜还是无法观测微小的细菌，显微镜还必须装配一个适当的光照设备。阿贝的另一个重要贡献就是聚光器的改进，即阿贝聚光器，它可以照亮整个制备物，虽然会产生眩光和色差，但是在科赫的年代，阿贝的设计显微镜极大地提高了细菌的可观测

---

① Abbe E. , " On Stephenson's System of Homogeneous Immersion for Microscope Objective ", *Transactions of Royal Microscopical Society*, No. 2, 1879, pp. 256 – 265.

程度。科赫之后的研究中基本上使用的都是阿贝设计的显微镜设备。可以说，阿贝和卡尔·蔡司公司为科赫提供必需的研究设备，反过来科赫的成功又使卡尔·蔡司公司成为世界知名的显微镜制造商。①

第三节　细菌与疾病因果关系的构建：
　　　　创伤感染研究

一　研究背景

　　虽然李斯特通过外科脓血症的研究，已经使许多人认为创伤感染是由细菌导致的，但是支持这一观点的实验证据并不充分。1872年，达维恩将败血症患者的血液接种给兔子，兔子出现了类似的败血症症状。达维恩将败血症的血液在兔子身上传播了25代，他估测第25代兔子身上只含有十亿分之一的原初血液，但这些血液的毒性不但没有减小，反而还有所增加。达维恩认为"腐败酵素"是败血症的病因，但是无法确定这种酵素是不是巴斯德所说的活的微生物，因为达维恩没有做显微镜观察。德国微生物学家克莱布斯用显微镜仔细研究了创伤感染病。1870年，普法战争期间，克莱布斯在战地医院接触到了大量枪伤患者，他用显微镜检测了超过100个不同的样本，他发现几乎每一个样本中的细菌都有着不同形态。然而，当时人们普遍认为所有的细菌都是由同一种有机体衍生出来的，这导致克莱布斯错误地描述了他的显微观察，他将所有的细菌都视为同一种细菌，并命名为败血性小芽孢菌（microsporon septicum）。②

　　然而，作为植物学家的科恩则坚持认为细菌存在不同的物种。1875年科恩实验室的施勒特尔（Joseph Schroeter）发现土豆切片上生长的细

　　① Brock T. D., *Robert Koch: A Life in Medicine and Bacteriology*, Washington, D. C.: ASM Press, 1998, pp. 68 – 69.

　　② Brock T. D., *Robert Koch: A Life in Medicine and Bacteriology*, Washington, D. C.: ASM Press, 1998, p. 74.

菌菌落往往呈现出不同的颜色，这种颜色可以被视为菌落的一个稳定的特性。虽然在显微镜观察下，这些细菌的形态十分类似，但是科恩更倾向于认为特性不同的细菌应该属于不同的物种。科恩还将这一观念引入了细菌的物种和分类概念中。但是，瑞士植物学家内格利（Carl von Nägeli）坚决反对细菌物种差异的概念。内格利在1887年出版的书中，强烈攻击了科恩的观点。"最近科恩以大量不同的种和属，建构了一套细菌的分类系统。在科恩的系统中，低等真菌的每一种功能都被用于定义不同的物种，他的这一观点得到了广泛的支持，甚至是医务工作者。然而，对我来说，以形态或者特性为基础区分物种是一种神话。在我超过10年的研究中，我检测了数以千计的不同的分裂微生物，除了八叠球菌（sarcinae），我完全无法区分出两种不同的物种。"[1]

细菌的分类观念对医学来说十分重要。因为如果细菌可以转变为另一种细菌，那么特定细菌导致特定疾病的理论就很难成立。科赫之前炭疽病研究的一个基础就是特定细菌导致特定疾病。在炭疽病的研究中，由于炭疽杆菌比较大、形态独特，并且在其他枯草浸液和生物腐质中没有发现它，因此科赫还是比较容易证明炭疽杆菌和炭疽病的对应关系。但是科赫很早就意识到，纯净培养和显微镜技巧对显微观察有着重要影响，不专业、不熟练的显微镜学家很可能会将不同的细菌视为同一种细菌。[2]

当时"创伤感染疾病"被认为是被某些物质感染的疾病，包括创伤性发热（traumatic fever）、化脓性感染（purulent infection）、腐烂感染（putrid infection）、败血症（septicaemia）、脓血症（pyaemia），这些疾病通常被认为是同类疾病，因为它们都有着"败血或脓血的过

---

[1] Brock T. D., *Robert Koch: A Life in Medicine and Bacteriology*, Washington, D. C.: ASM Press, 1998, pp. 73–74.

[2] Brock T. D., *Robert Koch: A Life in Medicine and Bacteriology*, Washington, D. C.: ASM Press, 1998, p. 74.

程"①。因此，创伤感染疾病到底是由同一种细菌导致的疾病，还是由不同细菌导致不同疾病就成为科赫关注的问题。

二 染色技巧、油镜、聚光器的使用

虽然在科赫之前，人们就已经在创伤感染患者的血液和组织中发现了微生物，但是大量研究者声称正常人的血液和组织中也存在类似的微生物，他们认为这些微生物不是传染病的病因，在病变过程中这些微生物的数量之所以会异常增加，是因为疾病改变了患者的体液，使得患者体内适宜于微生物的繁殖。如果正常人的血液中真的含有细菌，并且是与患者体内包含的微球菌一样的细菌，那么想要确定微球菌和疾病的关系则非常困难，甚至毫无希望。②

不过，科赫通过大量的实验发现，判断血液或者组织中是否存在目标细菌，仅仅利用显微镜是不够的，因为许多细菌非常小，并且是透明的，如果不借助一些辅助手段，即染色和适当的照明，人们在大部分情况下无法对微生物做出区分。③

为了更为清晰、准确地观察创伤感染中的细菌，科赫首次使用了染色技巧，以及阿贝设计的油镜和聚光器。新的研究设备和技巧，使科赫可以清楚地观察到比炭疽杆菌更小的微生物。

起初，科赫与大部分研究者一样，使用天然染料苏木精对细菌进行染色。虽然与其他天然染料相比，苏木精已经算是最好的染料了，但是它并不完美。因为苏木精无法给杆状细菌染色，在给球状细菌染色时，一些分散的球状细菌有时也无法被染色。但是好在苏木精染色物可以被

① Koch R. ，"Inverstigation into the Etiology of Traumatic Infective Diseases"，in Brock T. D. ，*Milestiones in Mircrobiology*，1546 to 1940，Washington，D. C. ：ASM Press，1998，p. 96.

② Koch R. ，"Untersuchungen über die Ätiologie der Wundinfektionskrankheiten"，in Schwalbe J. ，*Gesammelte Werke von Robert Koch. Bd* I ，Leipzig：Thieme，1912，p. 71.

③ Koch R. ，"Untersuchungen über die Ätiologie der Wundinfektionskrankheiten"，in Schwalbe J. ，*Gesammelte Werke von Robert Koch. Bd* I ，Leipzig：Thieme，1912，p. 72.

保存在加拿大香脂中，与其他制备物进行比较。① 当科赫从魏格特那里得知苯胺染料时，他立刻发现这种人工染料远比天然染料的染色效果好。科赫在他的论文中介绍了魏格特的染色方法。

　　将制备物放在酒精中烘干，然后制成切片，长时间置于高浓度的甲基紫水溶液中。然后用稀醋酸处理切片，用酒精脱水，用丁香油透明，之后置于加拿大香脂中。除了可以使用甲基紫，还可以使用其他苯胺染料，例如，可以相同的方式使用品红、苯胺棕等。②

　　1878 年，科赫和魏格特一起拜访了阿贝，并获得了一套油镜和聚光器设备。科赫立即将这些设备用于他的细菌学研究中。

　　只有借助阿贝聚光器，我才能看到患败血症的动物的血液中的细菌。虽然这些细菌极其小，但是成像非常完美……病变组织中的微球菌随处可见……③

　　……使用苯胺染料处理疾病切片，然后借助阿贝的照明装置和油浸系统，在显微镜下观察制备物。在其他设备下，没有或几乎看不出特征的细菌，在这种新设备下，会变得清晰和明确，即使最微小的细菌也可以轻易与其他被染色的物质做出区分。人们甚至可以在疾病组织中容易地看到致病菌，并对它们分类，这在之前是无法想象的。阿贝的设备不仅可以让人们检测到分散的细

　　① Koch R. , "Untersuchungen über die Ätiologie der Wundinfektionskrankheiten", in Schwalbe J. , *Gesammelte Werke von Robert Koch. Bd* I , Leipzig: Thieme, 1912, pp. 76 - 77.

　　② Koch R. , "Untersuchungen über die Ätiologie der Wundinfektionskrankheiten", in Schwalbe J. , *Gesammelte Werke von Robert Koch. Bd* I, Leipzig: Thieme, 1912, p. 77.

　　③ Brock T. D. , *Robert Koch: A Life in Medicine and Bacteriology*, Washington, D. C. : ASM Press, 1998, p. 76.

菌，而且可以让人们准确地观察到入侵组织中的细菌的比例和形式。之前，我们只能看到球菌组成的菌胶团（zoogloea），现在我们可以看到这些细菌有着不同的大小和形状。[①]

借助阿贝的油镜和聚光器，以及魏格特的染色方法，科赫清楚地看到了创伤感染组织中的细菌。科赫也尝试着给创伤感染组织中的细菌拍照，但是由于拍摄被染色的细菌需要长时间曝光，拍摄设备的干扰震动无法被避免，因此他没有拍摄出足够清晰的图像，只好以手绘图作为替代品（图7）。科赫希望之后可以通过改进拍摄方法，缩短

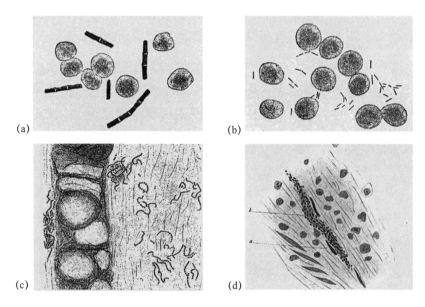

图7　科赫绘制的细菌

（a）炭疽病老鼠血液中的红细胞和炭疽杆菌；（b）败血症老鼠血液中的红细胞和杆状细菌；（c）老鼠耳部坏疽物质的切片中的链状微球菌；（d）脓血症兔子小肠毛细血管中的椭圆形微球菌。

---

① Koch R. , "Untersuchungen über die Ätiologie der Wundinfektionskrankheiten", in Schwalbe J. , *Gesammelte Werke von Robert Koch. Bd Ⅰ*, Leipzig: Thieme, 1912, pp. 58 – 59.

拍摄时间，来克服这一缺陷。①

三　创伤研究

由于之前有人声称在健康的人和动物的血液中看到了与创伤感染患者体内一样的细菌，从而认为细菌不是导致创伤感染的原因，而是创伤感染引发的结果。因此，科赫在开始检测创伤感染组织之前，利用新技术和新设备，先对健康人和动物的血液和组织做了细致的观察。科赫随机挑选了许多健康的血液和组织样本进行比照研究，但是并没有在这些样本中发现细菌。科赫认为，健康的血液和组织中不存在细菌，不论是人还是动物。他猜测，那些声称看到了细菌的人，可能是将血液中的颗粒物或白细胞分解的剩余物误认为是微球菌。②

在确定了健康的血液和组织中不存在细菌之后，为了证明是细菌引起了创伤感染，科赫必须证明细菌无一例外地存在于这些疾病中，并且进一步讨论它们的数量和分布与症状的关系，给出一个完整的解释。③

科赫对老鼠的组织坏疽、败血症和兔子的扩散性脓肿、脓血症、败血症、丹毒等多种创伤感染病例进行了观察检验，发现在患病老鼠和兔子的体内都包含着某种特殊的细菌，将这些包含细菌的血液或组织接种给健康动物，健康动物很快也会表现出类似的病征，并且检测这些被感染的动物的血液时，可以看到与原初患病动物体内一样的细菌。科赫用腐败的血液成功在一个老鼠身上引起了败血症之后，又将该老鼠的血液接种给新的健康老鼠，就这样连续传播了 17 代。科赫

---

① Koch R., "Untersuchungen über die Ätiologie der Wundinfektionskrankheiten", in Schwalbe J., *Gesammelte Werke von Robert Koch. Bd I*, Leipzig: Thieme, 1912, p. 62.

② Koch R., "Untersuchungen über die Ätiologie der Wundinfektionskrankheiten", in Schwalbe J., *Gesammelte Werke von Robert Koch. Bd I*, Leipzig: Thieme, 1912, p. 72.

③ Koch R., "Untersuchungen über die Ätiologie der Wundinfektionskrankheiten", in Schwalbe J., *Gesammelte Werke von Robert Koch. Bd I*, Leipzig: Thieme, 1912, p. 72.

发现就像炭疽病一样，仅用微量的患病血液就可以导致健康老鼠发病，并在40—60小时内死亡。这些死亡的老鼠症状总是相同，并且将这些传染物接种给兔子时，兔子也会出现类似的症状。通过染色后，用显微镜观察，可以在它们的血液中看到一些外形类似的细菌。[①]因此，科赫确证了创伤感染是一种由细菌引发的传染病。

在接种各种物质的过程中，科赫发现，确实存在许多外形上十分类似的微球菌。例如丹毒、产褥热、新生儿脐部霉菌病、医院内坏疽、肠霉菌病、心内膜炎、感染性骨膜炎、猩红热、牛瘟和胸膜肺炎。虽然这些疾病的患者的血液或组织中都能够发现类似的微球菌，但是这些疾病的症状完全不同。因此，这些疾病不太可能是由一种或类似的寄生物引发的。人们只能假设微球菌与这些疾病无关，或者假设这些微球菌仅仅是大小和外形相似，但是它们的性质完全不同。[②]

因此，科赫强调在区分细菌物种时，不能只考虑单个细菌的外形，而且还应该关注细菌之间的排列方式，同样是微球状的细菌，有些会像葡萄一样聚集在一起，有些会像链条一样形成一串。另外，细菌的生长条件和可能导致的症状都应该被视为区分细菌物种的重要指标。如果一种细菌的外形和生存条件都相同，在接种过程中，也可以始终如一地诱发相同的病征，并且在被感染的生物体中能够检测到相同的细菌，那么人们就应该认为这种细菌属于一个特定的物种。

科赫的上述观点遭到了一些植物学家的强烈批评。植物学家的分类方式主要是以物种的形态和性质为基础的，将病征纳入分类的标准中，让他们无法接受，因为细菌和疾病的关系并不清楚，不同的病征很可能是由于其他原因导致的，跟细菌本身无关。

---

① Koch R. , " Neue Untersuchungen über die Mikroorganismen bei infektiösen Wundkrankheiten", in Schwalbe J. , *Gesammelte Werke von Robert Koch. Bd* I , Leipzig：Thieme, 1912, p. 58.

② Koch R. , "Untersuchungen über die Ätiologie der Wundinfektionskrankheiten", in Schwalbe J. , *Gesammelte Werke von Robert Koch. Bd* I , Leipzig：Thieme, 1912, p. 75.

在众多的批评声中，科赫对著名植物学家布雷费尔德（Julius Oscar Brefeld）的建议做出了积极的回应。布雷费尔德认为只有在不同的培养条件下，观察到特定细菌从孢子到孢子的整个发育过程，才有理由判定它是一个单独的物种。科赫认同布雷费尔德的观点，从理论上看布雷费尔德的观点无疑是正确的，因为细菌在生长过程中形态会有所变化，通过对细菌整个生长周期的观察描述，确实可以区分不同的细菌物种。但是，科赫认为这种方式对病因学来说并不是一个必要条件。因为成功找到每种细菌从孢子到孢子的培养方法并不是一件容易的事，如果以此为前提，那么在区分出每种细菌之前，病因学研究就无法进行。科赫更关注的是细菌和疾病之间的关系，而不是细菌本身。科赫坚信，每一种不同病害都有一个不同的物种的病原，如果在连续传代培养中始终只出现同样的细菌，那么它就应该被视为一个稳定的细菌物种。[1]

1878年，通过对老鼠和兔子的创伤感染疾病研究，科赫辨识出了六种传染性疾病，包括两种鼠类传染病和四种兔类传染病，它们在病理学上和细菌学上呈现出明显的区分。科赫认为每一种创伤感染疾病的发病组织和血液中始终存在各自不同的细菌病原物。科赫反对当时流行的不同形态的细菌都是同一物种的观点，认为细菌有不同的种类，每种细菌都能引起一种独特的临床病征。以此为基础，科赫认为，通过总结所有传染病的生理特征来寻找病因是徒劳的，只有找到研究疾病的特定病因，特定的疾病才能被理解。[2]

不过由于科赫缺乏临床病例，他的研究仅停留于实验室之中，没能研究人的创伤感染。几年之后，一名苏格兰外科医生奥格斯顿（Alexnader Ogston）严格地按照科赫的实验方法，在1880—1883年才证明人体创伤感染的脓液中存在两类不同的微球菌，一类是连成链状的链球菌

① Koch R. , "Untersuchungen über die Ätiologie der Wundinfektionskrankheiten", in Schwalbe J. , *Gesammelte Werke von Robert Koch. Bd I* , Leipzig: Thieme, 1912, p. 102.

② Blevins S. M. , Bronze M. S. , " Robert Koch and the ' Golden Age ' of Bacteriology", *International Journal of Infectious Diseases*, Vol. 14, No. 9, 2010, pp. e744 – e751.

(streptococcus)，另一类是聚集成团的葡萄球菌（staphylococcus），他还证明了这些细菌在人体内的生长导致了化脓。奥格斯顿的结论对外科、病理学和细菌学产生了巨大影响，同时也提高了科赫的名声。[①]

第四节　关键技术的突破：纯净培养技术

在证明特定细菌和特定疾病之间关系的过程中，科赫愈发意识到纯净培养的重要性。科赫发现之前的研究，实际上只能证明含有某种细菌的物质可以导致某种疾病，并不能确证细菌就是罪魁祸首。因此纯净培养物对细菌研究至关重要，如果无法获得纯净培养物，人们就无法确定到底是哪一种物质导致了疾病。

一　科赫之前的纯净培养技术

虽然 19 世纪的微生物学家们已经意识到纯净培养物对微生物研究的重要性，但是由于培养方法的不同，他们获得的纯净培养物的质量良莠不齐，这也导致他们对细菌和传染病的认知各不相同。

科赫简要概括了当时主要的纯净培养方法：

> 在一个可以使用灭菌棉以"蘑菇状"密封瓶口的消过毒的容器中，注入适当的灭菌过的营养液，并将含有目标细菌的物质"接种"到容器中。接种物在容器中适当繁殖之后，使用一个无菌工具取少许培养液，转移到第二个容器中，之后重复整个过程。简而言之，这一过程类似于将传染物质从一个动物传播给另一个动物的过程。[②]

---

① Brock T. D. , *Robert Koch：A Life in Medicine and Bacteriology*, Washington, D. C. ：ASM Press, 1998, p. 80.

② Koch R. , "Zur Untersuchung von Pathogenen Organismen", in Schwalbe J. , *Gesammelte Werke von Robert Koch. Bd* I , Leipzig：Thieme, 1912, p. 131.

　　但是科赫指出这一纯净培养的方法并不能完全保证培养物的纯净性，因为这个纯净培养的过程中隐含了许多理想性的假设。第一，必须假设培养使用的容器绝对无菌；第二，必须假设容器被无菌棉绝对密封；第三，必须假设营养液绝对无菌，并且适宜于目标细菌的生长；第四，必须假设接种物质中除了纯净培养的细菌外，不包含其他的细菌；第五，必须假设在首次接种和随后每次接种的过程中，没有外来的细菌从空气进入培养液中。

　　实际上，在当时的实践操作过程中，研究者根本无法保证这五点假设，甚至连一点都做不到。人们向灭菌容器中注入营养液和接种细菌物质时，不得不打开瓶口，人们无法知道这一过程中是否有空气中的细菌进入容器；无菌棉的绝对密封性无法保证；找到适合目标细菌生长的营养液就已经不容易了，还要做灭菌处理，少量的营养液处理妥当的话或许还可以灭菌，但是营养液本身含有大量细菌的话，完全灭菌就很难被保证；如果接种物质被其他细菌污染，并且这种细菌比目标细菌生长得快，那么任何人都无法获得纯净的培养物；即使打开密封口的时间非常短，并且转移接种物的速度非常快，实验者也无法保证培养液不被细菌污染，尤其是实验者还要不断重复接种过程。[1]当时的研究者为了规避上述可能性，通常的做法是制备大量相同的制备物，只使用那些在肉眼或显微镜下可以观察到的纯净培养物，做进一步接种。然而，科赫指出这一补救措施也不总是可靠的，因为通过肉眼来判断培养液是否被污染是非常不确定的，即使是使用显微镜，人们最多也只能证明所观察的少量培养液滴中没有别的细菌，根本无法保证整个培养液中没有其他细菌。因此，如果人们因为疏忽，将被污染的培养液当作纯净培养物接种给下一代，那么整个实验就会失

　　① Koch R. , "Zur Untersuchung von Pathogenen Organismen", in Schwalbe J. , *Gesammelte Werke von Robert Koch. Bd Ⅰ*, Leipzig: Thieme, 1912, pp. 131－132.

败，即使在下一代中发现培养液被污染了，也为时已晚，人们根本无法消除这一"未被邀请的客人"。[①]

在科赫看来，以当时的纯净培养方法培育纯净细菌几乎是不可能完成的任务。即使是最优秀的实验者，也无法完全避免他指出的这些错误。因此，科赫认为改进当时的液态培养基是没有意义的，只有放弃原有的技术方法，提出全新的纯净培养方法才能够解决纯净培养的问题。

二　土豆培养基

虽然1878年李斯特使用极限稀释法成功培育出了纯净的乳酸菌，[②]但是科赫认为，李斯特的方法与其他以液态培养基为基础的方法本质上没有区别，都很难避免污染。只有放弃液态培养基，才有可能设计出新的培养方法。

实际上，科赫在从事创伤感染研究之前，就已经从科恩实验室得知了施勒特尔1875年利用土豆切片培养有色菌落的研究。以施勒特尔的研究为基础，科赫仔细研究了细菌在土豆上的生长。

如果将煮熟的土豆切一半，将切面暴露于空气中，几个小时后，将土豆放入一种潮湿的容器中，例如一个潮湿的钟形瓶，防止土豆干燥，然后根据容器中的温度，一天或两天后，人们会在土豆的切面上发现大量的微小水滴，它们看起来各不相同。这些微小的水滴可能是白色，也可能是黄色、棕色、浅灰色或淡红色，有些呈扁平蔓延状，有些呈半球状，有些则呈疣状。但是它们或多或少都会变大，然后出现霉菌的菌丝，最后所有的微滴合并在一起，土豆很快出现明显的变质。如果人们在微滴还是分离的时候，用显微镜

① Koch R., "Zur Untersuchung von Pathogenen Organismen", in Schwalbe J., *Gesammelte Werke von Robert Koch. Bd Ⅰ*, Leipzig：Thieme, 1912, p. 132.

② Brock T. D., *Robert Koch：A Life in Medicine and Bacteriology*, Washington, D. C.：ASM Press, 1998, p. 95.

检测它们，最好先将它们分别放置到载玻片上加热、染色，人们可以看到每一个微滴中只包含一种特殊的微生物。例如，一些菌落中是较大的球菌，另一些是较小的球菌，第三种是一种链状菌，其他的菌落，尤其是那些扁平或膜状的分布物则由不同大小和排列的杆菌组成。一些由酵母菌组成，偶尔还有一些由孢子萌发出的霉菌菌丝组成。人们不用太久就能判断出这些不同的微生物来自哪里。如果取另一个土豆，以用火烧过的刀剥去带有细菌孢子的土壤的皮，去除短时间煮沸无法杀死的细菌孢子，将这块土豆隔绝空气，保存在用棉花塞封住的玻璃杯中进行观察。以这种方式处理过的土豆，不会形成微滴，也没有微生物出现，土豆保持不变，直到几周之后最终干瘪。因此，第一个土豆上形成的微滴状菌落中的细菌只可能来自于空气。实际上，人们总可以在菌落中心看到一个尘粒或一条小纤维，作为细菌的载体，它们是干燥的但仍具有活性的细菌、酵母菌或是孢子。[1]

通过大量研究，科赫发现，虽然有时土豆上离得很近的两种不同的菌落会合并到一起，有些菌落中包含了不止一种细菌，但是在绝大多数情况下，一个微滴或菌落中都只有一种细菌并且保持纯净，直到它不断扩大触碰到其他菌落。如果将液态培养基暴露在空气中，各种各样的细菌也会像落在土豆上一样落到液体表面，但是这些细菌的生长则与在土豆上的生长完全不同。一些细菌会沉到液态培养基底部，一些则会浮在培养基顶部，活跃的细菌则会很快遍布整个营养液。一些在土豆上可以不受干扰生长的细菌，在营养液中则会被其他更为活跃的细菌压制，不再生长。在显微镜下观察营养液，人们会发现它是一种包含了各种不同形状和大小的细菌的复杂混合物，没有人会误认

---

[1]　Koch R. , "Zur Untersuchung von Pathogenen Organismen", in Schwalbe J. , *Gesammelte Werke von Robert Koch. Bd I* , Leipzig: Thieme, 1912, p. 134.

为它是一种纯净物。土豆培养基和液态培养基最大的差别就是，土豆是固态的，可以防止不同微生物混合在一起，而液态培养基无法使不同的微生物保持分离。

借助土豆培养基的优势，科赫成功培育了一些纯净的微生物。

> 大量的菌落在煮熟的土豆上同时生长，将这些菌落移植到相同的土豆切片上，放在潮湿的容器内培育。一或两天后，种子微生物已经完全生长，它们与原初微滴中的菌落具有完全相同的特征……当菌落从原初的土豆转移到另一个土豆上时，微小的菌落会快速生长，并形成完美的纯净培养物。防止空气污染的特殊防护措施在这里不是必须的，因为如果有其他细菌落在这里或者土豆上，它只会在它落到的地方生长，缓慢地扩张，但是绝不会威胁到整个培养物。同样，任何被污染的菌落都可以从外形上轻易地被辨识出来，培养物中的污染物在下一次转移时可以被很好地避开……因此，这是一种非常简单的用来繁殖纯净培养物的方法，至少是对那些可以在煮熟的土豆上生长的细菌来说是这样的，这样的细菌数量并不少……①

然而，并不是所有的细菌都可以在土豆上培育。科赫发现大部分致病菌无法在土豆上生长。

三 营养明胶

科赫发现想要找到一种可以适用于所有细菌生长的固态培养基，几乎是不可能的。但是可以通过预先配制不同的营养液，然后添加明胶使之固化，从而得到适宜于不同细菌生长的固态培养基。科赫将这

---

① Koch R., "Zur Untersuchung von Pathogenen Organismen", in Schwalbe J., *Gesammelte Werke von Robert Koch. Bd* Ⅰ, Leipzig: Thieme, 1912, pp. 135 – 136.

种营养液和明胶混合的培养基称为营养明胶。

　　将明胶浸泡在蒸馏水中，然后加热分解。明胶和营养液都按照一定的浓度制备，以便于当它们以预定的数量混合时，最终的培养基也可以达到预定的明胶浓度和营养浓度。出于这一目的，我确定最佳的明胶浓度为 2.5% 到 3%……人们也可以直接在营养液中溶解明胶。明胶通常会显示出一些轻微的酸性反应，出于这个原因，如果要使用明胶培养基培养细菌的话，还要加入一些钾、碳酸钠或碱性磷酸钠，以中和营养明胶。中和过的明胶需要再次加热，因为在加热过程中或中和过程中通常会形成一种沉淀物，这种沉淀物需要被过滤掉。过滤也会去除明胶中存在的其他杂质。之后，用无菌棉封口的容器，以 150℃ 加热灭菌，然后注入培养基，然后再次煮沸。煮沸仅需要很短的时间，因为此时只需要杀死营养明胶中已经存在的微生物，它们非常容易被杀死。而已存在的孢子只能通过长时间加热杀死，但不能这么做，因为长时间加热会使明胶丧失固化的能力。出于相同的原因，不能使用高压蒸汽灭菌。①

虽然灭菌的营养明胶中可能还留有一些细菌孢子，但是科赫认为这些孢子不会对纯净培养产生太大影响，因为人们可以设法消除这些孢子。

如果培养基是液态的，孢子形成细菌后会快速生长，并散布在整个溶液中，两到三天它们就会使液体变得浑浊。此时，液态培养基最初的成分已经被改变，并且可能充满了新形成的孢子，即使再次加热灭菌，这样的培养液也不再可用。

然而，如果是营养明胶中含有细菌孢子，一至两天之后，人们会在透

明的固态营养明胶中看到一些微小的半透明的白色颗粒。如果继续培养营养明胶，这些小颗粒的直径会不断增大，最终使明胶液化，变成浑浊的液体。通过显微镜观察，人们可以轻易地发现这些小颗粒都是由细菌组成的。人们只要在小颗粒扩大之前，通过煮沸明胶，杀死它们就可以。不过由于孢子发芽的时间不同，人们可能要连续好几天煮沸营养明胶，因此科赫指出想要制作一个无菌的营养明胶，至少需要一周的时间。

四 平板培养法

科赫将液态的纯净营养明胶倒在玻璃平板上，营养明胶固化后就形成了与土豆切面一样的固态培养基。甚至，可以用移液管直接将营养明胶滴在消过毒的显微镜玻片上，利用显微镜随时观察。

制备好的平板放入保温保湿箱中存放，使用时，取出平板放入钟形瓶中。

> 现在只需要用一根烧红的针，从打开的心脏或方便的血管中取出一些血液，在营养明胶上划上几下。这里就会长出几种类型的细菌菌落，多少有些是纯净的、典型的点状和颗粒状菌落，在显微镜下可以看到那些败血病细菌。它非常容易被进一步培养为纯净培养物。在这种情况下，外来细菌的数量非常少，所以非常容易与细菌的纯净菌落做出区分。①

利用这种方法，科赫分离出了纯净的细菌菌落，并将这种菌落转移培育了许多代。由于特定的细菌菌落在外形特征上没有明显的变化，在显微镜下也只能观察到单一细菌，因此科赫断定那些生长了几个月都没有变化的菌落就是纯净培养物。

---

① Koch R., "Zur Untersuchung von Pathogenen Organismen", in Schwalbe J., *Gesammelte Werke von Robert Koch. Bd I*, Leipzig: Thieme, 1912, p. 140.

1881 年，科赫总结了他的培养方法，以《致病微生物研究》（Zur Untersuchung von Pathogenen Organismen）为题发表在《帝国卫生署通讯》（*Mittheilungen aus dem Kaiserlichen Gesundheitsamt*）上，这是科赫自 1880 年到柏林帝国卫生署任职以后发表的第一篇论文。科赫在文章中强调，纯净培养物是所有传染病研究的基础，他提倡用明胶制作固态培养基培养纯净物，因为明胶培养基允许实验者分离出独立菌落，从而确保培养物的纯净性。这篇论文总结了科赫早期的细菌学研究方法，除了讨论培养纯净物的方法和技巧，还发表了大量（84 张）疾病组织中的细菌照片。[①] 后来，这篇论文被视为"细菌学的圣经"，文中的照片也长期被载入教科书。[②] 通过纯净培养研究，科赫还意识到细菌培养过程中无菌环境的重要性。之后，科赫专门研究了杀菌物质和杀菌过程，以及杀菌物质对某种细菌种类的抑制或破坏活动。同年，科赫发表了三篇关于杀菌的报告，他宣称苯酚不如汞喷雾，新鲜的蒸气要比热空气的杀菌作用好，强调严格地使用无菌技术避开污染的重要性。消毒、灭菌后来在医疗实践和公共卫生领域得到了广泛的应用。[③]

1881 年 8 月，科赫作为德国政府的代表参加了在伦敦举行的第七届国际医学大会，世界各国多数活跃的医学研究者都参加了这次会议。虽然科赫没有在医学大会上发表论文，但是会议期间，科赫的支持者英国著名外科医生李斯特邀请科赫到他的实验室，演示科赫发明的纯净培养技术，科赫的法国对手巴斯德也前来观看。科赫的演示非常成功，就连巴斯德也称赞科赫的技巧是"一个很大的进步"。[④]

---

① Koch R., "Zur Untersuchung von Pathogenen Organismen", in Schwalbe J., *Gesammelte Werke von Robert Koch. Bd* I, Leipzig: Thieme, 1912, pp. 112 – 163.

② Heymann B., *Robert Koch. Teil I. 1843 – 1882*, Leipzing: Akademische Verlagsgesellschaft, 1932, p. 304.

③ Brock T. D., *Robert Koch: A Life in Medicine and Bacteriology*, Washington, D. C.: ASM Press, 1998, pp. 105 – 113.

④ Brock T. D., *Robert Koch: A Life in Medicine and Bacteriology*, Washington, D. C.: ASM Press, 1998, p. 116.

第五节　细菌学理论的因果证明：结核病研究

可以说，科赫对炭疽热和创伤感染的研究坚定了他对细菌致病说的信念，通过对显微照相术、显微镜、染色法、培养基、灭菌法的研究创造了一套完整的细菌学研究方法。实际上，当科赫到柏林帝国卫生署任职后，在《帝国卫生署通讯》上发表他的细菌学研究方法时，一个以科赫细菌学研究方法为中心的细菌学研究范式就已经建立起来。虽然细菌致病说不是科赫的首创，但是科赫是第一个给出证明方法的人。并且由于科赫方法的有用性，大量细菌学家来到柏林跟随科赫学习，形成了以科赫为核心的细菌学共同体。在科赫范式的影响下，科赫的助手，勒夫勒（Friedrich Loeffler）分别在 1882 年和 1884 年发现了鼻疽杆菌和白喉杆菌。科赫的学生，加夫基（Georg Gaffky）1884 年发现了伤寒杆菌。[1] 曾经在科赫实验室工作过的冯·贝林（Emil Adolf von Behring）和埃尔利希分别于 1901 年和 1908 年获得诺贝尔生理学或医学奖。科赫本人也于 1905 年因结核病研究获得该奖，而这一获奖研究正是在其细菌学范式下解决的第一个难题。

一　研究背景

结核病被认为是人类历史上最重要的传染病之一，由于患者通常显得比较苍白，结核病也被称为"白死病"。考古学家曾在古埃及的木乃伊身上发现了它的踪迹，并且有人相信结核病起源于七万年前的非洲[2]。结核病具有较高的感染性和致死率，据 19 世纪的统计，全人类有

① Blevins S. M.，Bronze M. S.，"Robert Koch and the 'Golden Age' of Bacteriology"，*International Journal of Infectious Diseases*，Vol. 14，No. 9，2010，pp. e744 – e751.

② McMillen C. W.，*Discovering Tuberculosis，A Global History* 1900 to the Present，New Haven，Conn. /London：Yale University Press，2015，p. 10.

七分之一死于结核病,三分之一以上的中年人都患有结核病。① 长期以来,这一疾病的病因一直是一个谜团,直到 19 世纪 80 年代科赫发现了结核杆菌,才最终将结核病判定为一种由结核杆菌引起的传染病。

由于结核病对人类的影响极大,因此人们一直对结核病保持高度关注。1881 年伦敦医学大会上,结核病问题就是大会重要议题之一。受会议影响,科赫回到柏林后便决定要找出结核病的病原体。但是经过考察,科赫惊异地发现,结核病研究居然充满了争议。

虽然 1819 年法国医生雷奈克(René-Théophile-Hyacinthe Laënnec)就推测某些表现出不同临床特征的疾病存在特定联系,例如狼疮(lupus)、肺结核(phthisis)、淋巴结核(scrofula)等,由于这些疾病都会出现结核节,因此他推测它们可能由共同的原因引起。② 但是这一观点并没有被主流学界接受,因为当时的医学科学家都在研究不同疾病结节的结节形式,而不是寻找结节的原因。当时德国的医学巨擘菲尔绍就通过对结节的生理解剖研究得出了结核节是其他疾病的变形的结论,并且认为肺结核与其他形式的结核完全不同。③

尽管如此,执着于病因研究的医学研究者们还是想要找到结核病的致病因。1863 年维尔曼(Jean Antoine Villemin)利用动物实验证明结核病的传染性。1877 年克莱布斯提出要将结核病传染视为一种未被识别出的细菌导致的传染。1879 年,魏格特发表论文称,不同形式的结核是同一种疾病,不应该通过疾病的生理解剖来判断它,而应该通过致病因来确定。之后在科恩海姆(Julius Friedrich Cohnheim)、萨洛蒙森(Carl Julius Salomonsen)、鲍姆加滕(Paul Baumgarten)、塔佩纳(Hermann

① Koch R. , "The Etiology of Tuberculosis", in *Essays of Robert Koch*, trans. Carter K. C. , Westport: Greenwood Press, 1987, p. 83.

② King L. , *Medical Thinking: A Historical Preface*, New Jersey: Princeton University Press, 1982, pp. 34 – 35.

③ Faber K. , *Nosography: The Evolution of Clinical Medicine in Modern Times*, New York: Paul B. Hoeber, 1930, pp. 76 – 78.

von Tappeiner) 等人的确认下，结核病已经被认为是一种传染病，[①] 但不论是在疾病组织中还是培养物中，人们一直没有观察到可能的致病菌。如何证明结核病是由某种细菌导致的，一直困扰着人们。

二　结核杆菌染色

1880 年到柏林帝国卫生署任职之后，科赫再也不用为无法获得足够的疾病物质而操心。作为帝国卫生署的部门主管，科赫可以轻易地从柏林夏洛蒂医院的"肺结核病房"拿到大量的结核物质，进行动物实验。

科赫发现，豚鼠可以容易地在实验室被结核物质感染，但是在自然环境中豚鼠并不会得结核病。通过给豚鼠接种不同来源的结核物质，科赫发现豚鼠都会出现相同的临床症状和生理解剖特征，这使他确信结核病与炭疽热、创伤感染一样是一种典型的由微生物引发的传染病。从这一结论出发，科赫工作的目标就是要证明这种微生物存在于疾病组织中。为了这一目的，科赫将之前六年积累的研究技巧全都利用起来，包括显微照相术、组织染色、纯净培养物分离、动物接种。虽然这些在研究炭疽病和创伤感染时非常有效的方法同样适用于结核病，但是科赫还是遇到了很大的困难。结核病组织中的病原菌非常小，很难被染色和辨认，并且在培养基中生长缓慢，想要证明它的存在需要极大的耐心和强大的信念。[②]

由于结核分枝杆菌（mycobacterium tuberculosis）细胞壁含有丰富的蜡质，因此它很难被常见的细菌染色剂染色。科赫的重要贡献之一就是发现了结核杆菌的染色方法。

科赫从结核病患者的结节部位提取一些结节物质，将其放置在载

①　Koch R. , "The Etiology of Tuberculosis", in *Essays of Robert Koch*, trans. Carter K. C. , Westport: Greenwood Press, 1987, p. 83.

②　Brock T. D. , *Robert Koch: A Life in Medicine and Bacteriology*, Washington, D. C. : ASM Press, 1998, pp. 118 – 119.

玻片上观察，并用不同的染色剂染色。科赫最常用的染色剂是埃尔利希发现的亚甲蓝，通过染色，科赫隐约看到了非常微小的杆状物，长大约是宽的两倍。科赫发现这些杆状物只出现在结核组织中，在对照组里并不出现。为了确认杆状物就是导致结核病的病因，科赫像先前一样，先为这些杆菌拍照，以获得细菌的客观图像，但是科赫发现结核杆菌似乎被一种具有特殊性质的物质环绕着，很难被染色。经过大量测试，科赫发现最好的方法是用俾斯麦棕对制备物进行复染，然后用蓝光对棕色制备物拍照。棕色制备物吸收蓝光，在照片底片上会变暗，而蓝色细菌则会变得明亮和透明。虽然科赫用俾斯麦棕对制备物复染是为了增加了蓝色杆状物的对比度，但是当科赫拍照前观察这些制备物时，他惊奇地发现在棕色的背景中微小的杆状物已经呈现出蓝色，他可以很容易地分辨出大量的杆状物。[1] 通过大量进一步实验的核实，科赫确定他发现了一种新的区分结核组织中的细菌和其他物质的有效方法，这一方法还可以用来区分结核杆菌和其他细菌。

在用这一新技巧证明了在所有可能的结核组织和液体中都存在典型的杆状物之后，科赫认为有必要用新的染色剂重复整个实验。但是当科赫使用显微镜观察新的制备物时，他并没有看到蓝色的杆状物，即使这一制备物已经用新的亚甲蓝溶液染色，并用俾斯麦棕复染了一整天。然而在先前的制备物中科赫可以轻易观察到蓝色杆状物。因此，科赫推测，之前的染色剂中肯定存在某些适宜结核杆菌染色的物质，可能是之前的染色剂从空气中所吸收的。实验室空气中最常见的成分是氨气，科赫由此推测在实验室中长时间放置的亚甲蓝溶液可能从空气中吸收了少量的氨气。科赫立即在新的亚甲蓝溶液中添加了一些氨气，再次进行染色时，结核杆菌就可以被很好地染色了。其原因是氨气溶于水呈碱性，实际上给亚甲蓝溶液添加任何碱，例如氢氧化

---

[1]　Koch R. , "The Etiology of Tuberculosis", in *Essays of Robert Koch*, trans. Carter K. C. , Westport：Greenwood Press, 1987, p. 84.

钠或者氢氧化钾都可以使之变得有效。然而，这一细节科赫并没有在讲座中和之后发表的论文中提到。是埃尔利希1882年5月1日在柏林内科学会（Verein für innere Medizin）的会议上，描述了科赫的方法，并利用苯胺替换氨，品红替代亚甲蓝，改进了科赫的染色过程。[①]

三 纯净培养与动物实验

科赫很清楚，细菌的存在并不能证明它就是疾病的病源。为了证明结核病是由结核杆菌引起的寄生性疾病，科赫必须避开结核组织中其他可能存在的细菌，将结核杆菌分离出来纯净培养。分离出的纯净细菌还必须可以将疾病传染给其他动物，并且导致和接种自然形成的结核相同的病状。[②] 如何培养这种细菌就成为核心问题。实际上，这对科赫来说并不是什么太大的难题，因为科赫1881年的论文就已经提出了解决这一问题的方法——平板培养法，结核杆菌培养仅仅是对其方法的再一次实践。

因此，当时的问题就简化为从病人或实验动物身上取出结核杆菌，放到培养基上培养。然而培养过程中却遇到了一些难题，细菌在普通培养基上生长得十分缓慢，在室温下根本无法成功培养，又由于明胶的熔点在24—28度，体温下培养还会使营养明胶液化，导致培养失败。

经过不断的尝试，科赫终于利用羊或牛的血清，遵守严格的时间和温度控制，制造出了一种封闭在试管内的透明固态培养基。虽然科赫首次介绍了琼脂培养基，但是科赫首选的还是凝固血清，因为菌落

---

① Brock T. D. , *Robert Koch*：*A Life in Medicine and Bacteriology*，Washington，D. C. ：ASM Press，1998，pp. 119 – 120.

② Koch R. , "The Etiology of Tuberculosis", in *Essays of Robert Koch*，trans. Carter K. C. , Westport：Greenwood Press，1987，p. 87.

在凝固血清上生长较快，并能展示出更多的特征结构。[①] 利用制造出的培养基，科赫制定了一套培养结核杆菌的方法。

首先，用消过毒的工具解剖患有结核病的动物，使用火烧过的铂丝迅速将结节转移到固态血清表面，这一过程必须尽可能地快，因为打开试管棉塞的时间越长，被污染的可能性越大……完成结节转移后，将培养试管放置在 37 或 38 度的恒温箱中。最初的一周，培养物不会出现显著变化。如果第一天就出现了明显的变化，那就意味着它们被污染了，实验失败，因为污染通常会导致血清液化。如果一切顺利，用显微镜放大 30 到 40 倍的情况下，人们会在第七天看到细菌菌落。通过染色，利用高倍显微镜看的话，就能看到它们全由结核杆菌构成。通常，两到三周后，它们会在培养基表面形成很小的一团鳞状的、干涸的、固态的菌落，之后便不再生长。如果想要继续让其生长的话，则需要在大概 10 到 14 天的时候，将其转移到新的培养基上。如此反复就可以得到所需的量。[②]

得到纯净培养物之后，如何证明从结核物质中获得的纯净培养物是导致结核病的唯一原因就成为结核病研究中最关键的部分。科赫通过 13 组系列动物实验，给小鼠、大鼠、豚鼠、仓鼠、兔子、刺猬、鸽子、青蛙、猿、猴子接种了结核物质和纯净培养的结核杆菌，以及其他可能的物质。在这些实验中，科赫通过不同的方式感染动物，有些是接种结核物质，有些是将结核物质注射到动物腹腔，有些是注射到动物眼前房，有些是直接注射到血液中。无一例外，所有的动物都

① Brock T. D. , *Robert Koch*: *A Life in Medicine and Bacteriology*, Washington, D. C. : ASM Press, 1998, p. 123.

② Koch R. , "The Etiology of Tuberculosis", in *Essays of Robert Koch*, trans. Carter K. C. , Westport: Greenwood Press, 1987, pp. 87 - 88.

感染了结核病。这些动物接种后不仅会出现结节，而且在结节组织中可以观察到大量结核杆菌。就像科恩海姆、萨洛蒙森、鲍姆加滕给动物接种结核物质一样，科赫直接给它们眼前房中注射了微量的纯净结核菌，动物出现了众所周知的结核性虹膜炎。①

科赫在他的论文中强调，所有的实验动物都不是自然感染结核病的，并且所有接种后的动物都感染了结核病。首先，自然感染和诱发感染都不可能导致短时间结节的暴发。其次，对照动物依然健康，它们和被感染的动物的生存条件一样，唯一不同的是它们没有被接种结核杆菌。最后，除了接种结核杆菌，大量的豚鼠和兔子还被接种和感染了其他可能的物质，但它们并没有出现典型的结核症状，只有当接种结核杆菌时，实验动物才会出现结核病的症状。②

科赫总结道，结核物质中的结核杆菌不仅是偶然出现在结核病中，而且是导致结核病的病因。也就是说，这些杆菌是结核病的真正致病因。③ 科赫还以此定义了结核病，结核杆菌是结核病的必要条件，而不是结节。结核杆菌会出现在肺结核、粟粒性肺结核、干酪性肺结核、肠结核病和淋巴结核中，这就意味着同一微生物会引发相同疾病的不同形态。

实际上在 1882 年 3 月 24 日那场著名的讲座之前，科赫对他的成果能否被接受并不看好，据科赫的助手勒夫勒回忆，在去讲座的路上，科赫预测可能要经历一年的苦战，他对结核杆菌的发现才能得到医学界承认。讲座之前，科赫布置实验台时，将超过 200 件的实验用品放置在桌子上。科赫带来了他的所有设备，显微镜、装有培养物的

① Koch R. , "The Etiology of Tuberculosis", in *Essays of Robert Koch*, trans. Carter K. C. , Westport: Greenwood Press, 1987, pp. 90 – 93.

② Koch R. , "The Etiology of Tuberculosis", in *Essays of Robert Koch*, trans. Carter K. C. , Westport: Greenwood Press, 1987, p. 93.

③ Koch R. , "The Etiology of Tuberculosis", in *Essays of Robert Koch*, trans. Carter K. C. , Westport: Greenwood Press, 1987, p. 93.

试管、爱伦美氏烧瓶、装有培养物的方形玻璃盒，以及储存在酒精中的致病物质。最后，桌子上还摆满了白色的小型培养皿，每个培养皿中都包含一种培养物。房间中挤满了人。讲座进行得缓慢而细致，科赫以强有力的证据，向观众展示了结核杆菌的存在。当科赫完成他的讲座时，全场沉默，没有欢呼，没有问题，没有辩论。参加了这场讲座的人后来回忆当时的沉默，所有人都不是无聊或者质疑，而是被这一卓越的工作深深折服。慢慢地有一些观众回过神来，为科赫鼓掌。然后，很多人开始仔细观察科赫的制备物、纯净培养物和其他的演示。1908 年的诺贝尔奖得主埃尔利希是当时最重要的观众之一，他曾回忆说："那一晚是我科研生涯中最为重要的经历。"[1]

三周之后，科赫的文章就刊登在《柏林临床周刊》（*Berliner Klinische Wochenschrift*）上，然后轰动全世界。正如大多数重大科学发现一样，结核杆菌的发现也存在优先权的争论。鲍姆加滕和奥夫雷希特（Emanuel Aufrecht）可能与科赫同一时期在结核物质中看到了细菌，但是他们没能给细菌染色，并像科赫那样证明它。杜博斯夫妇（Rene and Jean Dubos）就曾写道："在科学领域，人们总是将荣誉给予那个说服了全世界的人，而不是第一个提出这个思想的人。"[2]

第六节　实证方法的确立：科赫原则

虽然自 1840 年亨勒提出细菌致病的观点以来，大量支持者都按照自己的方式试图证明这一观点，但是由于实验技巧和设备的差异，他们最多是证明了包含细菌的物质可以导致特定的疾病。关于批评者提出的可能是其他物质导致了疾病，或者细菌仅仅是疾病的

---

① Brock T. D. , *Robert Koch：A Life in Medicine and Bacteriology*, Washington, D. C. : ASM Press, 1998, pp. 128 – 129.

② Sakula A. , "Robert Koch：The Story of His Discoveries in Tuberculosis", *Irish Journal of Medical Science*, Vol. 154, No. 1, 1985, pp. 3 – 9.

伴生物的观点，细菌学说的支持者始终没能给出一种令人信服的、可重复的证明方法，其关键原因就是他们一直没能找到适当的培养纯净细菌的方法。

但是事情在 1881 年发生了转折，科赫放弃了以往常用的液态培养基，提出了利用固态培养基分离纯净培养物的方法，这一方法不仅可以令人信服地分离出纯净培养物，而且以其简单性、可重复性和易于理解性，使得任何人都可以验证这一方法正确与否。之前液态培养基引发的争论很快便消失了，人们广泛地接受了科赫的纯净培养的方法，并在之后的 20 年分离出了大量细菌疾病的致病菌。

借助着纯净培养的方法，科赫完成了证明细菌致病理论的方法。如今，这一方法被普遍地表述为"科赫原则"：一是在所有的疾病病例中，必须可以找到相同的可疑微生物；二是这种微生物必须能从患者的组织或体液中分离出来，并且可以纯净培养；三是将培养的病原体注射给健康的实验动物时，必须导致原初的症状；四是实验动物身上必须能够再次分离出与原初微生物一致的致病菌。[①]

一 科赫的细菌学研究方法

不过，在查阅有关科赫的文献时，本书发现科赫从没有提出"科赫原则"，即使科赫自己在 1884 年和 1890 年的论文中论述的细菌学研究方法，也与"科赫原则"有很大差异。

1884 年科赫补充完善了 1882 年的讲座内容，发表了题为《结核病病因学》的论文。这篇论文中科赫首次总结了他的细菌学研究方法。

首先，必须要确定身体的病变部位是否有不属于身体组成部

---

① 这一表述来自罗伯特·科赫研究所（Robert Koch-Institut）博物馆中的介绍。

分或从身体中生出的物质。如果检测到了某种外来的物质，我们需要进一步调查它们是否具有组织性，是否显示出独立的生命迹象，尤其是能动性（它经常与分子运动相混淆）、生长性、繁殖性和结果性。此外，还要确定这些外来物质和周边环境的关系，临近组织成分的行为，它们在身体中的分布，它们在不同疾病阶段的发生状况以及类似的情况，这使我们可以或多或少地推测出这些物质和疾病之间的因果关系。由此获得的事实可能足以证明，只有最极端的怀疑者才会提出反对意见，认为所发现的微生物不是原因，而只是疾病的伴生物。然而这一反对通常会有一些正当的理由，因此我们需要一些完美的证据，证明寄生物和疾病不仅是相关的，而且是一种因果关系，寄生物是直接导致疾病的真正原因。这只能通过从病变机体中完全分离出这些寄生物，并将分离出的寄生物接种到健康机体，并再次产生具有相同症状和特征的疾病来实现。[①]

为了进一步解释这一方法，科赫还用炭疽病举例。卡特梳理了科赫的这一论述，将科赫的方法总结为五点：

1. 必须在所有的疾病病例中发现这种外来的物质。

2. 这种物质必须是一种活的有机体，并且必须与其他微生物有所区分。

3. 微生物的分布必须与疾病现象相关，并且可以对疾病现象做出解释。

4. 微生物必须在患病动物体外培养，并且从明显可以导致疾病的物质中分离出来。

---

① Koch R. , "Die Ätiologie der Tuberkulose", in Schwalbe J. , *Gesammelte Werke von Robert Koch. Bd I* , Leipzig: Thieme, 1912, pp. 469 – 470.

5. 分离出来的纯净微生物必须要接种给实验动物，然后这些动物必须显示出与原初患病动物一样的症状。[①]

1890 年在第十届国际医学大会上的发言中，科赫再次总结了他的细菌学研究方法。

> 如果可以证明：首先，在特定疾病的所有病例中都可以观察到寄生物，并且寄生物与病理变化和临床过程相关；其次，它不会作为偶然的和非致病性寄生物，出现在其他任何疾病中；最后，它可以从体内完全分离出来，在纯净培养基上充分繁殖，并能够再次引发疾病。那么它就不再是偶然导致了疾病，在这种情况下，寄生物与疾病之间的关系，只能是寄生物导致了疾病。[②]

可以看出，与现在普遍使用的"科赫原则"相比，科赫的细菌学研究方法更加强调细菌的特异性，即一种细菌只能导致一种疾病。不论是强调特定细菌不会出现在其他任何疾病中，还是强调细菌的分布与疾病现象相关，科赫都在试图建构细菌与疾病的一一对应关系。实际上，这与当时细菌致病理论面对的批评有着直接关系。当时对细菌致病理论最主要的批评有：健康人的血液中也包含细菌；不是细菌导致了疾病，而是其他的物质导致了疾病；细菌不是导致疾病的原因，而是疾病的伴生物；细菌不会单独导致疾病，细菌和其他因素一起导致疾病；等等。科赫正是为了回应这样的批评，以一种解难题的方式设计他的细菌学研究方法，但是"科赫原则"并没有体现出这一点，因此，本书认为"科赫原则"是以科赫的细菌学研究方法为基础，由

---

① Carter K. C. , "Koch's Postulates in Relation to the Work of Jacob Henle and Edwin Klebs", *Medical History*, Vol. 29, No. 4, 1985, pp. 353 – 374.

② Koch R. , "Über Bakteriologische Forschung", in Schwalbe J. , *Gesammelte Werke von Robert Koch. Bd* I , Leipzig: Thieme, 1912, p. 654.

其他人构建出来的一种理想化的科学方法论。

二 "科赫原则"的来源

那么"科赫原则"这一术语是从哪里来的呢？可以肯定的是，它不是科赫提出的。科赫整个职业生涯中都避免使用"原则"这个词，并且根据对科赫文献的梳理，"科赫原则"与科赫的细菌学方法有所出入。通过考察，本书在看到 1884 年科赫的学生勒夫勒关于白喉病因学的一篇论文时，似乎找到了"科赫原则"的最初版本。勒夫勒提出了十分相似的三条原则：

> 如果白喉是一种由微生物引起的疾病，那么它必然得满足以下三条原则，这些原则对证明此类疾病的寄生性是必不可少的：
>
> （1）必须在局部的病变组织中，始终检测到这种按典型顺序排列的微生物。
>
> （2）这种微生物的行为和病变部位对这种变化的发生有着意义，必须将它们分离和纯净培养。
>
> （3）利用那些纯净培养物，必须可以通过实验再次引发这种疾病。[1]

经过对比就可以轻易发现，勒夫勒的这三条原则与"科赫原则"的前三条完全一致。因此，本书认为现在的"科赫原则"主要是以勒夫勒的原则为基础发展而来的。但是，有意思的是科赫的《结核病病因学》和勒夫勒的《白喉研究》都发表于 1884 年《帝国卫生署通讯》第二卷，从文章的完成时间来看，科赫的"结核病病因学"完

---

① Loeffler F., "Untersuchung über die Bedeutung der Mikroorganismen für die Entstehung der Diphtherie beim Menschen, bei der Taube und beim Kalbe", in *Mittheilungen aus dem Kaiserlichen Gesundheitsamte. Bd.* 2, 1884, p. 424.

成于 1883 年 7 月，而勒夫勒的"白喉研究"完成于 1883 年 12 月。作为同一个实验室的师徒二人，他们肯定对各自的研究有所了解，因此作为学生的勒夫勒必然受到了科赫的影响，勒夫勒提出的这三条原则实际上也是对他们实验室研究方法的总结。

但是，科赫似乎并没有使用过这样的表述。1884 年 8 月 30 日著名的《英国医学期刊》（*British Medical Journal*）在一篇报道科赫的霍乱研究的文章中，首次以英文提到了科赫的细菌学研究方法：

> 为了证明一种特定细菌是一种疾病的病因，必须要证明：（1）与其他形式的细菌有明显区分的一种特殊细菌，不断地出现在病变部位；（2）这种细菌的大量出现可以解释这种疾病；（3）这种细菌不会与其他疾病产生关联；（4）这种细菌可以在体外培养，在接种给低等动物时，会产生与接种传染物质本身一样的效果。[1]

将这一报道与科赫 1884 年和 1890 年的论述做一个对比，就会发现科赫对细菌学研究方法的论述有着独特的风格：一是强调细菌在体内的变化可以解释疾病过程，二是将分离、培养和动物接种放在一起。这就再次印证了"科赫原则"现在的形式并不属于科赫，而是根据勒夫勒的三原则改编而来。

三　科赫的实证方法

虽然科赫从来没有提出过形式上的"科赫原则"，但是他的研究中无不贯穿着实证方法。与许多科学家注重理论建构不同，科赫的细菌学研究一直都是以问题为导向的。科赫在研究结核病之前所有的工

---

[1]　Anonymous，"Koch on Cholera"，*The British Medical Journal*，No. 2，1884，p. 427.

作都围绕着两个问题展开：一是如何观察到患者体内的细菌，二是如何证明细菌导致了疾病。虽然人们无法确定科赫是从何时，或因什么原因开始支持细菌学说的，但是可以明显看出从科赫发表第一篇炭疽病文章开始就始终以细菌学说为前提开展研究工作。

这也就意味着，科赫在还没有看到细菌时，就已经承认了细菌的存在，并且假设细菌与疾病有着密切联系。虽然科赫可以借助显微镜、染色技术等看到细菌，但是他无法看到细菌到底是如何导致疾病的。

实际上，在微观层面，当时人们只能利用显微镜观察到细菌的外形、生长周期和性质以及细菌在组织或血液中的分布状况；在宏观层面，人们只能在生理解剖或临床研究中观察到疾病的特征和病变过程。

对微观现象和宏观现象之间关系的解释就构成了当时所争论的核心问题。细菌学说的支持者将这两种现象解释为因果关系，认为细菌的出现导致了病变过程；部分细菌学的反对者也将这两种现象解释为因果关系，但是与支持者的观点正好相反，他们认为是病变过程导致了细菌的出现；而另一些反对者则直接否认了二者之间的因果关系。

因此，科赫的核心工作就是要建构细菌和疾病的关系。科赫在建构二者关系时，需要解决的第一个问题就是证明致病菌的存在。19世纪显微镜的不断改进为看到致病菌提供了可能，一些较大的、外形明显的致病菌，例如炭疽杆菌，可以直接使用显微镜观察、区分。但是仅使用显微镜，并不能观察、区分出一些较小的、透明的致病菌。此时，则需要使用染色的方法，让这些原本看不到的细菌显现出来。通常人们认为技术的发展是细菌学发展的核心要素，但是通过考察科赫与反对者的争辩，本书认为知识和信念实际上与技术同等重要，因为在技术革新之前，没有人真正看到过细菌，反对细菌学说的人，完全可以将看到的东西定义为别的事物。

并且由于细菌是通过显微镜和染色技巧显现出来的，因此显微镜的质量和染色技巧的优劣直接影响着研究者眼中的事实。这也是为什么科赫会在 1876 年带着所有的实验设备到科恩实验室为科恩演示炭疽杆菌的生长周期，以及在 1882 年使用 200 多件实验用品向观众展示结核杆菌的致病性的原因，但是研究者不可能以这种方式向所有人展示他的研究成果。因此早期人们主要是通过绘图将所看到的细菌绘制出来，以证明自己看到了细菌的存在，然而从通过设备和技巧构建细菌事实的方法转换到以图片显示细菌存在一个重要的问题：手绘图是否能够准确描绘观察者从显微镜中看到的图像？绘图人是否会无意或有意地扭曲或误导原初的图景？之前直接利用显微镜观察是不涉及绘图人的，[1] 而手绘图很大程度上就是绘制人的创作。

为了避免手绘图导致的问题，科赫引入了显微照相术。照相术产生之初就被认为是对表象的正确的和真实的象征。[2] 19 世纪下半期，照相术也逐渐被引入了医学领域，1859 年《柳叶刀》的一篇文章就写道，在医学领域中，这种制造图像的新技术被视为"真理艺术"。但是人们对照片的复绘和修饰很大程度上影响了照相术的客观性。[3]因此，科赫强调照片不仅是一个插图，而且还是重要的证据，在可信度上不能有任何差池，对负片的任何标记或修饰，即使是极其轻微的，都将夺走它的全部价值。[4] 虽然科赫并不反对拍摄之前，对制备物进行人工处理以获得更为清晰的照片，但是科赫也意识到对制备物的预处理可能也会影响照片的客观性。因此，科赫还强调照片不仅必

① Schlich T. , " Linking Cause and Disease in the Laboratory: Robert Koch's Method of Superimposing Visual and 'Functional' Representations of Bacteria", *History and Philosophy of the Life Sciences* , No. 22, 2000, pp. 43 – 58.

② Henisch H. K. , Henisch B. A. , *The Photographic Experience*, 1839 – 1914: *Images and Attitudes*, University Park, PA: The Pennsylvania State University Press, 1994.

③ Schlich T. , " Linking Cause and Disease in the Laboratory: Robert Koch's Method of Superimposing Visual and 'Functional' Representations of Bacteria", *History and Philosophy of the Life Sciences*, No. 22, 2000, pp. 43 – 58.

④ Koch R. , " Zur Untersuchung von Pathogenen Organismen", in Schwalbe J. , *Gesammelte Werke von Robert Koch. Bd I* , Leipzig: Thieme, 1912, p. 126.

须服从某人的标准，而且更重要的是它们必须经受住公众的批评。①

利用显微镜、染色技巧、显微照相术，科赫不仅使自己看到了致病菌，而且让其他人看到了他眼中的致病菌。在解决了如何观察到患者体内细菌的难题后，科赫就要着手解决如何证明这些细菌导致了疾病的难题。

以往细菌学家都是直接将病变组织或者血液接种给健康动物引起同样的疾病，从而证明包含了细菌的物质可以导致疾病，但是他们无法证明到底是细菌还是病变组织或者血液中的其他物质导致了疾病，因此纯净培养就变得尤为重要。科赫发明的平板培养法就是为了解决这一问题。这一方法得到了人们的认可，使人们都可以以此方法培养出纯净的细菌。在得到纯净的细菌后，将这种细菌接种给实验动物，然后产生特定疾病，从而证明了特定细菌导致特定疾病。科赫的细菌学方法就像是将实验动物视为计算机，而纯净的细菌就是输入计算机中的指令，病变就是计算机屏幕上输出的结果。这种输入—输出的因果关系证明方法构成了科赫实证方法的核心，而实验动物也成为不可缺少的一环。

如果从解难题的视角来看待科赫自己提出的细菌学研究方法，人们就会理解科赫为什么那么强调细菌的区分，以及细菌分布和疾病过程的关系了。因为只有区分出细菌，人们才有明确的指令；构建出细菌分布和疾病过程的关系，才有了计算机可以运行的程序；最后的动物实验则是在验证程序是否可以正常运行。

小结　科赫的还原论实证主义

通过对科赫的细菌学研究的分析，本书认为科赫的研究都是以问

① Koch R., "Zur Untersuchung von Pathogenen Organismen", in Schwalbe J., *Gesammelte Werke von Robert Koch. Bd I*, Leipzig: Thieme, 1912, p. 123.

题为导向的。在炭疽杆菌研究中，科赫主要是为了回答，为什么有时含有炭疽杆菌的血液无法感染健康的动物，为什么有时不含有炭疽杆菌的血液却又可以引发炭疽病，又为什么炭疽病总是出现在潮湿的地区和夏季。通过与真菌孢子类比，科赫猜测这一切可能是因为炭疽细菌可以形成孢子。为了证明炭疽孢子的存在，科赫发明了悬滴法，连续地观察到了炭疽细菌的生长，并详细记录了炭疽杆菌的生命周期：杆状物会不断伸长，然后成为丝状物，丝状物中会出现一些小颗粒，这些小颗粒就是孢子，如果环境适当，这些孢子会再次生长成杆状物。

虽然科赫对炭疽杆菌生命周期的研究，很好地回应了人们对炭疽杆菌的质疑，但是由于科赫在接种实验中使用的是炭疽组织或含有炭疽组织的液体，因此批评者认为并不是炭疽杆菌导致了炭疽病，而是炭疽组织中的其他物质导致了炭疽病。虽然科赫认为他在接种实验中使用的孢子是纯净的，但是唯一能证明孢子是纯净的证据却是他自己的显微镜观察。

为了让更多的人看到自己在显微镜下看到的细菌，科赫在炭疽杆菌之后转向了细菌的可视化研究。为了能够在患病动物组织中看到细菌并展示给同行，科赫首次在细菌学研究中使用了显微照相术；为了获得高质量的照片，他改进了显微镜，并利用苯胺染料给细菌染色；为了分离和培养纯净细菌，科赫改进固态培养基，发明浇注平板培养法，改进灭菌法；为了证明细菌是疾病病因，科赫进行了大量的动物实验。

利用全新的染色方法和显微镜，科赫在创伤感染研究中开始着手处理特定细菌导致特定疾病的问题。这一问题最主要的质疑声音是，细菌同属于一个物种，球状细菌既会出现在创伤感染的患者血液中，也会出现在健康的人的血液中，因此反对者认为并不是这些细菌导致了疾病，而且疾病为原本就在人体内的细菌提供了适宜的生长条件。

通过新的显微技巧，科赫看到了不同疾病中的不同细菌。虽然它们形态差异并不大，尤其是球状细菌，但是科赫坚信细菌微小差异之间具有重要意义。在某种程度上，这可以说是科赫的偏见。科赫想要证明这些细菌是不同的，因为他坚信细菌致病理论，如果这个理论是正确的，那么不同的疾病应该是由不同的细菌导致的。幸运的是，科赫在这一点是正确的，但是之前没有任何理由能够证明这一点，我们只能将其归为科赫的运气。[①]

在创伤感染研究中，科赫意识到了纯净培养对细菌理论的重要意义。如果无法分离出纯净的细菌，那么就无法证明是细菌导致了疾病，因此科赫很快投入到了纯净培养的研究中。由于液态培养基存在诸多无法解决的困难，科赫抛弃了液态培养基培养纯净物的方法。在土豆培养基的启发下，科赫提出了一种固态培养基培养纯净物的方法，他通过给适宜于目标细菌生长的营养液添加明胶使之固化的方法，提出了平板培养法。这一分离纯净培养物的方法简单、可重复、易于理解，很快便成为细菌学研究的主要方法。

在解决了如何看到细菌，以及细菌的纯净培养的问题后，科赫就可以着手证明特定细菌导致特定疾病的细菌学观点了。借助之前所有的研究方法，科赫仅用了不到8个月时间就证明了结核杆菌导致了结核病。当然在研究结核杆菌时，科赫也遇到了一些难题，例如结核杆菌非常小，它只有炭疽杆菌的十分之一；由于结核杆菌的细胞表层有一圈蜡质，因此它很难被染色；结核杆菌在固态培养基上生长缓慢，需要好几个星期才能完全生长。虽然研究结核杆菌和结核病的关系需要极大的耐心和信念，但是这对坚信细菌学说的科赫来说并不算太困难。

科赫很快就找到了结核杆菌的染色方法，成功在营养明胶上培养

---

① Brock T. D. , *Robert Koch：A Life in Medicine and Bacteriology*, Washington, D. C. : ASM Press, 1998, pp. 100 – 101.

出了纯净的结核杆菌，并幸运地通过动物实验证明了结核杆菌可以导致结核病，但是科赫也明白，动物实验的成功并不代表结核杆菌同样可以导致人类结核病。因此，科赫仅仅是推测结核杆菌同样是人类结核病的致病因。

截止到结核病研究，科赫已经成功地构建出了他的细菌学方法，即后来的"科赫原则"。从中可以明显地看出，科赫的细菌学方法是一种典型的实证方法。科赫抱有一种强烈的还原论观念，他认为传染病是由细菌导致的，因此他极力论证细菌与传染病的对应关系，例如细菌在体内的分布对应着疾病的病变过程，不同的细菌导致不同的疾病。而细菌是客观存的，可以通过显微镜和染色方法观察到，细菌与疾病的关系也可以通过实验的方法证实。因此，本书认为科赫通过细菌可视化的研究、细菌和疾病的因果证明，构建出了一套完整的细菌学实证研究方法，而对这种以观察和实验为基础的实证方法的信念构成了科赫实证主义思想的核心。

第三章

微生物学中实证思想的胜利与挫败

医学史上医学知识的生产通常被分为三种模式：床边医学、医院医学和实验室医学。[①] 19 世纪，在科赫等微生物学家的努力下，医学教育和医学研究逐渐从医院转向实验室，医学知识的生产者和传播者的身份也逐渐从医生转变为科学家，德国的实验室医学一跃成为世界医学研究的中心。实验室医学与之前的床边医学和医院医学最大的区别在于，它不再以病患生理特征和临床表现为主要研究对象，而是借助设备仪器，通过实验和观察，在实验室中探究这些宏观病征背后的微观原因，即肉眼不可见的致病菌。作为实验室医学的代表人物，科赫提出的细菌学研究方法成为全世界学习和模仿的对象。从 1877 年开始，科赫发现了炭疽杆菌、葡萄球菌、结核杆菌、霍乱弧菌等，科赫原则也成为细菌学研究的标准方法。

受科赫影响，1883 年克莱布斯和勒夫勒发现了白喉杆菌，1884 年尼古拉尔（Arthur Nicolaier）发现了破伤风梭菌，1885 年埃舍里希（Theodor Escherich）发现了大肠杆菌，1886 年弗伦克尔（Albert

---

① 床边医学时期，医学知识的创造者是医疗实践者，他们向病患收取诊费，主要工作是预测和治疗疾病，疾病被认为是身心的失衡；医院医学时期，医学知识的创造者是临床医生，他们受到国家和医院的资助，主要工作是在医院对病例进行诊断和分类，疾病被认为是器官的损坏；实验室医学时期，医学知识的创造者是科学家，他们受到国家和研究所的资助，主要工作是在实验室分析和解释细胞的复杂情况，疾病被认为是生物化学的过程。参见 Jewson N. D., "The Disappearance of the Sick-Man from Medical Cosmology, 1770 – 1870", *Sociology*, No. 10, 1976, pp. 225 – 244。

Fraenkel）发现了肺炎链球菌，1887 年魏克塞尔鲍姆（Anton Weichselbaum）发现了脑膜炎球菌，1892 年韦尔奇（William Henry Welch）发现了产气荚膜梭菌，1894 年北里柴三郎和耶尔森（Alexandre Yersin）发现了鼠疫耶尔森氏杆菌，1903 年绍丁和霍夫曼发现了梅毒螺旋体等。[①] 在科赫的实践与理论的引领下，19 世纪末成为科学家发现病原菌的黄金时代。[②]

虽然这种以实验和观察为基础的实证主义科学方法取得了巨大的成功，但是人们也会发现以同样的方法研究同一对象，不同的科学家会得出不同的结论，即便是同一科学家在使用这种方法时也并不是总能寻找到真正的病因。实验室中的科学研究并不是独立、客观的存在，它们也会受到研究理念、政治纷争、国家和个人利益、知识局限性等多方面因素的影响。

第一节　研究理念不同的影响：霍乱研究

一　研究背景

据记载，从 19 世纪初到第一次世界大战之前，世界范围内总共出现了 6 次霍乱大暴发。第一次是 1817—1823 年起源于印度恒河三角洲的印度霍乱。此次霍乱最初出现在加尔各答附近，很快便传播至整个印度，并沿着贸易线向东通过东南亚传播到中国，向西传播到中东，直至北非。由于英国当时在印度有着大规模的军事活动，因此英国军队也大面积感染了霍乱，导致大量士兵的死亡，甚至将霍乱带回到了英国本土。第二次是 1829—1849 年起始于俄罗斯帝国边境的波

① Brock T. D. , *Robert Koch：A Life in Medicine and Bacteriology*，Washington，D. C. ：ASM Press，1998，p. 290.

② 甄橙：《微生物学的辉煌年代——19 世纪的细菌学》，《生物学通报》2007 年第 9 期；周程：《19 世纪前后西方微生物学的发展——纪念恩格斯〈自然辩证法〉发表 90 周年》，《科学与管理》2015 年第 6 期。

斯地区，疫情一直北上，1830 年已经在莫斯科蔓延开来。疫情向西则蔓延到土耳其君士坦丁堡，希腊、意大利等国人心惶惶，德国和法国纷纷采取一些检疫隔离措施阻止霍乱疫情进入欧洲。以海上贸易为主的英国很快也暴发了霍乱疫情，许多村庄几乎无人生还。第三次主要指的是 1852—1859 年在英国暴发的霍乱疫情，实际上除了英国，霍乱也蔓延到欧洲、中东、北非、东南亚等地。第四次是 1863—1879 年霍乱的继续蔓延和孟买的霍乱大暴发，霍乱已经进入欧洲，并蔓延到了美国，虽然各国都采取了一些应对霍乱的措施，但是仍然有大量的人感染霍乱死亡。第五次是 1881—1896 年麦加、苏门答腊、亚历山大等各地区的霍乱暴发，航运被视为传播霍乱的主要途径之一，欧洲各国派出考察团寻找霍乱暴发的原因。第六次是 1899—1947 年暴发在东南亚的霍乱。随着对霍乱认识的加深，欧洲各国找到了有效防控霍乱的方式，免于霍乱的大规模侵袭，但是亚洲则未能幸免。[①]

在欧洲人眼中，霍乱最开始被视为一种发生在亚洲的地区性疾病，但是随着霍乱的不断蔓延，尤其是进入欧洲之后，引起了欧洲人的恐慌。霍乱的传播速度极快，致死率达到 50% 以上。然而，在霍乱肆虐的前 30 年人们束手无策，甚至到了 19 世纪中期，霍乱的起源和传播仍是一个巨大的谜团。

一些专家指出霍乱沿着贸易和交通路线传播，主张霍乱可以传染，这些人被称为传染主义者，他们认为霍乱通过一种特殊的具有传染性的霍乱细菌传播，这些细菌直接或者间接地从患者传染给健康的人。另一些专业人士则相信霍乱毒素产生于患者体外，他们拥护瘴气理论，否认疾病传播和贸易与交通之间的关联。他们观察了流行病影响的区域，在贸易路线上许多地方并没有出现霍乱，他们认为来自低湿地和从其他途径而来的有毒的土壤蒸气、腐坏的气体或者腐烂的气

---

① Kotar S. L., Gessler J. E., *Cholera: A Worldwide History*, Jefferson, North Carolina: McFarland & Company, Inc., Publishers, 2014.

味导致了霍乱，因此他们宣称霍乱并不是通过患者传播的传染病，而是一种区域性疾病。①

首次对霍乱进行科学研究，并做出传染解释的应该是英国医生约翰·斯诺。1849 年，斯诺就出版《论霍乱的传播方式》一书，认为霍乱不是由"被污染"的空气导致的，而是通过"被污染"的水传播的。② 斯诺通过对伦敦霍乱的实地调查和数据分析，发现伦敦两家自来水公司——"兰贝斯（Lambeth）"和"萨瑟克和沃克斯豪尔（Southwark & Vauxhall）"供水区域霍乱死亡率有着明显的差别，虽然"兰贝斯"从泰晤士河被污染的河段取水，但是供水区域霍乱死亡率只有 37 人/10000 户，而"萨瑟克和沃克斯豪尔"从较为干净的区域取水，供水区域霍乱死亡率却高达 315 人/10000 户，因此斯诺推断"萨瑟克和沃克斯豪尔"的水源中含有致病的霍乱毒素。1854 年伦敦暴发霍乱，斯诺通过对"宽街（Broad Street）"疫情暴发的调查，发现大部分的患者都曾饮用过公共抽水机抽出的水，因此将污染源锁定在"宽街"的公用抽水机上，他认为被污染的井水是霍乱的起源，并成功说服市政府将抽水机的手柄移除。1855 年，斯诺总结了他对霍乱的调查研究，在《论霍乱的传播方式》第二版中完整地论述了他的"饮用水理论"。③ 虽然斯诺给出了霍乱传播的方式，但是从总体上看英国应对霍乱传播的措施还是建立在瘴气理论上的，城市的全面清洁、排污系统和供水系统的改进共同保证了伦敦免遭霍乱再次侵袭，斯诺的"饮用水理论"仅仅是众多解释霍乱传播的理论中的一个。

---

① Locher W. G., "Max von Pettenkofer（1818 – 1901）as a Pioneer of Modern Hygiene and Preventive Medicine", *Environmental Health and Preventive Medicine*, No. 12, 2007, pp. 238 – 245.

② Snow J., *On the Mode of Communication of Cholera*, London: John Churchill, Princes Street, Soho, 1849.

③ Snow J., *On the Mode of Communication of Cholera*, London: John Churchill, New Burlington Street, England, 1855.

二　科赫的霍乱研究

1866 年刚从格丁根大学毕业的科赫就职于汉堡综合医院，其间第四次霍乱大暴发席卷了欧洲，汉堡未能幸免，科赫首次接触了这种灾祸。[①] 但是之后的动荡生活，使科赫并没有时间研究这一疾病。正如上一章所述，1872 年在沃尔施泰因稳定下来后科赫才开始从事细菌学研究。

随着对炭疽病、创伤感染和结核病的研究，以及细菌学研究方法的创建，科赫一跃成为德国细菌学研究的代表性人物。就在 1882 年科赫发布享誉全球的结核病研究后不久，1883 年新一轮的霍乱大暴发从印度进入小亚细亚和埃及。由于当时细菌学研究取得了重要的突破，因此人们寄希望于新兴的细菌学研究可以为防治霍乱做出贡献，当霍乱肆虐于埃及全境时，埃及政府求助于法国和德国。[②] 由于法国和德国之前也都遭受过霍乱的侵袭，因此为了防止霍乱再次席卷欧洲，两国政府迅速组织了调查团赴埃及调查霍乱病因。

法国派出了由鲁（Émile Roux）、蒂利埃（Louis Thuillier）、施特劳斯（Isidore Straus）和努卡（Edmond Nocard）组成的调查团，德国派出了由科赫、加夫基、菲舍尔（Bernhard Fischer）和特雷斯科（Treskow）组成的调查团。虽然巴斯德没有直接领导法国的霍乱调查团，但是法国调查团的组建和主要研究任务都是巴斯德一手安排的，其中鲁和蒂利埃都是巴斯德的学生。[③] 德国调查团则是由科赫带领着自己的得意门生亲自上阵。

1883 年 8 月 15 日法国调查团抵达亚历山大港，他们驻扎在设备

① Dolman C. E. , "Robert Koch", in Gillispie C. C. , *Dictionary of Scientific Biography*, New York：Charles Scribner's Sons, 1972, pp. 420 – 435.

② Brock T. D. , *Robert Koch：A Life in Medicine and Bacteriology*, Washington, D. C. ：ASM Press, 1998, p. 141.

③ ［法］佩罗、［法］施瓦兹：《巨人的对决》，时利和译，海天出版社 2018 年版，第 112 页。

最健全的欧洲医院，拥有较好的尸体剖检条件。1883 年 8 月 24 日德国调查团随后抵达亚历山大港，他们驻扎在希腊医院，这里有着更多的霍乱病例。

法国调查团总共解剖了 24 具尸体，他们做了显微镜检测和动物接种实验，但没有发现明显与霍乱相关的微生物，动物研究也并不成功。之后由于霍乱疫情逐渐平息，法国调查团转向研究牛瘟和其他传染病。但不久便传来了不幸的消息，法国的蒂利埃 9 月 17 日病倒了，并于 9 月 19 日因霍乱去世。虽然德国调查团与法国调查团是竞争关系，但是当科赫得知这一噩耗时，感到万分悲痛，他带领着队员出席了蒂利埃的葬礼，并为蒂利埃抬棺。[1]

10 月 7 日，法国调查团在悲伤的情绪中离开了埃及。他们返回巴黎后在生物学会上发表了一个简要说明，介绍了他们的发现，第二年发表了一份详细的报告。在这份报告中，他们总结道，他们在霍乱患者的组织中发现了大量不同的细菌，但是无法识别出致病菌。不过，他们在霍乱患者的血液涂片上看到了一些微小的物质，他们推测这些物质可能与霍乱有着因果关系。后来，科赫检测了法国调查团描述的物质，他认为法国调查团发现的是血小板，与霍乱没有任何关系。[2]

与法国调查团一样，科赫一行人抵达亚历山大之后，立即开始寻找霍乱的致病菌，在他们眼中，霍乱就是一种由细菌导致的传染病。经过大半个月的调查，1883 年 9 月 17 日，科赫向德国内政部部长冯·伯蒂歇尔（Karl Heinrich von Bötticher）寄送了一份调查报告。报告中写道，调查团已经调查了 12 名霍乱患者，解剖了 10 具因霍乱死亡的人的尸体。他们在患者的粪便中发现了大量不同的微生物，但没有发现明显与霍乱相关的微生物，而尸检显示出，死于霍乱的人的肠黏膜中存在一种

---

① ［法］佩罗、［法］施瓦兹：《巨人的对决》，时利和译，海天出版社 2018 年版，第116—117 页。

② Brock T. D. , *Robert Koch：A Life in Medicine and Bacteriology*, Washington，D. C. ：ASM Press，1998，p. 153.

特定的细菌，在其他痢疾病例中没有发现这种细菌，科赫推断，这种细菌与霍乱存在一定联系，但其究竟是霍乱的原因还是结果仍然没有确定。科赫认为只能通过分离出这种细菌，在纯净培养基内培养，然后在动物身上再次引发这一疾病，才能解决这一问题。虽然科赫当时没有获得纯净培养物，他还是尝试使用霍乱物质感染了兔子、豚鼠、狗、猫、猴子、猪、老鼠等动物，但是动物实验并不成功。对于为什么霍乱无法导致动物患病，科赫的解释是，由于当时霍乱疫情已经逐渐消退，在人身上无法出现的病情，动物当然也不会出现。因此，科赫在第一份调查报告中提出了要去霍乱盛行的印度继续研究的想法。[①]

在 1883 年 11 月 10 日科赫寄送的报告中，科赫再次描述了当时埃及的霍乱疫情，他认为埃及的霍乱疫情已经趋于稳定，短时间内不会再大规模暴发。在咨询了熟悉印度情况的英国官员后，科赫得知加尔各答现在是研究霍乱的最佳之地，因此他向内政部部长冯·伯蒂歇尔正式提出了前往印度研究霍乱的计划。[②]

根据科赫 12 月 16 日寄送的报告，德国调查团乘英国轮船 11 月 13 日离开埃及，12 月 11 日抵达加尔各答，并着手制定了进一步调查的详细计划。

（1）尽可能多对尸检材料进行显微镜检查，以扩展和检测在埃及霍乱尸体肠黏膜中发现的杆菌。尤其是，从微观关系出发对这些杆菌的特定性质进行测试，以便与其他形状和大小相似的杆

① Koch R. , "Berichte über die Tätigkeit der zur Erforschung der Cholera im Jahre 1883 Nach Ägypten und Indien Entsandten Kommission an S. Exzellenz den Staatssekretär des Innern Herrn Staatsminister von Bötticher", in Schwalbe J. , *Gesammelte Werke von Robert Koch. Bd* Ⅱ , *Teil 1*, Leipzig: Thieme, 1912, pp. 1 – 6.

② Koch R. , "Berichte über die Tätigkeit der zur Erforschung der Cholera im Jahre 1883 Nach Ägypten und Indien Entsandten Kommission an S. Exzellenz den Staatssekretär des Innern Herrn Staatsminister von Bötticher", in Schwalbe J. , *Gesammelte Werke von Robert Koch. Bd* Ⅱ , *Teil 1*, Leipzig: Thieme, 1912, pp. 6 – 9.

菌做出可靠区分。

（2）用动物做霍乱研究。继续给不同的动物接种霍乱物质，做感染实验；尤其关注尚未使用的方法，例如，直接注射到肠道中。

（3）提取出在霍乱尸体肠道中发现的杆菌，进行纯净培养，并使用这些纯净培养物感染动物。

（4）确定这些杆菌的生物学特性，尤其是在不同营养培养基和不同温度下孢子的形成、生命周期、行为。

（5）尝试通过消毒，阻碍这些杆菌的生长或者消灭这些杆菌。

（6）检查土壤、水和空气与霍乱感染的关系，特别关注这些杆菌是否可以独立于人体存在于霍乱的流行区域，例如它们是否与土壤中的某些分解过程有关。

（7）对印度霍乱的特殊研究：

a. 霍乱流行地区居住人口的特征与他们的环境之间的联系；

b. 监狱、部队和船上的霍乱疫情；

c. 比对霍乱最为严重的区域和免于霍乱影响的区域；

d. 霍乱在流行地区的边界上的传播方式，以及在印度和印度边境以外的传播方式（调查团特别考虑某些宗教习俗和朝圣对疾病传播的影响，以及航运和贸易路线的传播方式）；

e. 调查印度有效减少监狱和部队中霍乱疫情的措施，以及使一些印度的城市的霍乱死亡率得到了明显下降的措施，例如马德拉斯、本地治里、贡土尔、加尔各答。①

---

① Koch R., "Berichte über die Tätigkeit der zur Erforschung der Cholera im Jahre 1883 Nach Ägypten und Indien Entsandten Kommission an S. Exzellenz den Staatssekretär des Innern Herrn Staatsminister von Bötticher", in Schwalbe J., *Gesammelte Werke von Robert Koch. Bd Ⅱ*, *Teil Ⅰ*, Leipzig: Thieme, 1912, pp. 10 – 11.

在 1884 年 1 月 7 日科赫寄送的报告中，科赫宣称他成功地在纯净培养基中分离出了霍乱细菌，他通过尸体解剖发现了与埃及一样的细菌。科赫确认，这种细菌是霍乱患者体内独有的细菌，虽然将这种细菌注射给动物无法引发相同的疾病，但是它不太可能与霍乱的起因没有关系。因此，科赫在这份报告中放弃了对动物实验的坚持。[①]

在 1884 年 2 月 2 日的报告中，科赫说，与其他细菌不同，霍乱细菌不是直的，而是"有些弯曲，形似逗号"。这种细菌可以在潮湿的亚麻布或潮湿的土地中繁殖，易于受到干燥和弱酸性溶液的影响。科赫指出，他总是在霍乱患者体内发现这种细菌，在其他原因导致的痢疾患者体内从没有发现过这种细菌。霍乱早期阶段，它们很少出现在排泄物中，但是随着"米汤状粪便"的出现，就可以在粪便中大量发现这种细菌。在那些身体恢复的病例中，这种细菌在粪便中逐渐消失。科赫补充道，虽然我们想要在动物身上重复这一疾病，但是这被证明是不可能的。所有的证据都证明，正如伤寒症和麻风病一样，动物不易于感染这种疾病，在霍乱暴发了一整年的区域，没有发现自然感染的动物。[②]

1884 年 3 月 4 日科赫寄送了最后一份报告。虽然科赫仍然无法用霍乱培养物感染任何动物，但是科赫发现几乎所有霍乱患者都饮用或使用过居住地附近水塘中的水。对这些水做研究，科赫从中分离出了与患者体内一样的逗状细菌，因此科赫认为池塘就是当地霍乱暴发的发源地。

---

① Koch R. , "Berichte über die Tätigkeit der zur Erforschung der Cholera im Jahre 1883 Nach Ägypten und Indien Entsandten Kommission an S. Exzellenz den Staatssekretär des Innern Herrn Staatsminister von Bötticher", in Schwalbe J. , *Gesammelte Werke von Robert Koch. Bd II , Teil I* , Leipzig: Thieme, 1912, pp. 11 – 13.

② Koch R. , "Berichte über die Tätigkeit der zur Erforschung der Cholera im Jahre 1883 Nach Ägypten und Indien Entsandten Kommission an S. Exzellenz den Staatssekretär des Innern Herrn Staatsminister von Bötticher", in Schwalbe J. , *Gesammelte Werke von Robert Koch. Bd II , Teil I* , Leipzig: Thieme, 1912, pp. 13 – 17.

但由于当时印度的天气变得"炎热无比",科赫"别无选择,只好中断工作"返回柏林。[1] 1884 年 5 月 2 日,德国调查团成功完成任务,回到柏林,受到了政府和民众的热烈欢迎。皇帝授予了科赫皇冠勋章,国会奖励调查团 10 万马克。[2]

1884 年 7 月 26 日帝国卫生署在柏林召开了第一次霍乱研讨会。会上,科赫再次详细介绍了他在埃及和印度的研究成果,以及生长抑制物质对细菌的影响;并讨论了动物实验,霍乱的水源传播,身体其他部位不存在"逗号细菌"的证据;还谈到温度对霍乱弧菌生长的重要性,以及通过脱水快速杀死霍乱弧菌的措施;最后,他强调早期诊断的重要性。在演讲之后,柏林生理学权威菲尔绍代表在座的每个人对科赫表示了感谢。虽然菲尔绍对科赫先前的研究持怀疑态度,但是在这次会议上,他认可了科赫的研究结果,认为科赫详细地论证了霍乱弧菌是霍乱暴发原因。[3]

三 霍乱政治学

虽然科赫的研究成果在德国得到了很大程度上的认可,但是国际上似乎并没有取得一致的看法,英国更是直接反驳了科赫的观点。

实际上,在 1883 年法国和德国调查团抵达埃及之前,英国调查团就已经于 1883 年 7 月 26 日抵达了霍乱最为严重的开罗,但是英国调查团与法国和德国调查团的目的不同。由于 1883 年埃及霍乱是在苏伊士运河建成之后首次暴发,欧洲各国普遍认为是英国船只从印度

---

[1] Koch R. , "Berichte über die Tätigkeit der zur Erforschung der Cholera im Jahre 1883 Nach Ägypten und Indien Entsandten Kommission an S. Exzellenz den Staatssekretär des Innern Herrn Staatsminister von Bötticher", in Schwalbe J. , *Gesammelte Werke von Robert Koch. Bd Ⅱ*, *Teil I*, Leipzig: Thieme, 1912, pp. 18 - 19.

[2] Brock T. D. , *Robert Koch: A Life in Medicine and Bacteriology*, Washington, D. C. : ASM Press, 1998, p. 167.

[3] Exner M. , "Die Entdeckung der Cholera-Ätiologie Durch Robert Koch 1883/84", *Hygiene & Medizin*, Vol. 34, No. 4, 2009, pp. 54 - 63.

途经运河进入地中海，将霍乱带到了欧洲，因此英国调查团的主要目的是想证明霍乱是一种地方性疾病，并不是他们从印度带到埃及的，强调检疫和隔离的无用性。

1883 年 12 月英国调查团负责人亨特（William G. Hunter）提交了最终的调查报告。亨特的研究大部分都是以卫生学观点为基础的观察，他指出开罗和亚历山大的卫生状况非常糟糕，没有公共厕所，下水道不通风等等。他们还调查了来自印度的患者，但是并没有发现他们抵达埃及之前就已经患病的证据。并且通过对患者血液和粪便的检测，没有发现任何与霍乱相关的细菌的存在。他们还提到法国调查团同样没有发现导致霍乱的特定微生物。认为科赫发现的霍乱细菌是疾病的伴生物，而不是病因。因此，他们认为检疫和隔离并不是防控霍乱疫情的有效方法，应该将这方面的支出投入到改善当地的环境中，提出了防控霍乱疫情的措施：

（1）防止河流和运河被污染；

（2）在城镇和村庄中设置公共厕所；

（3）根据不同城市和城镇的条件，建设适用的污水处理系统（适用于亚历山大的系统，并不适用于开罗，更不适用于像杜姆亚特这样的城镇）；

（4）调查墓地，在不侵犯人民宗教信仰的情况下，以更加谨慎规范和更好的方法处置死者；

（5）采用改进的登记制度和人口动态统计制度；

（6）设立卫生法律机构。[1]

1884 年 1 月，亨特在伦敦的流行病学学会报告了他对霍乱的调

---

[1] Anonymous, "Cholera in Egypt, The Mission of Surgeon-General Hunter, Final Report", *The British Medical Journal*, Vol. 1, No. 1206, 1884, pp. 285 – 287.

查，他还基于过去 14 年的气象资料，认为最近这次霍乱暴发是因为不正常的天气条件导致的：自 1865 年开始，埃及就没有出现过霍乱，阿拉伯半岛的亚丁湾虽然比埃及离印度更近，但是却很少发生霍乱。因此，亨特否认疾病是从印度引入的，坚持认为它是埃及特有的。[①]亨特得出的结论和他的调查似乎满足了英国政府的需求，亨特随后还被授予了圣米迦勒及圣乔治勋章（Order of St Michael and St George）。

实际上，亨特并不是此次埃及霍乱调查的唯一人选，1883 年 2 月 19 日当时亚洲霍乱研究的权威麦克纳马拉（Nottidge C. Macnamara）就曾申请到埃及开展霍乱细菌学的研究。虽然麦克纳马拉的资质和热情得到了英国政府的认可，但是由于他曾跟随科赫学习，持有细菌学观点，并认为霍乱是由印度部队入驻埃及带来的。因此麦克纳马拉的申请并没有被英国政府接受。这表明英国政府意在否认霍乱是由印度引入的。[②]

通过对英国政府出发点的考察，本书认为霍乱调查并不仅仅是一场科学调查，而且还是一场国家间的政治斗争。英国极力反对霍乱是从印度传播到埃及的，否认霍乱是一种由霍乱弧菌引发的传染性疾病，其根本原因在于，英国当时最大的财富来源是海上贸易，如果承认霍乱可以通过贸易路线传播，势必会影响到英国的正常贸易。当时德国和法国等国家已经以细菌传播理论为基础，建议在各大港口采取检疫隔离措施。英国为了保障英国船只在港口间的自由通行，才不断强调卫生学观点，认为改善环境才是防止霍乱传播的正确方式，而不是检疫隔离。因此就出现了各国利用科学调查来论证自身观点的政治斗争。

1884 年科赫发表了他在印度的霍乱研究，提出霍乱弧菌是霍乱的

① Hunter W. G. , "Remarks on the Epidemic of Cholera in Egypt", *The British Medical Journal*, Vol. 1, No. 1203, 1884, pp. 91 – 96.

② Ogawa M. , "Uneasy Bedfellows: Science and Politics in the Refutation of Koch's Bacterial Theory of Cholera", *Bulletin of the History of Medicine*, Vol. 74, No. 4, 2000, pp. 671 – 707.

病因的观点。科赫的这一研究得到了科学家和欧洲政府的广泛认可，英国政府以亨特基于气象数据的流行病瘴气说解释已经不足以应付法国和德国的批评。尤其是在 1884 年夏天，德国和法国也暴发了霍乱疫情，德国反对英国控制区的宽松检疫隔离政策的舆论已经广泛传播，这使得英国政府压力倍增。

在这一背景下，英国政府试图通过获得著名微生物学家的专业知识的支持，缓解政治上的压力。经过挑选，英国政府选定了病理学家吉布斯（Heneage Gibbes）和细菌学家克莱因（Edward Emanuel Klein）组建英国调查团前往印度调查霍乱，除了他们本身的知名度之外，选择这两名科学家很大程度上是因为他们在 1884 年 2 月的时候，提出了反对霍乱细菌存在的观点。积极申请调查霍乱的麦克纳马拉再次落选，年轻的细菌学家切恩（William Watson Cheyne）也被拒之门外，其原因只能归于他们都是科赫细菌学理论的支持者，而英国政府明显不愿意得出与德国调查团类似的结论。[①]

1884 年 9 月吉布斯和克莱因抵达印度，同年 12 月离开。其间，他们主要在孟买和加尔各答调查霍乱。1885 年 4 月将最终报告提交给了英国驻印度国务卿。报告罗列了三种关于霍乱病因的常规观点：瘴气说、传染说、区域说。在解释了大多数医学权威都反对瘴气理论，以及公众、医学界的大部分人都认为科赫解决了霍乱的病因之后，他们提出了科赫到底观察到了什么和实际上得出了什么结论的问题，之后对科赫进行了系统的批评。

从报告中可以看出，克莱因从根本上质疑了科赫的理论基础，他认为霍乱的直接传染根本不存在或者极少出现。通过直接观察霍乱尸体和与霍乱患者生活在同一房间的人，他发现霍乱传染极少出现，如果霍乱的病因是微生物，传染应该频繁地出现在这些例子中。克莱因

① Ogawa M. , "Uneasy Bedfellows: Science and Politics in the Refutation of Koch's Bacterial Theory of Cholera", *Bulletin of the History of Medicine*, Vol. 74, No. 4, 2000, pp. 671 – 707.

承认科赫发现的霍乱弧菌在霍乱患者的肠道中大量存在，但是他认为这一事实不能保证霍乱弧菌是霍乱的病因，相反，它可能是一种现象。克莱因强调由于动物实验都失败了，霍乱弧菌并不符合科赫自己提出的细菌学研究方法，因此科赫实际上也没有证明是霍乱弧菌导致了霍乱。和科赫一样，克莱因和吉布斯也调查了村庄的水塘，他们发现许多人在饮用了含有霍乱患者粪便的被污染的水后也没有感染霍乱，从而否认了科赫关于村庄水塘的调查。①

1885 年 6 月，英属印度国务卿召集了 13 名英国医学界著名专家，组成委员会，讨论吉布斯和克莱因在印度的调查报告。许多的会议成员之前都在印度从事过卫生工作，大多数人都认为检疫隔离是徒劳的。研讨会共召开了三次，最后一次会议于 1885 年 8 月 4 日召开，并在这一天撰写了 17 条对科赫的"官方反驳"。这一"官方反驳"于 1886 年 2 月正式发表，1—5 条简要介绍了文章发布的过程，6—16 条是对霍乱的病理描述，17 条讨论了隔离和检疫的问题。其中 15—17 条包含了报告的一些结论，如第 16 条指出科赫辨识出的霍乱弧菌是有问题的："迄今为止，没有任何证据可以证明它们（与霍乱有关的细菌）是导致疾病的原因。"第 17 条给出了处理霍乱疫情的实践建议，即放弃隔离，支持"有价值的卫生措施"，并认为"根据欧洲和东方的经验，卫生隔离和检疫限制作为阻止霍乱蔓延的措施不仅是没有用的，而且是有害的"。②

虽然克莱因和吉布斯没有伪造证据来反对科赫的理论，甚至从逻辑上指出了科赫观点中真正的不足，但是英国政府从一开始就是要利用他们与科赫观点的差异来达成自身的政治目的。德国通过支持科赫的观点，为国际检疫隔离提供辩护，英国不得不通过攻击科赫的观点来保护他们的海上贸易。可见，科学研究不单单是一种纯粹的学术研

① Klein E., Gibbes H., "An Inquiry into the Etiology of Asiatic Cholera", London: Great Britain. India Office, 1885, http: //resource. nlm. nih. gov/1263651.

② Anonymous, "The Official Refutation of Dr. Robert Koch's Theory of Cholera and Commas", *Quarterly Journal of Microscopical Science*, No. 26, 1886, pp. 303 –316.

究，而且还是一种强有力的政治工具。

四 科赫与佩滕科费尔之争

除了来自英国的反驳，在德国也并不是所有人都认同科赫的观点。在批评科赫的人中，最具影响力的是慕尼黑的卫生学权威佩滕科费尔。佩滕科费尔 1843 年毕业于慕尼黑大学，获医学博士学位。1844 年在吉森大学跟随著名化学家李比希工作。1847 年成为慕尼黑大学的医学化学副教授，1852 年成为教授。1864—1865 年成为慕尼黑大学的校长，并成为慕尼黑大学的首任卫生学教授。1879 年成立卫生学研究所。1890—1899 年成为巴伐利亚科学院主席。由于佩滕科费尔对改善慕尼黑城市卫生做出了重大贡献，1893 年他获得了慕尼黑市可以授予的最高荣誉——金色市民奖章（Goldene Bürgermedaille）。1897 年还获得英国皇家公共卫生研究所授予的哈本勋章（Harben Medal）。佩滕科费尔一生在化学、生理学、卫生学、环境健康、流行病学等领域做出了广泛且极具影响力的贡献。[1]

1851 年前后佩滕科费尔就开始关注霍乱流行病，而 1851 年佩滕科费尔日后的对手科赫才刚刚小学毕业。此时，佩滕科费尔的主要竞争对手是英国的斯诺。1854 年，慕尼黑暴发了霍乱，佩滕科费尔负责调查霍乱的起源。佩滕科费尔仿照斯诺的统计方法，绘制了慕尼黑病例的点状图和病例列表，区分了来自联邦和州政府供应水区域的病例分布，考察了可能受到伊萨河污染的病例的分布。尽管做出了这些努力，但是他还是未能确认斯诺关于霍乱直接通过饮用水传播的观点。[2] 1855 年，佩滕科费尔批评了斯诺的观点，称他对慕尼黑的霍乱的调查显示霍乱不是水源传播的，他认为人类的粪便和尿液污染了土壤，引

---

① Evans A. S., "Pettenkofer Revisited: The Life and Contributions of Max von Pettenkofer (1818 - 1901)", *Yale Journal of Biology and Medicine*, No. 46, 1973, pp. 161 - 176.

② Evans A. S., "Two Errors in Enteric Epidemiology: The Stories of Austin Flint and Max von Pettenkofer", *Reviews of Infectious Diseases*, Vol. 7, No. 3, 1985, pp. 434 - 440.

发了一种"霍乱瘴气"。虽然佩滕科费尔承认，霍乱是由于患者携带的特殊微生物被排入环境之中引起的，但是他坚信细菌无法单独导致疾病。佩滕科费尔坚持"土壤理论"，他认为存在一个霍乱细菌 X，但自身不产生霍乱。在适当的地方和时间，土壤中存在一种基质 Y，Y 与 X 结合产生出一种"瘴气"Z，而 Z 才是"真正的霍乱毒素"，没有 Y 的情况下，X 没有毒性。1866 年，第三届国际卫生学大会在君士坦丁堡召开，佩滕科费尔的论证占据了主导地位，大会通过投票，一致认为空气是霍乱"生成原理"的主要载体。[①] 可以说，在 19 世纪中期佩滕科费尔的流行病学和卫生学理论占据了主导的地位。

出于对佩滕科费尔的敬重，科赫完成在印度的霍乱调查，返回柏林的途中，1884 年 4 月 29 日在慕尼黑拜访了佩滕科费尔，并向他展示了关于霍乱弧菌的新证据，但是佩滕科费尔并不认可科赫的研究。[②] 佩滕科费尔认为："科赫对霍乱弧菌的发现，什么也没有改变，这是众所周知的，并不令人意外。"在佩滕科费尔眼中，科赫的霍乱调查只不过是辨识出了 X，X 在没有和 Y 结合产生 Z 的情况下，没有任何危害。10 年前，佩滕科费尔就曾讽刺，狂热地寻找霍乱细菌是徒劳的。同时，英国赴印度调查团也抓住科赫"动物实验"的失败，利用佩滕科费尔观点论证霍乱弧菌无法单独引起霍乱。[③]

由于佩滕科费尔没有参加 1884 年 7 月召开的第一次霍乱研讨会，因此二者没有正面交锋，但是在 1885 年 5 月 4 日至 8 日召开的第二次霍乱研讨会上，佩滕科费尔和科赫展开了激烈的争吵。佩滕科费尔发表了对科赫研究的长篇批评。科赫驳斥了佩滕科费尔的"土壤理论"，

---

① Howard-Jones N. , "Gelsenkirchen Typhoid Epidemic of 1901, Robert Koch and the Dead Hand of Max von Pettenkofer", *British Medical Journal*, No. 1, 1973, pp. 103 – 105.

② Brock T. D. , *Robert Koch: A Life in Medicine and Bacteriology*, Washington, D. C. : ASM Press, 1998, p. 167.

③ Howard-Jones N. , "Gelsenkirchen Typhoid Epidemic of 1901, Robert Koch and the Dead Hand of Max von Pettenkofer", *British Medical Journal*, No. 1, 1973, pp. 103 – 105.

批评佩滕科费尔论证模糊、事实表述错误、逻辑简单。科赫还暗示，政府必然会采用他的防控方案。这在十年前几乎是无法想象的，十年前科赫还只是一个不知名的乡村医生，而佩滕科费尔早已是著名的卫生学教授。然而，十年间，科赫已经从一名乡村医生成长为世界知名的细菌学家，尤其是 1880 年进入帝国卫生署后，科赫俨然成为帝国政府的医学代表。

如果说 1884 年的佩滕科费尔还可以与羽翼未丰的科赫一较高下的话，1892 年佩滕科费尔则完全输给了后辈。1892 年，德国汉堡暴发霍乱，政府直接委派科赫调查霍乱疫情。1892 年 9 月 26 日到 10 月 1 日政府召集了专家委员会讨论应对流行病的方法。会议上科赫和佩滕科费尔针锋相对，言语中充满了鄙夷和嘲笑。虽然佩滕科费尔提出了对科赫的反对，但是"直接被主要由科赫支持者组成的委员会所忽略。佩滕科费尔被迫傻坐在那里，看着法律的起草，这意味着科赫从制度上毁掉了他荣耀一生的工作"。①

10 月 7 日，佩滕科费尔为了挽回自己的尊严，证明自己的正确性，做了一个所谓的"判决性实验"。佩滕科费尔先用碳酸氢钠中和了自己的胃酸，然后吞下了 1 毫升的霍乱弧菌肉汤培养物，坚信"没有 Y 存在，X 对我产生不了什么危害"。结果，这一实验仅导致了腹鸣和相当轻微的腹泻。佩滕科费尔的同事收集了他的排泄物，在水状样本中发现了霍乱弧菌的"纯净培养物"。佩滕科费尔并没有出现典型的霍乱症状，他以此为根据继续反对科赫的学说，但这仅仅是推延"传染主义观点被一致接纳"② 的最后一次努力。

①　Evans R. J. , *Death in Hamburg. Society and Politics in the Cholera Years 1830 - 1910*, London：Penguin Books, 2005, p. 496.

②　Morabia A. , "Epidemiologic Interactions, Complexity, and the Lonesome Death of Max von Pettenkofer", *American Journal of Epidemiology*, Vol. 166, No. 11, 2007, p. 1235.

第二节　国家利益和个人利益的影响：
科赫与巴斯德的争论

　　19 世纪 70 年代，多名科学家对炭疽病做了大量研究，其中就包括罗伯特·科赫和路易斯·巴斯德。这些研究清晰地揭示出了炭疽杆菌在炭疽病中的作用，并且成为一种对其他寄生菌入侵导致疾病的研究的范式。科赫声称他首次证明了因果性，并认为他在 1876 年的论文中已经使用了证明因果性的标准方法，即后来的科赫原则。然而，巴斯德否认科赫建立了炭疽病的因果性，他声称是他在 1877 年的论文中首次构建了炭疽病的因果性。这一具有争议性的论述导致了一场激烈的争论，并很快变成了带有民族主义色彩的争吵，从未和解。作为科赫和巴斯德唯一一个共同关注的疾病，炭疽病研究成为了人们讨论二者科学观念差异以及社会因素对科学研究产生影响的重要案例。

一　争论的背景

　　在许多传记和论文中，人们已经探讨了科赫和巴斯德的争论的原因，其中国家之间的对立对二者科学研究的影响不容忽视。19 世纪的法国和德国一直处于一种竞争关系中，1870—1871 年的普法战争更是激化了两国的矛盾。普法战争中，科赫和他的三个弟弟都参加了战争。虽然科赫可以近视为由免除兵役，但是他还是自愿参军，作为医生在军队医院服役两年。[①] 科赫的这一行为并不能直接证明他对法国的敌意，但至少可以说明他有着强烈的民族和国家意识。年近半百的巴斯德虽然没有参军，但是作为知名的微生物学家，他给德国科学学

---

　　① Brock T. D. , *Robert Koch: A Life in Medicine and Bacteriology*, Washington, D. C. : ASM Press, 1998, pp. 19 – 20.

会写信，公开谴责普鲁士的军国主义，他一生都是坚定的民族主义者。[①] 因此，德国与法国之间的敌对关系，也间接影响着科赫与巴斯德之间的关系。

虽然在现在看来，巴斯德和科赫分别是 19 世纪法国和德国微生物学的代言人，但是在他们研究炭疽病的时候，二者的专业地位完全不同。1876 年，当科赫发表关于炭疽病的论文时，他 33 岁，完全不知名，这篇论文是他公开发表的第一篇微生物学论文。虽然科赫是格丁根大学的医学博士，但是 1866 年毕业之后，他几乎没有从事过相关的科研工作，1872 年科赫才正式开始从事一些微生物研究。而 1876 年，巴斯德 54 岁，国际知名。1846 年以优异成绩从巴黎高等师范学院（École normale supérieure）毕业的巴斯德，获得了物理教师的资格，但是他没有像多数同学一样去中学任教，而是进入化学家安东尼·巴拉尔（Antoine Balard）的实验室，开始研究晶体化学，并于 1847 年获得理学博士学位。1848 年，巴斯德幸运地获得了斯特拉斯堡大学（Université de Strasbourg）化学教授的职位。1854 年，巴斯德被任命为新成立的里尔大学（Université de Lille）科学院的院长、化学教授。在里尔，巴斯德开启了他的发酵研究——葡萄汁变成葡萄酒和牛奶变酸的化学过程。1855 年，巴斯德成为法国科学院成员。[②] 1857 年发表《乳酸发酵》和《酒精发酵》的论文，认为糖分解出的酒精和二氧化碳与生命现象有关，即发酵是一种生命活动现象。巴斯德还发明了"巴斯德灭菌法"，挽救了法国的制酒业和牛奶业。1865 年，巴斯德在恩师杜马的请求下，到蚕病重灾区阿莱斯开展蚕病的防治研究，虽然巴斯德之前从来没有接触过蚕，但是经过调查后，他认为蚕病和发酵过程类似，都是由某种不可见的微生物导致的。经过 5

① Carter K. C. , "The Koch-Pasteur Dispute on Establishing the Cause of Anthrax", *Bulletin of the History of Medicine*, Vol. 62, No. 1, 1988, pp. 42–57.

② Robbins L. E. , *Louis Pasteur and the Hidden World of Microbes*, New York: Oxford University Press, 2001, pp. 21–35.

年的研究，巴斯德终于弄清楚了蚕病的传播方式，并找到了防止蚕病扩散的方法。1870 年他出版了《蚕病研究》一书，这一成果拯救了法国濒于倒闭的丝绸工业，巴斯德的声望也因此大为提高。① 到了 19 世纪 70 年代早期，巴斯德开始研究啤酒，他再一次发现某些形式的变质是由微生物引起的，并且加热处理可以保存啤酒的品质。虽然巴斯德的许多研究都是受经济因素驱动的，但是它们同样有着巨大的科学意义。英国著名外科医生李斯特就受巴斯德发酵理论的影响，通过消毒方法，成功降低了外科手术的感染死亡率。

19 世纪 70 年代，科赫和巴斯德差不多同时开始研究炭疽病的时候，二者的社会地位和名声有着明显的差异，科赫作为地区医生，几乎没什么人知道他的名字，而比科赫大 21 岁的巴斯德在法国和德国，甚至在全世界都赫赫有名。虽然科赫和巴斯德的名声和权威有很大差距，但是新兴的细菌理论，为二者站在同一起跑线上提供了基础。19 世纪中期，大多数医生相信体内疾病的形成是因为身体内部失衡和不健康的外部条件共同造成的，他们认为微生物作为疾病的病因，似乎太小、太不相关，以至于无法导致巨大的生理变化。细菌理论的反对者主张疾病的病因具有遗传特征或者与个人习惯有关，例如酗酒或是缺乏营养，还受环境条件影响，例如不健康的气候或危险的"瘴气"——下水道、屠宰场或沼泽散发出的气体，微生物仅仅是在患者已经不健康的部位繁衍生长。许多观察者支持这些理论，因为人们可以很容易发现，生活在肮脏条件下的穷人具有很高的死亡率，改善卫生条件具有显著的效果。② 然而，亨勒等许多细菌理论的支持者，认为某种微生物才是传染病的真正原因。

炭疽病作为一种常见的动物传染病，得到了许多科学家的关注。

---

① 魏屹东：《巴斯德：科学王国里一位最完美的人物》，《自然辩证法通讯》1998 年第 4 期。

② Robbins L. E. , *Louis Pasteur and the Hidden World of Microbes*, New York：Oxford University Press，2001，p. 70.

经过法国科学家拉耶、达维恩、勒普拉、雅亚尔，德国医生波伦德、
布劳尔、克莱布斯、蒂格尔等人的研究，到了19世纪70年代，人们
大多都承认炭疽病是一种与微生物有关的传染病。尽管如此，大多数
研究者仍然不相信这种因果关系已经被证明了。反对者认为，炭疽病
可能是由未知的毒素或血液中的其他物质导致的，而不是细菌，并且
炭疽病总是出现在潮湿的地区和潮湿的季节。为了解释这些理论上和
现实中的问题，科赫和巴斯德开启了炭疽病的研究。

二　科赫与巴斯德的炭疽病研究

与以往的流行病学和卫生学研究非常不同，医学细菌学的研究对
象不再是外部宏观的疾病，而是实验室中的细菌。科赫和巴斯德对炭
疽病的研究前提是一样的，他们都认为是某种细菌导致了炭疽病，因
此他们起初的研究目标也是一样的，即证明存在一种导致了炭疽病的
细菌。

1876年，科赫发表了第一篇关于炭疽病研究的论文，[①] 他通过多
项技术创新，在实验室中首次观察到了炭疽杆菌的整个生命周期。科
赫发现细菌可以形成孢子，孢子可以在不利的环境中长期保持活性。
这一发现回答了许多质疑细菌理论的声音，科赫认为，观察者在患病
动物血液中没有发现杆状细菌或者使用没有观察到杆状细菌的血液有
时也可以引发炭疽病，是因为血液中的细菌的形态发生了变化，除了
杆状形态的细菌，生命周期中各种形态的细菌都可以导致炭疽病；炭
疽病总是周期性地出现在潮湿地区和潮湿季节，是因为炭疽杆菌形成
了孢子，只有在适当的温度和湿度的条件下才会再一次生长。科赫发
现，炭疽杆菌在35℃的环境中生长的速度最快；温度提高，40℃的时
候会发育不良，45℃时似乎就不再生长；温度降低，炭疽杆菌的生长

---

① Koch R., "The Etiology of Anthrax, Founded on the Course of Development of the Bacillus Anthracis", in *Essays of Robert Koch*, trans. Carter K. C., Westport: Greenwood Press, 1987, pp. 1 – 17.

速度会越来越慢，低于18℃时炭疽杆菌偶尔才会形成孢子，低于12℃时，炭疽杆菌不再生长。

虽然科赫成功地展示了炭疽杆菌的生命周期，证明了炭疽杆菌可以形成孢子，消除了人们对细菌理论的一些质疑，但是对这些质疑的回应，并不能为证明细菌导致炭疽病提供判决性证据。科赫在接种实验中使用的是含有炭疽杆菌的组织，这根本无法确定是细菌导致了炭疽病，还是组织中的其他物质导致了炭疽病。并且，科赫在论文中的论证也没有什么说服力。科赫指出炭疽病和败血病患者血液中的细菌是不同的，后者的细菌绝不会引起炭疽病，科赫还指出，枯草杆菌和炭疽杆菌在外形上非常相似，但是枯草杆菌也绝不会引发炭疽病。科赫试图通过炭疽杆菌与其他细菌的区分，证明炭疽杆菌是炭疽病的唯一致病因。但是，关于为什么是炭疽组织中的炭疽杆菌而不是其他物质导致了炭疽病的问题，科赫只是说他在显微镜下没有发现任何污染物。这个理由对当时的研究者来说毫无说服力。

虽然从论文看，科赫主要是展示炭疽杆菌的生命周期和生长的性质，对因果性的论证并不严密，但科赫还是认为他证明了炭疽杆菌和炭疽病的因果性，"炭疽病物质，不论是新鲜的、腐烂的或是干燥的，如果它们包含炭疽杆菌或具有活性的孢子，就能且只能引起炭疽病。这消除了对炭疽杆菌是炭疽病的致病因和传染物的所有质疑。"① 科赫凭借着炭疽病研究赢得了一定的声誉，但是与巴斯德的名声仍无可比拟。

1876年在科赫研究炭疽病时，巴斯德正专注于发酵研究，同年巴斯德发表了《啤酒研究》，他推论"我们看到，啤酒和葡萄酒中含有微生物，这种微生物以不可见的令人意外的方式进入酒体，继而大量繁殖，这才造成了酒类的变质。明白了这一点，我们很难不设想同样

---

① Koch R., "The Etiology of Anthrax, Founded on the Course of Development of the Bacillus Anthracis", in *Essays of Robert Koch*, trans. Carter K. C., Westport: Greenwood Press, 1987, p. 13.

的情况会在也应该能在人类和动物的身上出现。"① 虽然巴斯德对微生物和动物之间的关系做了一些推测，但是作为化学家的巴斯德此时关注的仍然是发酵的性质，并没有进入医学研究领域。然而当巴斯德读到科赫的炭疽病研究的文章之后，他立即展开了炭疽病研究，随后的研究重点也都转向了医学领域。在巴斯德看来，一位名不见经传的乡村医生先于自己得出了本应由自己得出的结论，在情感上他无法接受，又加上这名医生还是德国人，来自他从战争爆发就深深仇恨的国度，这就更让他无法接受了。②

1877年2月9日，巴斯德向法国政府申请经费，研究败血症和炭疽病。2月11日，向炭疽病流行的沙特尔（Chartre）市的兽医布岱（Boutet）写信，要求对方给他寄一些染病动物的血液。与科赫不同，巴斯德有着设备精良的实验室，他很快就重复了科赫的实验，并做出了进一步研究。1877年4月，巴斯德发表了第一篇关于炭疽病的论文，他认为达维恩和波伦德之前就已经观察到了炭疽杆菌，他说他在研究丝蚕病时，就已经首次辨识出了孢子，并认为它们可以长期保持活性。巴斯德提到科赫的论文，承认科赫首次发现了炭疽杆菌的生命周期和它的孢子。巴斯德指出，虽然科赫的工作没有完全证明炭疽杆菌是炭疽病的致病因，但是提供了一种判决性证明的方法。在巴斯德看来，至关重要的问题是要证明炭疽杆菌是唯一的致病因，炭疽病患的血液中的其他成分不导致炭疽病。通过观察，巴斯德认为健康动物的体内几乎没有细菌，1863年他就得出过类似的结论。因此，巴斯德认为健康动物可以作为一个无菌的媒介，繁殖炭疽杆菌培养物，如果在繁殖过程中没有观察到其他细菌，那么人们可以确信他们获得了一份纯净培养物。巴斯德发现，通过使用无机培养基繁殖细菌并过滤残余物可以移除杂质，这些分离和过滤出的细菌始终可以引发炭疽病。

---

① ［法］佩罗、［法］施瓦兹：《巨人的对决》，时利和译，海天出版社2018年版，第58页。
② ［法］佩罗、［法］施瓦兹：《巨人的对决》，时利和译，海天出版社2018年版，第58页。

在论文结尾，巴斯德讨论了一些可能导致炭疽病的真正病因：（1）附着于炭疽杆菌上的有毒物质，即使经过分离和过滤，仍可以导致病变；（2）炭疽杆菌分泌的一种物质导致了病变，而不是炭疽杆菌自身；（3）除了炭疽杆菌以外的其他微生物导致了病变，因为它们也可以在培养基中繁殖。巴斯德认为，第一个选择可以通过不断繁殖培养物而消除——如果繁殖的代数足够多，实际上在最后的培养物中几乎不会留下患病动物原初携带的物质；第二个选择并不重要，因为在这一选择中，炭疽杆菌仍然是产生炭疽病的必要条件；第三个选择可以通过像尿液一样的培养基消除，在尿液中人们可以观察到所有其他细菌的繁殖。①

针对这些可能的选择，巴斯德做了一个判决性实验：

我们的做法是连续培养炭疽杆菌，每次做新的移植时，从前一次的培养液里只抽取一滴，滴入大约 50 毫升的新尿液中。稀释比例，第一次是千分之一，第二次是百万分之一，第三次是十亿万分之一。十几次之后，这个比例已经微乎其微，以致用于第一次培养的血液的原液，在最后一次实验中变成了沧海一粟。这滴原液中的所有成分，即我们想研究是否有致病性的那些成分，不管是红血球、白血球，还是任何性质和形状的细小粒子，要不就是在环境改变时被摧毁，要不就是在极端稀释后融入"汪洋"难寻其踪迹。只有炭疽杆菌存活了下来，它在每一次的培养中都能大量繁殖。在最后一次实验得到的培养液中任取一滴，仍然具有跟原液同等的威力，能轻易杀死一只兔子或是一只白鼠。因此我们证明，具有毒性的只能是炭疽杆菌。②

① Carter K. C. , "The Koch-Pasteur Dispute on Establishing the Cause of Anthrax", *Bulletin of the History of Medicine*, Vol. 62, No. 1, 1988, pp. 42 – 57.

② ［法］佩罗、［法］施瓦兹：《巨人的对决》，时利和译，海天出版社 2018 年版，第 60 页。

　　巴斯德认为他利用稀释培养法培养出了纯净的炭疽杆菌，他将纯净的炭疽杆菌接种给实验动物导致了实验动物的死亡，这就判决性地证明了炭疽杆菌是炭疽病的致病因。因此，在巴斯德 1877 年提交给法国科学院的报告中，他明确声明，他已经证明了 1850 年达维恩发现的炭疽杆菌是炭疽病的唯一致病因。

　　总之，科赫认为他在 1876 年的论文中已经解决了因果关系问题。巴斯德认为科赫的工作是非判决性的，他认为他自己在 1877 年首次证明了炭疽杆菌和炭疽病的因果关系。实际上，巴斯德当时对因果关系的论证比科赫的论证更贴近人们的期望，科赫证明接种物质纯净性的唯一证据是显微镜观察，而巴斯德给出了一种看似合理的纯净菌培养方法，因此巴斯德的判决性实验比科赫的论证更具说服力。但是，科赫并不这么认为，他和克莱布斯都认为巴斯德仅仅是重复了蒂格尔在 16 年前实施的实验，他们认为巴斯德根本没有提出新的证据。①

　　1876 年之后，科赫为了让所有人看到他在显微镜下看到的图景，他转向了显微照相术、细菌染色和纯净培养的研究。而 1877 年之后，巴斯德连续发表了多篇关于炭疽病研究的文章，其中 1878 年发表了 7 篇关于炭疽病的研究文章，1879 年发表了 6 篇，1880 年发表了 5 篇。② 在这些研究中，巴斯德细致地研究了畜群之间是如何相互传染的，疾病是如何扩散的问题。巴斯德注意到，一片农场的颜色与别处不同，经询问得知，上一年死于炭疽病的羊被埋在这里。经过仔细观察，巴斯德发现这片农场的土壤表面有许多蚯蚓的排泄物，于是想到，可能是蚯蚓将埋在地下的炭疽杆菌带到了地表，他立即用蚯蚓做实验，将蚯蚓体内的土喂给小白鼠，成功引发了炭疽病。因此，巴斯

　　① Carter K. C., "The Koch-Pasteur Dispute on Establishing the Cause of Anthrax", *Bulletin of the History of Medicine*, Vol. 62, No. 1, 1988, pp. 42 –57.

　　② Carter K. C., "The Koch-Pasteur Dispute on Establishing the Cause of Anthrax", *Bulletin of the History of Medicine*, Vol. 62, No. 1, 1988, p. 50.

德认为，蚯蚓将掩埋在地下的炭疽尸体产生的孢子带到地表，然后在放牧时被牲畜吃掉，引起了炭疽病的流行。为了防止炭疽病的暴发，巴斯德提出永远不要把动物埋在提供草料或是预备饲养牛羊的牧场里。① 此外，虽然巴斯德坚信他在 1877 年的论文中就已经判决性地证明了炭疽杆菌和炭疽病的因果关系，但是他仍然在不断精进他的论证：例如，在一篇论文中，巴斯德将炭疽杆菌繁殖了超过一百代，就是为了确保它们完全从其他疾病物质中分离出来。巴斯德许多其他论文也与炭疽病研究有间接联系——他试着通过使用相同的分离和接种策略辨识其他疾病的致病菌。实际上，巴斯德认为，他的分离和接种方法是唯一确立因果关系的方法。

此外，巴斯德在研究炭疽病的过程中发现了一种现象，"长时间待在被感染土地上的羊群中，有 8 只羊没有患病，实验结束后，我们在它们体内注入炭疽杆菌，有几只仍然活了下来。而没有在被感染土地上待过的同一个种类的新羊，基本都在注射炭疽杆菌后死亡了。"② 受爱德华·琴纳（Edward Jenner）牛痘疫苗研究的启示，巴斯德猜测这些羊肯定是以某种形式获得了免疫力。1879 年到 1880 年，巴斯德、鲁和钱伯兰（Charles Chamberland）一起研究鸡霍乱时，他们发现如果将鸡霍乱的致病细菌培养基放置在空气里，任其老化几个月，细菌就不再具有之前的威力，它们的毒性减弱了。将这种减毒培养液注入鸡的体内，之后再注入新的致病菌，这只鸡就会安然无恙，就跟牛痘可以使人免疫天花一样。1880 年 4 月 26 日，巴斯德向科学院报告了这一研究成果，"如果要更清楚地解释我的实验结果，请允许我用'种痘'这个词来表示给鸡注入减毒病菌。"③ 之后，巴斯德在鲁和钱伯兰的协助下开始了炭疽病免疫的研究。1880 年 9 月，巴斯德成功地

---

① ［法］佩罗、［法］施瓦兹：《巨人的对决》，时利和译，海天出版社 2018 年版，第 63 页。
② ［法］佩罗、［法］施瓦兹：《巨人的对决》，时利和译，海天出版社 2018 年版，第 64 页。
③ ［法］佩罗、［法］施瓦兹：《巨人的对决》，时利和译，海天出版社 2018 年版，第 78 页。

在牛身上发现了之前发生在羊身上的免疫现象，但是与鸡霍乱不同，炭疽杆菌放置在空气中并不会消减毒性，它只会形成孢子，然后再生长，其活力和效力都没有任何变化。与科赫一样，巴斯德也认识到培养温度对炭疽杆菌的影响。巴斯德经过反复实验发现，炭疽杆菌在45℃时就不再生长，但是在42℃和43℃时，它易于培养、生长迅速，但不产生孢子，在这一温度下培养8天，炭疽杆菌的毒性就会减弱。巴斯德将这些减毒的炭疽杆菌注射给白鼠、兔子、羊、牛、马等动物，并没有导致它们死亡，巴斯德还将没有减毒的炭疽杆菌注射到存活下来的羊身上，羊也再次存活了下来。

1881年2月28日，巴斯德的这一研究发表在法国的《科学院纪要》上，很快便传播开来，质疑的声音也随即而来。为了证明自己观点的正确性，1881年5月5日，巴斯德在莫伦农业协会的监督下，在质疑者著名兽医罗西涅尔（Rossignol）在普利堡（Pouilly-le-Fort）的农场中，进行了一场公开实验演示。巴斯德给25只羊注射减毒的炭疽杆菌，另外25只羊不做任何防治处理。5月17日又给注射了减毒炭疽杆菌的羊注射了较强的炭疽杆菌。5月31日，巴斯德给50只羊都注射了毒性很强的炭疽杆菌。6月2日答案揭晓，罗西涅尔在给巴斯德的电报中写道，25只注射过减毒炭疽杆菌的羊都存活了下来，而没有注射减毒炭疽杆菌的羊都死了，实验取得了"非凡的成功"[1]。

相比之下，虽然1876年到1880年之间科赫在几篇论文中提到了炭疽病，但是他仅在1878年关于创伤感染的论文结尾处讨论了炭疽病。在这一简短的讨论中，科赫公布的唯一新结论是炭疽病样本可以利用甲基紫染色。[2]

---

① ［法］佩罗、［法］施瓦兹：《巨人的对决》，时利和译，海天出版社2018年版，第79—80页。

② Carter K. C., "The Koch-Pasteur Dispute on Establishing the Cause of Anthrax", *Bulletin of the History of Medicine*, Vol. 62, No. 1, 1988, pp. 42–57.

三 争论的爆发

1880 年之前巴斯德和科赫研究炭疽病的核心理念是相同的，他们都以"细菌理论"为基础，将炭疽杆菌解释为炭疽病的致病因。他们的细菌学研究之间的共同之处和互补之处，远远大于矛盾与差异。即便是存在差异，也不至于争吵与谩骂，甚至上升到国家层面的冲突。

但是 1880 年之后巴斯德对炭疽疫苗的研究，使得二者的研究内容产生了巨大差异。原本他们都是以寻找致病菌，证明细菌致病理论为目标，但是此后巴斯德转向了预防与治疗，先于科赫走向了医疗实践。由于巴斯德和科赫的微生物研究是当时两国卫生政策制定的重要基础，因此二者研究的优劣直接关系到两国卫生防疫体系的竞争势态。反过来，德法两国国家层面的竞争，必然要求巴斯德和科赫的竞争。

19 世纪，各国政府应对炭疽病的策略主要是登记、相对深地掩埋、消毒和隔离疾病暴发的区域。但是由于繁杂的隔离政策，仅有很少一部分炭疽病例被记录在册，绝大部分的炭疽流行病仍没有被注意到。此外，人们还发现将炭疽尸体深埋之后，牧场仍然会导致炭疽病的流行。

1876 年，科赫在他的论文中明确提出，将炭疽尸体埋在潮湿的牧场中无法阻止炭疽孢子的形成和炭疽病的传播，反而会促进它们的形成和传播。科赫说防控炭疽病最好的方法是消灭所有包含炭疽杆菌的物质，但不论是使用化学方法还是使用高温加热的方法，面对数量巨大的炭疽尸体，都不具有可操作性。通过对炭疽杆菌生命周期的研究，科赫认识到了炭疽杆菌的性质和形成孢子的条件，因此他认为如果可以防止孢子发芽生成杆菌或者尽量缩短这一过程，炭疽病就会逐渐减少，并最终消失。

科赫认为，炭疽杆菌形成孢子、孢子长成炭疽杆菌主要有三个条件，潮湿的环境、接触空气和温度在 15℃ 到 40℃ 之间。由于干燥和高温都不具有可操作性，因此科赫主要是从低温入手提出防控炭疽病的策略。科赫发现在欧洲，地下 8 米到 10 米温度总是保持在 15℃ 以下，他建议将炭疽尸体以这个深度埋在远离牧场的地方，并严格地密封起来，防止被人偷窃。此外，干燥的土壤或低地下水位的地区也可以防止孢子的生长，将炭疽尸体掩埋在这些地方也是安全的。科赫指出严格执行这些措施，可以防止炭疽病的暴发。[①]

1880 年之前，巴斯德和科赫的炭疽病研究在方法上有些许不同，但是他们得出的结论和防控策略基本上是一致的。但是 1880 年之后，巴斯德对炭疽疫苗的研究则打破了这种平衡。1881 年炭疽疫苗取得成功之后，巴斯德就开始广泛地宣传通过接种疫苗防控炭疽病。法国的兽医学家、卫生学家、农场主、政府防疫部门等都以巴斯德的疫苗为核心展开行动，炭疽疫苗很快便成为法国防控炭疽病的重要手段，并逐渐扩展到全世界。巴斯德也被塑造为民族英雄，称他从炭疽病的魔爪中挽救了数以百万计的牛羊。巴斯德在科赫取得重要的研究成果之后，一跃超过科赫，在国际上产生了巨大的影响力。

虽然巴斯德和科赫都知道对方的名字，但是他们从未谋面，对对方的研究也只是零星的认知。1881 年 8 月在伦敦举办的第七届国际医学大会为巴斯德和科赫的见面提供了契机。他通过强调他的发酵研究对李斯特和达维恩的影响，提醒大家他才是微生物学的创始人。他还介绍了他的鸡霍乱和炭疽病的研究。虽然巴斯德提到了科赫，但是他强调 1870 年他在研究蚕病时就发现了孢子的存在，他才是第一个发现细菌孢芽的人。巴斯德虽然承认科赫是第一个发现炭疽杆菌孢子的人，但是认为发现炭疽杆菌致病性的人不是德国人科赫，而是法国人达维恩。巴斯德还讲述了牧场暴发炭疽病的原因——蚯蚓将炭疽孢子

① Koch R．，"The Etiology of Anthrax, Founded on the Course of Development of the Bacillus Anthracis", in *Essays of Robert Koch*，trans. Carter K. C.，Westport：Greenwood Press，1987，p. 14.

从地下带到了地上，并介绍了炭疽疫苗的研究，呼吁通过注射减毒的炭疽杆菌防控炭疽病。巴斯德的演讲获得了热烈的鼓掌，他也受到了至尊的礼遇。巴斯德在给妻子的信中骄傲地写道，威尔士亲王和普鲁士王子都非常赞赏他的研究，普鲁士王子还主动向他自我介绍，在这么多外国人面前得到如此礼遇，他非常自豪。①

虽然在这次会议上，科赫没有获得公开演讲的机会，但是 1881 年 8 月 8 日在李斯特的安排下，科赫在李斯特的实验室中展示了微生物研究的新技术——显微摄影术和固态培养基纯净培养法。巴斯德也观看了这一演示，展示之后，巴斯德握着科赫的手称赞道："这是伟大的进步，先生"。这是巴斯德和科赫的第一次见面，看似和谐的场景下，暗流涌动。

国际医学大会结束之后，1881 年底，科赫首掀战火，科赫在《帝国卫生署通讯》上发表《论炭疽病病因学》一文，②猛烈地批评了巴斯德在伦敦国际医学大会上报告的微生物研究。除了攻击巴斯德的鸡霍乱减毒研究和炭疽疫苗研究外，科赫还直接否认了巴斯德所有的传染病研究。科赫谴责巴斯德在接种实验中使用不纯净的培养物，导致了一系列的错误，甚至认为巴斯德根本没有观察到炭疽杆菌复杂的形态。

在科赫看来，巴斯德的研究对疾病病因学没有任何贡献，"仅有少量巴斯德对炭疽病的信念是新的，并且它们还是错误的"。③科赫批评巴斯德混淆了炭疽杆菌和其他类似的细菌，由于巴斯德没有将炭疽杆菌与其他疾病的致病菌作对比，因此巴斯德可能从没有观察到炭疽

---

① ［法］佩罗、［法］施瓦兹：《巨人的对决》，时利和译，海天出版社 2018 年版，第 82—83 页。

② Koch R., "On the Etiology of Anthrax", in *Essays of Robert Koch*, trans. Carter K. C., Westport：Greenwood Press, 1987, pp. 57 – 82.

③ Koch R., "On the Etiology of Anthrax", in *Essays of Robert Koch*, trans. Carter K. C., Westport：Greenwood Press, 1987, p. 65.

杆菌。科赫认为巴斯德的一些实验是无价值的和稚嫩的，他嘲讽了巴斯德关于鸡和蚯蚓的研究。[①] 科赫还批评了巴斯德对因果性的论证，认为巴斯德并没有做出炭疽杆菌是炭疽病真正和唯一致病菌的判决性证明[②]。

此外，科赫和他的同事还针对巴斯德减毒方法的有效性提出了强烈的批评。为了减弱炭疽培养物的毒性，巴斯德建议在43℃下培养炭疽杆菌，他认为这一温度可以防止孢子的形成，无法形成孢子的炭疽杆菌就是减毒的炭疽杆菌。然而，科赫发现在43℃下炭疽杆菌可以在平板培养基上很好地生长。由于巴斯德没有使用平板培养基，因此科赫认为巴斯德相关的观察是不清楚的。科赫和他的同事认为，虽然巴斯德在普利堡的炭疽免疫实验取得了成功，但是巴斯德将成功错误归因，再进行一次的话可能无法成功。[③]

由于巴斯德无法阅读德语，因此他并没有意识到科赫及其同事对他的强烈抨击。直到1882年2月20日，法国《卫生局与卫生杂志》刊登了科赫这篇文章的译文，巴斯德才得知这位在伦敦与他热情握手的人对他竟有如此大的成见，不过巴斯德表现得非常平静，并没有立即撰文反驳科赫。然而，这篇译文却引起了整个法国科学界的不满，巴斯德理论的忠实拥护者，巴黎著名的兽医布雷（Henri Bouley）在3月份的《兽医学评论》上发表论文，逐条驳斥了科赫的观点，并质疑科赫为什么不在伦敦世界医学大会上当着广大医学界同人的面批评巴斯德的观点。[④]

1882年4月巴斯德获得了一个证明自己观点的好机会，柏林兽医

① Koch R. ,"On the Etiology of Anthrax", in *Essays of Robert Koch* , trans. Carter K. C. , Westport：Greenwood Press, 1987, p. 67.

② Koch R. ,"On the Etiology of Anthrax", in *Essays of Robert Koch* , trans. Carter K. C. , Westport：Greenwood Press, 1987, p. 64.

③ Brock T. D. , *Robert Koch：A Life in Medicine and Bacteriology* , Washington, D. C. ：ASM Press, 1998, p. 172.

④ ［法］佩罗、［法］施瓦兹：《巨人的对决》，时利和译，海天出版社2018年版，第86页。

学校的罗洛夫（Roloff）教授致信巴斯德实验室，想要获取一些炭疽疫苗。巴斯德要求公开使用这些炭疽疫苗，在德国做一次"普利堡"实验。经普鲁士农业部部长的同意，由部长的私人顾问拜尔（Beyer）、著名的菲尔绍和一些兽医界和科学界的权威人士组成了一个委员会，这个委员会负责组织和监督这次实验。巴斯德深谙两国之间的竞争关系，他派出了自己的亲信蒂利埃亲自负责接种；出于谨慎，他还通过外交渠道寄送疫苗。实验目的非常明确，就是要让诽谤者科赫哑口无言。巴斯德对法国大使说，"我们必须打赢这一仗"。1882年4月，蒂利埃展开了炭疽疫苗的接种实验，第一批接种出现了一些差错，25只羊中，有3只在第二次注射后死亡了，但是在委员会的严密监督下，蒂利埃进行了第二次注射，他给250只羊注射了新的疫苗，这次取得了成功。委员会发出官方通报，证明炭疽疫苗确实有效。[①] 虽然这次实验取得了成功，但是科赫并没有正式承认自己的错误。而且最应该成为委员会成员的科赫，也没有出现在委员会的名单中。普鲁士农业部部长的私人顾问拜尔道出了实情，这次实验是为普鲁士王国做的，而科赫属于德意志帝国卫生署，科赫没有职责为普鲁士王国工作。实际上，德意志帝国和普鲁士王国也存在一定程度上的竞争关系。

1882年3月24日，科赫发表了著名的结核病研究文章，很快便在德国引起了轰动。来到德国进行疫苗实验的蒂利埃得知消息后，便立即参观了科赫的实验室。4月12日在蒂利埃写给巴斯德的信中，蒂利埃称科赫的结核病研究是重大的发现，很有说服力，还将他参观科赫实验室的纪要一同寄给了巴斯德。但是在信中，蒂利埃还说了一些科赫的坏话，"科赫先生不受同事待见。局长施特鲁克（Heinrich Struck）是个无知而善弄权术的人，他能坐上这个位

---

① ［法］佩罗、［法］施瓦兹：《巨人的对决》，时利和译，海天出版社2018年版，第87页。

子，全凭他曾经当过俾斯麦的私人医生。施特鲁克很不受欢迎，而被他保护的科赫先生，也连带着跟主子一起被鄙视。而且，因为出身于小城市，没有在科学中心待过，科赫有点土气，说话一点都不文雅。"①

结核病研究使得科赫声名鹊起，科赫的研究不仅是德国关注的焦点，而且也是世界关注的焦点，科赫的文章很快被翻译为法语、英语发表在重要的医学期刊上。在这篇论文中，除了详细地介绍分离、培养和接种结核杆菌的方法，科赫最重要的工作是给出了证明结核杆菌和结核病因果关系的证明方法，即后来的"科赫原则"。以这一原则为基础，科赫承认他证明炭疽病因果性的尝试不是判决性的，但是他也没有认可巴斯德的证明方法，科赫始终认为巴斯德使用的液态培养基无法分离出纯净培养物。

1882 年 9 月 5 日，在瑞士日内瓦举办的第四届国际卫生学和人口学大会上，巴斯德和科赫有了一次正面交锋。在会议上，巴斯德首先介绍了他关于"病菌减毒"的研究，而后逐条回应了科赫及其学生对炭疽病、减毒、败血症和蚯蚓作用的批评。巴斯德认为科赫及其学生的批评都站不住脚，这些批评显示出了他们的认知错误和经验匮乏。巴斯德认为他自己遵循的证明因果关系的方法已经达到了科学研究的现存标准，而科赫最初的炭疽病研究是非判决性的，不仅他这么认为，许多观察者也都这么认为。

在巴斯德发言期间，科赫表现得异常激动，好几次都不耐烦地站起来想要打断发言，但是当巴斯德发言结束后，科赫登台仅仅说，巴斯德的演讲没有新的内容。关于巴斯德对他的攻击，科赫以他不懂法语，巴斯德不懂德语，无法进行有效对话为由，不立即做出回应，决定之后通过医学杂志做出正式回应。科赫的这一反应倒也不是退缩，

① ［法］佩罗、［法］施瓦兹：《巨人的对决》，时利和译，海天出版社 2018 年版，第 88 页。

因为他真的不懂法语，他之所以在巴斯德发言时异常激动，是因为他将巴斯德口中多次提到的"德国的文集"理解成了"德国的傲慢"①，为了避免这种不必要的误解，科赫的做法也是可以理解的。但是面对科赫的逃避，巴斯德认为已经完全击败了对手。在 9 月 8 日写给自己学生的信中，巴斯德称"科赫的行为荒谬可笑，就像是一个小丑"。并在两周后写给自己儿子的信中写道，"这是法国的胜利；这正是我此行的全部目的"②

1882 年底，科赫发表了一本小册子《关于炭疽疫苗：回应日内瓦巴斯德的发言》。在这本小册子中，科赫写道，他在去日内瓦之前阅读了一些巴斯德的减毒研究，但是在会议上并没有听到什么新的内容。科赫指出，巴斯德对他的批评只是语言上的攻击，没有实际的证据，并且大多数情况下都是以愤怒的语言表达自己的观点，因此他当时才在短暂抗议后，保留了自己的意见。③

科赫在文章中对比了自己和巴斯德研究方法的不同，认为只有他现在使用的分离和接种策略才是"达到当前科学标准的唯一方法"。④科赫认为巴斯德的实验方法存在缺陷，无法获得纯净的物质，巴斯德接种这些不纯净的物质，使用不适合的实验动物，导致他的实验结果并不可靠。⑤科赫还提到关于炭疽孢子和炭疽病研究的优先权问题根

---

① 科赫误将法语的"文集"（Recueil）听成了"傲慢"（Orgueil）。

② Brock T. D. , *Robert Koch*：*A Life in Medicine and Bacteriology*, Washington, D. C. : ASM Press, 1998, pp. 174 – 175.

③ Koch R. , "Über die Milzbrandimpfung. Eine Entgegnung auf den von Pasteur in Genf Gehaltenen Vortrag", in Schwalbe J. , *Gesammelte Werke von Robert Koch. Bd* Ⅰ, Leipzig：Thieme, 1912, p. 207.

④ Koch R. , "Über die Milzbrandimpfung. Eine Entgegnung auf den von Pasteur in Genf Gehaltenen Vortrag", in Schwalbe J. , *Gesammelte Werke von Robert Koch. Bd* Ⅰ, Leipzig：Thieme, 1912, p. 209.

⑤ Koch R. , "Über die Milzbrandimpfung. Eine Entgegnung auf den von Pasteur in Genf Gehaltenen Vortrag", in Schwalbe J. , *Gesammelte Werke von Robert Koch. Bd* Ⅰ, Leipzig：Thieme, 1912, p. 211.

本没有必要争论，他 1876 年就发表了论文，而巴斯德 1877 年才发表。① 巴斯德认为牧场上炭疽病的流行是因为蚯蚓将炭疽孢子从地下带到了地上，牛羊的嘴被划破接触到孢子或者食用了孢子，而科赫指出一些没有埋炭疽尸体的牧场也出现了炭疽病，蚯蚓的作用完全是多余的，而且他重复了巴斯德的实验，并没有得出与巴斯德同样的结论。② 虽然科赫承认了巴斯德消减了细菌的毒性，但是他并不认同细菌的免疫作用，因为科赫用兔子、豚鼠和小鼠重复巴斯德的炭疽疫苗实验时，这些动物无一幸免全都死了，并且在给马注射炭疽疫苗的实验中，马也没有获得免疫力。炭疽疫苗仅在牛羊身上取得了成功，③但即使是牛羊接种炭疽疫苗也有一定的死亡率。科赫批评巴斯德掩盖了这一点并吹嘘要将疫苗使用在小孩身上。④ 科赫还批评了蒂利埃在德国的炭疽免疫实验，认为他利用无毒的疫苗操控实验，只讲有利的情况，掩盖失败的经历，在报告中对失败的情况只字不提。⑤ 科赫在文章的最后说道，现在庆祝免疫接种还为时过早，称巴斯德为法国的琴纳也并不合适，毕竟琴纳的成功直接造福于人类，而不仅是牛羊。⑥

---

① Koch R., "Über die Milzbrandimpfung. Eine Entgegnung auf den von Pasteur in Genf Gehaltenen Vortrag", in Schwalbe J., *Gesammelte Werke von Robert Koch. Bd I*, Leipzig: Thieme, 1912, p. 213.

② Koch R., "Über die Milzbrandimpfung. Eine Entgegnung auf den von Pasteur in Genf Gehaltenen Vortrag", in Schwalbe J., *Gesammelte Werke von Robert Koch. Bd I*, Leipzig: Thieme, 1912, p. 214.

③ Koch R., "Über die Milzbrandimpfung. Eine Entgegnung auf den von Pasteur in Genf Gehaltenen Vortrag", in Schwalbe J., *Gesammelte Werke von Robert Koch. Bd I*, Leipzig: Thieme, 1912, p. 216.

④ Koch R., "Über die Milzbrandimpfung. Eine Entgegnung auf den von Pasteur in Genf Gehaltenen Vortrag", in Schwalbe J., *Gesammelte Werke von Robert Koch. Bd I*, Leipzig: Thieme, 1912, p. 220.

⑤ Koch R., "Über die Milzbrandimpfung. Eine Entgegnung auf den von Pasteur in Genf Gehaltenen Vortrag", in Schwalbe J., *Gesammelte Werke von Robert Koch. Bd I*, Leipzig: Thieme, 1912, p. 226.

⑥ Koch R., "Über die Milzbrandimpfung. Eine Entgegnung auf den von Pasteur in Genf Gehaltenen Vortrag", in Schwalbe J., *Gesammelte Werke von Robert Koch. Bd I*, Leipzig: Thieme, 1912, p. 231.

巴斯德以公开信的形式回应了科赫。巴斯德惊讶于科赫及其学生对他的恶意攻击。巴斯德回顾了自己对医学和科学的贡献,提到了几名杰出的研究者,包括达维恩和李斯特,并称他们俩都是以自己早期的研究为基础展开研究的。巴斯德还回顾了炭疽病的研究历史,虽然承认科赫首次发现了炭疽孢子,但是反复说他是第一个发现孢子的人。巴斯德再一次阐述了自己的因果性论证,并称自己得到了诸多研究者的肯定。巴斯德的回应一经发表,就立即遭到了科赫的反驳。[①]

1884 年科赫发表了一篇长文,基于对豚鼠、兔子、牛、羊做的细致实验,强烈批评了巴斯德试图削弱炭疽杆菌毒性的做法。[②] 1887 年科赫质疑了法国接种炭疽疫苗有效性的统计数据。根据科赫自己的调查,注射疫苗和不注射疫苗的牛羊死亡率差不多,科赫认为巴斯德的炭疽疫苗不具有实际价值。[③] 但是,当时巴斯德的许多研究(例如狂犬病研究)都获得了成功,这些研究也证实了巴斯德的一些观点。因此巴斯德仅做了一些简要回应,并没有再跟科赫就炭疽病问题继续争论。1887 年之后,巴斯德大多数学术著作都是关于狂犬病的;1895年巴斯德去世。1887 年之后,科赫继续对其他细菌疾病做了大量的研究,但很少在他的论文中提及炭疽病。[④]

四 作为行动者的国家

人们可以从不同的视角评价科赫和巴斯德的争论。但是可以看

① Carter K. C. , "The Koch-Pasteur Dispute on Establishing the Cause of Anthrax", *Bulletin of the History of Medicine*, Vol. 62, No. 1, 1988, pp. 42 – 57.

② Koch R. , "Experimentelle Studien über die künstliche Abschwächung der Milzbrandbazillen und Milzbrandinfektion durch Fütterung", in Schwalbe J. , *Gesammelte Werke von Robert Koch. Bd Ⅰ*, Leipzig: Thieme, 1912, pp. 232 – 270.

③ Koch R. , "Über die Pasteurschen Milzbrandimpfungen", in Schwalbe J. , *Gesammelte Werke von Robert Koch. Bd Ⅰ*, Leipzig: Thieme, 1912, pp. 271 – 273.

④ Carter K. C. , "The Koch-Pasteur Dispute on Establishing the Cause of Anthrax", *Bulletin of the History of Medicine*, Vol. 62, No. 1, 1988, pp. 42 – 57.

到，1880 年出现的两个转变成为之后巴斯德和科赫冲突的根源。第一个是身份上的转变，1880 年科赫被任命为皇家帝国卫生署的研究员，成为德国细菌学的代言人；第二个是细菌学研究方法的转变，1880 年之后巴斯德转向了炭疽疫苗的研究，而科赫仍然专注于证明细菌理论和辨识疾病的致病菌。

第一个转变比较好理解，初出茅庐的科赫在国际声誉和影响力上远远不及巴斯德，即便是在 1876 年发表了炭疽病研究的文章后，科赫在德国也只能算是小有名气。虽然二者可能都听说过对方的名字，但是由于巴斯德不太懂德语，科赫的法语也只是刚刚及格的水平，所以他们很可能没有仔细研读过对方的研究。从整体上看，二者没有什么产生冲突的理由。但是 1880 年之后则完全不同，科赫成为皇家帝国卫生署的研究员之后，他的核心工作之一就是收集细菌学研究，制定相关的卫生政策，因此他肯定会读到巴斯德的著作。由于所处立场的不同，科赫必然会通过批评巴斯德的观点，维护自身的观点。第二个转变则不仅仅造成了他们研究观点上的分歧，而且直接导致了法国和德国国家利益的冲突。

在以往的认知中，人们普遍认为科学和社会是二分的，巴斯德和科赫在实验室中的研究通常被认为是客观的科学研究，他们是要找出自然界普遍存在的客观规律。即便是分析巴斯德和科赫的性格、信仰和爱国主义，也是在默认科学本身具有合理性的前提下，分析这些社会因素如何促进或者阻碍他们的科学研究，科学研究始终是一个"黑箱"。拉图尔对巴斯德的研究为本书提供了一种新的思路，他认为"在巴斯德实验室的最深处、在他最具技术性的科学工作中，藉由将某些最重要的行动者移位，巴斯德主动、且直接地（并非间接地）改变了他所身处的社会"[1]。通过将实验室看作社会网络的一环，将炭疽

---

[1]　吴嘉苓、傅大为、雷祥麟：《科技渴望社会》，群学出版有限公司 2004 年版，第 244 页。

杆菌看作网络中的行动者，拉图尔讲述了一个通过实验室转译社会现象，再从实验室将科学成果推及社会的故事，打破了以往宏观与微观、外部与内部、社会与科学之间的壁垒。

从拉图尔的观点出发，本书认为科赫与巴斯德都是将宏观的炭疽流行病转译为实验室中微观的炭疽杆菌，从而使得在宏观层面无法通过控制各类因素进行研究的炭疽病，成为实验室中可以任人摆弄的炭疽杆菌。科赫和巴斯德成功地说服了所有人炭疽杆菌和炭疽病存在因果关系，这不仅仅是实验室科学的成功，而且还是以实验室研究为中心的整个社会网络的成功。

但是，作为法国人的巴斯德和作为德国人的科赫实际上身处两个不同的社会网络，看似单纯的科学研究实际上与社会和国家的方方面面产生着相互影响。两个网络之间的矛盾与竞争，可以体现为法国和德国的政治斗争，同样也可以体现为巴斯德与科赫在实验室中的竞争。然而，由于宏观的政治斗争涉及的因素过于广泛，难以把控，因此实验室中的可控实验就成为两个网络相互竞争的核心地带，实验室的成果直接影响着整个网络的胜利与否。国家作为行动者，为了取得政治和经济层面的胜利，就不得不倾力支持实验室，并向实验室施压。因此，科赫与巴斯德的炭疽杆菌之争，不单纯的是科学之争，更是国家之争。

第三节　前观念的影响：结核菌素研究

虽然科赫一生在细菌学领域做出了巨大的贡献，但是人无完人，科赫也会做出许多偏离事实，甚至完全错误的判断。前几节讨论了观念差异、政治目的、国家竞争等因素对科学研究的影响。本节主要以科赫个人为中心，讨论科学研究可能受到先前研究的限制和影响。

科赫一生中有两次迅速轰动世界的公开报告。第一次是 1882 年 3

月 24 日，在柏林生理学学会上报告的"论结核病"①，他清晰地论证了结核杆菌是结核病的致病因，消除了长期以来人们对结核病病因的困惑；第二次是 1890 年 8 月 4 日，在柏林第十届国际医学大会上报告的"论细菌学研究"②，他介绍了一种可以治疗结核病的药物（后来被命名为结核菌素 Tuberkulin），为广大结核病患者带来了希望。然而，与第一次报告所产生的深远影响不同，第二次报告引起轰动后不久，就引发了大量的质疑和批评，致使科赫的名誉受到极大的损害。

如今用结核菌素进行治疗通常被视为一种错误。③ 但是，即使面对大量的批评，科赫始终坚信结核菌素具有治疗功效，直到 1901 年还在发表利用结核菌素治疗肺结核的论文，④ 并且没有任何文献可以证明科赫生前意识到了结核菌素的错误。科赫之所以一直都没有意识到或者承认结核菌素的错误，是因为结核菌素研究在科赫的细菌学观念中是起作用的，科赫的结核菌素研究很大程度上受到了先前研究的影响。

一　科赫的结核病观念

正如之前章节所论述的，科赫在开始从事科学研究的时候就已经接受了"细菌致病说"，并且在研究结核病之前，就已经形成了一套完整的细菌学研究方法，即后人总结的"科赫原则"。通过这一方法，科赫证明了结核杆菌是结核病的致病因，还以此定义了结核病，认为

① Koch R. , "The Etiology of Tuberculosis", in *Essays of Robert Koch*, trans. Carter K. C. , Westport: Greenwood Press, 1987, pp. 83 – 96.

② Koch R. , "Über Bakteriologische Forschung", in Schwalbe J. , *Gesammelte Werke von Robert Koch. Bd I*, Leipzig: Thieme, 1912, pp. 650 – 660.

③ 伦敦国王学院医学院福斯特博士曾写道，"在读科赫关于结核菌素的文章时，很难相信这出自同一作者之手。"参见 Foster W. D. , *A History of Medical Bacteriology and Immunology*, London: William Heinemann Medical Books, 1970, p. 62。甚至有学者认为，科赫误导群众和暗自追求商业利益，实际上是一种欺骗行为。参见 Ligon B. L. , "Robert Koch: Nobel Laureate and Controversial Figure in Tuberculin Research. Seminars in Pediatric Infectious Diseases", *WB Saunders*, Vol. 13, No. 4, 2002, pp. 289 – 299。

④ Koch R. , "Über die Behandlung der Lungentuberkulose mit Tuberkulin", in Schwalbe J. , *Gesammelte Werke von Robert Koch. Bd I*, Leipzig: Thieme, 1912, pp. 566 – 567.

结核杆菌是结核病的必要条件。科赫在其论文中总结道，"结核物质中的结核杆菌不仅出现在结核病中，而且导致了结核病。这些杆菌是结核病的真正致病因。"①

科赫的细菌学观念实际上是一种还原论，他将疾病还原为他所能观察到的最小单位——细菌，将细菌视为疾病的基本构成，不论患传染病的机体是什么样的，细菌总会在显微层面产生相同的症状。② 在结核病的研究中，科赫认为结核杆菌对应的症状就是组织中的结核节。通过接种结核杆菌的纯净培养物，科赫在动物实验中再现了这一特定疾病。由于在结核节中总能看到结核杆菌，纯净培养的结核杆菌又可以稳定地导致结核节的出现，因此，科赫成功构建了一种结核病和结核杆菌的相互定义的关系，即结核病有且只有一种致病因——结核杆菌，结核杆菌也只会引发一种疾病——结核病。

在科赫的观念中，健康的机体完全不携带致病菌，致病菌的出现意味着病理过程的开始。虽然原则上一个细菌就可以导致疾病，但是细菌的数量与疾病过程仍然有着密切的联系。科赫在实验过程中观察到，结核节的快速形成意味着结核杆菌的大量繁殖；结核节爆发期过去之后，结核杆菌的数量通常也会下降，最后仅会有少量杆菌残留在结核节的边缘，并且它们难以被染色和辨认，科赫推测它们正在死亡或者已经死亡；最终，它们可能会完全消失。但是它们很少完全消失，如果它们完全消失了的话，则证明结核过程终止。③ 科赫发现，结核节最后会形成一种干酪样坏死，在干酪样坏死中几乎观察不到有结核杆菌的存在，因此，干酪样坏死不再被视为具有毒性的传染物

① Koch R., "The Etiology of Tuberculosis", in *Essays of Robert Koch*, trans. Carter K. C., Westport: Greenwood Press, 1987, p. 93.

② Gradmann C., "Robert Koch and the White Death: From Tuberculosis to Tuberculin", *Microbes and Infection*, Vol. 8, No. 1, 2006, pp. 294 – 301.

③ Koch R., "The Etiology of Tuberculosis", in *Essays of Robert Koch*, trans. Carter K. C., Westport: Greenwood Press, 1987, p. 85.

质，而被视为病理过程的终止。[1]

通过对结核杆菌的研究，科赫形成了对结核病性质的两个基本认知：第一，结核杆菌是结核病的唯一致病因；第二，结核杆菌数量的多少大致可以显示出结核病的入侵阶段、感染阶段和爆发阶段，结核杆菌的消失意味着结核过程终止。这两个核心观点与科赫之后的结核菌素研究有着最直接的关联，可以说它们构成了结核菌素研究的理论基础。

二 结核菌素的起与落

1885 年，科赫成为柏林大学卫生学研究所所长之后，几乎停止了他手上的研究工作。其原因之一是从研究院所进入大学之后，由于身份发生了改变，导致科赫不得不为授课和考试等新职责分出时间；[2]原因之二是科赫把大量的时间花在了讲座和政府咨询上，并设法通过社交，延长他的假期，而不是在实验室工作；[3] 原因之三可能是家庭问题，科赫与他的首任妻子埃米·弗拉茨（Emmy Fraatz）于 1893 年6 月正式离婚，结束了 26 年的婚姻。1889 年科赫结识了只有 17 岁的海德薇格·弗赖贝格（Hedwig Freiberg），并于 1893 年 9 月结婚。[4]

但是，1889 年年末，科赫突然回到实验室工作，并且是完全独立的闭门工作，甚至一连好几天都不跟人说话。虽然人们猜测科赫可能是在做某项重要的工作，但是唯一能证明科赫正在工作的证据是从实

① Gradmann C. , "Robert Koch and the White Death: From Tuberculosis to Tuberculin", *Microbes and Infection*, Vol. 8, No. 1, 2006, pp. 294 – 301.

② Gradmann C. , "Money and Microbes: Robert Koch, Tuberculin and the Foundation of the Institute for Infectious Diseases in Berlin in 1891", *History and Philosophy of the Life Sciences*, No. 22, 2000, pp. 59 – 79.

③ Brock T. D. , *Robert Koch: A Life in Medicine and Bacteriology*, Washington, D. C.: ASM Press, 1998, p. 195.

④ Brock T. D. , *Robert Koch: A Life in Medicine and Bacteriology*, Washington, D. C.: ASM Press, 1998, p. 232.

验室运出的大量的豚鼠尸体。①

1890 年 8 月 4 日，科赫在柏林第十届国际医学大会上公布了这项秘密研究的成果，他发现了一种可以对抗结核病的药物。这一研究震动了整个医学界，相关新闻迅速传遍全世界。伟大的科赫再一次取得了成功，这一次甚至比发现结核杆菌更令人振奋。当时，虽然细菌学揭示了很多传染病的本质，但是却没有研制出任何可以对付细菌的药物。甚至有些医生还以细菌研究在治疗上并没有做出贡献为由，而批评"新兴的细菌学"。但是这一次，细菌学研究不仅促进了一种药物的发现，而且发现的还是一种可用于治疗当时最为严重的传染病的药物。②

科赫的研究结果一经发布，便激起了公众的极大热情。从疗养院到整个欧洲的医院，数千名患者涌入柏林寻求治疗。由于医院无法承接这么多人，以致许多人就住在宾馆或者出租房，甚至住在街上，他们的目的只有一个，就是能够早日注射科赫的"药水"（lymph)"。③英国著名外科医生李斯特和著名作家柯南·道尔（Arthur Conan Doyle）也慕名来到柏林，拜访科赫，并完全正面和积极地评价了科赫的伟大发现。美国医生特鲁多（Edwatd L. Trudeau）回忆说，从报纸上得知科赫"药剂"之后，整个纽约萨拉纳克湖（Saranac Lake）疗养院都弥漫着激动人心的情绪，为了防止他的病人冲向柏林寻求治疗，他做了他所能做的一切。④

---

① Brock T. D., *Robert Koch*: *A Life in Medicine and Bacteriology*, Washington, D. C.: ASM Press, 1998, p. 195.

② Brock T. D., *Robert Koch*: *A Life in Medicine and Bacteriology*, Washington, D. C.: ASM Press, 1998, p. 196.

③ Brock T. D., *Robert Koch*: *A Life in Medicine and Bacteriology*, Washington, D. C.: ASM Press, 1998, p. 196.

④ Brock T. D., *Robert Koch*: *A Life in Medicine and Bacteriology*, Washington, D. C.: ASM Press, 1998, pp. 206–209.

然而，不论是出于商业利益[1]还是为了防止药物滥用[2]，科赫在公布治疗药物之后却对药物的性质和制备方法闭口不谈，甚至还给出了一些误导性解释。[3] 并且由于科赫"药剂"临床治疗效果并不好，还出现了一些严重的副作用，部分医生开始质疑科赫"药剂"，并强烈要求科赫公开"药剂"信息。

1890 年 11 月"药剂"（即结核菌素）正式发布[4]，科赫紧跟着就发表了《关于对抗结核病的药剂的进一步信息》，文章中说明了"药剂"并不会杀死结核杆菌，而只是导致结核组织坏死；详细介绍了药物的诊断和治疗功能，以及使用方法和剂量；并称身体疼痛、咳嗽、疲劳、恶心、呕吐、体温升高等是正常的药物反应。[5] 但他仍然没有公开药物的配方。科赫对药物成分的再次隐瞒，引起了医学界的极大不满，以致批评的声音越来越大。

面对压力，1891 年 1 月科赫发表《关于对抗结核病的药剂的后续信息》，再次描述了"药剂"在动物实验中的成功；详细介绍了"药剂"是如何导致结核组织坏死，从而治疗结核病的原理；并公布了"药剂"是结核杆菌纯净培养物的甘油提取物。[6]

然而"药剂"成分的公开，并没有消除人们对"药剂"的质疑。虽然科赫学派内部仍然坚信"药剂"的有效性，但是来自临床和生理

① Gradmann C., "Money and Microbes: Robert Koch, Tuberculin and the Foundation of the Institute for Infectious Diseases in Berlin in 1891", *History and Philosophy of the Life Sciences*, No. 22, 2000, pp. 59 – 79.

② Brock T. D., *Robert Koch: A Life in Medicine and Bacteriology*, Washington, D. C.: ASM Press, 1998, pp. 202 – 203.

③ Gradmann C., "Robert Koch and the White Death: From Tuberculosis to Tuberculin", *Microbes and Infection*, Vol. 8, No. 1, 2006, pp. 294 – 301.

④ Gradmann C., "Robert Koch and the White Death: From Tuberculosis to Tuberculin", *Microbes and Infection*, Vol. 8, No. 1, 2006, pp. 294 – 301.

⑤ Koch R., "Weitere Mitteilungen über ein Heilmittel gegen Tuberkulose", in Schwalbe J., *Gesammelte Werke von Robert Koch. Bd I*, Leipzig: Thieme, 1912, pp. 661 – 668.

⑥ Koch R., "Fortsetzung der Mitteilungen über ein Heilmittel gegen Tuberkulose", in Schwalbe J., *Gesammelte Werke von Robert Koch. Bd I*, Leipzig: Thieme, 1912, pp. 669 – 672.

学研究的医生对科赫"药剂"提出了进一步批评。之前支持过科赫的德国医学权威菲尔绍在 1891 年从病理解剖学角度批评了科赫。菲尔绍认为，结核组织的坏死决不意味着病理过程的结束。在坏死组织的边缘仍然可以检测到新的结核节，结核菌素无法终结病理过程。结核菌素的应用很可能会导致细菌在人体内的迁移，从而加剧病情。① 德国著名的实验室医学评论家罗森巴赫（Ottomar Rosenbach）在 1891 年发表的书的附录中专门批评了科赫的研究方法。罗森巴赫根据一系列结核菌素临床试验的结果集中调查了注射结核菌素后的发烧症状。他认为发烧症状凸显了结核菌素的危险性，更重要的是，不同类型的发烧症状似乎与科赫关于结核菌素治疗和诊断的观点并不相容。药效或者适应性可以更好地解释体温上升，而不是科赫所说的剂量。因此，罗森巴赫建议将疲劳、发烧等症状视为结核菌素危险的副作用，而不是诊断为正常反应。②

但由于大部分批评都只是来自临床研究，并没有动摇科赫的理论基础——动物实验，因此，科赫仍然继续着他的结核菌素研究。1891年 10 月，科赫发表了《关于结核菌素的进一步信息》，进一步说明了结核菌素在动物实验中的有效性；并邀请志愿者测试改进后的结核菌素。③ 甚至，科赫直到去世都坚信结核菌素具有治疗功效。

鉴于 1891 年医学界对科赫结核菌素的批评异常尖锐以及结核菌素的治疗效果并不理想，人们对结核菌素治疗的热情开始逐渐消退。此后，人们的关注点开始转向更为广泛的伦理思考，以致不负责任的药物使用和危险的临床试验成了医学界讨论的一个主题。1893 年，德

---

① Virchow R., "Ueber die Wirkung des Koch'schen Mittels auf innere Organe Tuberculöser", *Berliner Klinische Wochenschrift*, No. 28, 1891, pp. 49 – 52.

② Rosenbach O., *Grundlagen, Aufgaben und Grenzen der Therapie*; *Nebst Einem Anhange*: *Kritik des Koch'schen Verfahrens*, Wien und Leipzig: Urban & Schwarzenberg, 1891, pp. 155 – 194.

③ Koch R., "Weitere Mitteilungen über das Tuberkulin", in Schwalbe J., *Gesammelte Werke von Robert Koch. Bd I*, Leipzig: Thieme, 1912, pp. 673 – 682.

国第一本关于药物治疗副作用的教科书，就用了一整个章节来描述结核菌素，并强烈谴责了 1890—1891 年对它的测试和应用，称其为"痴人呓语"（raving with unscientific bustle）。虽然科赫和他的支持者并没有放弃他们的论述，但是他们不得不承认他们的观点已不再被公众接纳。然而，结核菌素并没有迅速消失，在两次世界大战期间，结核菌素仍然被认为具有治疗效用。二战之后，链霉素出现，而且大多数结核菌素的支持者也已去世，因此结核菌素就不再作为治疗药物使用了。①

三 对抗结核病的三种路径

虽然科赫始终坚持认为结核菌素具有治疗价值，但是从科赫发表的论文中可以看出，科赫对"药剂"的描述并不一致。在 1890 年 8 月国际医学大会上，科赫说他找到了一种可以在小鼠体内阻止结核杆菌生长且不会损坏机体的物质。但是到了 1890 年 11 月，科赫却说"药剂"并不会杀死结核杆菌，而是通过导致结核组织坏死，破坏结核杆菌的生长环境，即"焦土策略"。

通过对科赫结核菌素研究的考察，本书认为科赫至少采用了三种路径寻找对抗结核病的物质：免疫学路径、体内消毒路径、"焦土策略"。

（一）免疫学路径

19 世纪 80 年代，免疫学的成功为治疗传染病提供了一种可能的路径。巴斯德和其他免疫学家，通过减毒或灭活的方法制造疫苗，战胜了狂犬病、炭疽病、猪丹毒，其中狂犬疫苗还是一种对人体有效的疫苗。虽然有人认为狂犬病不是一种细菌疾病，从而认为免疫接种并

---

① Gradmann C. , "A Harmony of Illusions: Clinical and Experimental Testing of Robert Koch's Tuberculin 1890 – 1900", *Studies in History and Philosophy of Science Part C: Studies in History and Philosophy of Biological and Biomedical Sciences*, Vol. 35, No. 3, 2004, pp. 465 – 481.

不是细菌学的成果。但是科赫认为免疫接种受到细菌学研究的影响，如果没有细菌学先前的研究，免疫接种就无法实现。[①] 因此，科赫借鉴巴斯德的研究思路，试图发明一种结核病疫苗。但是通过动物实验，科赫发现虽然有一些被感染的实验动物存活下来了，但并没有获得免疫力。[②] 并且，科赫曾尝试着将结核杆菌培养物暴露于化学品、阳光、潮湿的环境中；将它们与其他微生物一起繁殖几代；之后将它们注射给相对不敏感的动物。尽管做了这么多干涉，科赫发现结核杆菌仍然仅有微小的变化，同等条件下其他致病菌早就发生很大变化了。同时，科赫发现，他在试管中纯净培养超过 9 年的结核杆菌，在毒性上仍没有丝毫衰减。因此，科赫认为结核杆菌有着很强的稳定性，[③] 通过减毒或灭活制造疫苗的方法并不适用于结核杆菌。

（二）体内消毒路径

众所周知，科赫在"结核菌素"之前最重要的细菌学研究成果是结核杆菌的发现，其他重要的工作也多是辨识各种传染病的致病菌。科赫非常清楚，只要消灭了患者体内的致病菌，就等于治疗了疾病。但是，如何只杀死致病菌而不伤害有机体一直是一个难题。

19 世纪 80 年代，细菌学家曾尝试利用消毒的方法治疗传染病，例如砷（arsenic）或杂酚油（creosote）熏蒸法，甚至开展了一些临床实验，这些实验虽然都没有达到预期结果，但却提供了一种基于体内消毒、抗菌概念的可能的治疗模型。[④] 1889 年 9 月，沿着体内消毒的思路，科赫开始进行长期的体外实验，通过化学方式操控培养基，

① Koch R., "On Bacteriological Research", in *Essays of Robert Koch*, trans. Carter K. C., Westport: Greenwood Press, 1987, p. 185.

② Gradmann C., "Robert Koch and the White Death: From Tuberculosis to Tuberculin", *Microbes and Infection*, Vol. 8, No. 1, 2006, pp. 294 – 301.

③ Koch R., "On Bacteriological Research", in *Essays of Robert Koch*, trans. Carter K. C., Westport: Greenwood Press, 1987, pp. 181 – 182.

④ Gradmann C., "Robert Koch and the White Death: From Tuberculosis to Tuberculin", *Microbes and Infection*, Vol. 8, No. 1, 2006, pp. 294 – 301.

测试化学物质对结核杆菌培养物的影响。[①] 为了寻找出既可以在体外，又可以在体内起作用的物质，科赫测试了大量可以抑制结核杆菌生长的物质，例如各种醚化油（ethereal oils）；芳香族化合物，包括 2 - 萘胺（2-naphthylamine）、对甲苯胺（paratoluidine）、二甲苯胺（xylidine）；动物性染料，包括品红（fuchsine）、龙胆紫（gentian violet）、甲基蓝（methyl blue）、喹啉黄（quinoline yellow）、苯胺黄（aniline yellow）、金胺（auramine）；金属，包括汞蒸气（mercury vapor）、金银化合物（silver and gold compounds），尤其是青金化合物（cyangold compounds）。科赫在这方面的努力超出了其他任何人。[②] 然而，几乎所有的有效物质都无法应用于动物实验，因为通常它们对实验动物的危害远大于对细菌的危害。

不过，科赫似乎并没有放弃这一路径。因为科赫在 1890 年 8 月国际医学大会的报告中说，他通过努力终于找到了一种既可以在试管中，也可以在动物体内阻止结核杆菌生长的物质。科赫说，他按照这个路径持续研究将近一年，虽然这种物质还没有完全完成，但是给对结核病非常敏感的豚鼠接种这种物质时，豚鼠体内的结核杆菌不再生长；给患有晚期结核病的豚鼠接种这种物质后，豚鼠的结核病完全停止，并且不会对身体造成伤害。[③] 正是科赫的这一席话，激起了广大结核病患者的希望。

但是，奇怪的是在 1890 年 11 月、1891 年 1 月公开发表的论文中，科赫并没有沿着体内消毒的思路给出一种可以抑制结核杆菌的药物，而是给出了一种可以导致结核组织坏死的药物。根据格拉德曼的

---

① Gradmann C., "Robert Koch and the White Death: From Tuberculosis to Tuberculin", *Microbes and Infection*, Vol. 8, No. 1, 2006, p. 297.

② Koch R., "On Bacteriological Research", in *Essays of Robert Koch*, trans. Carter K. C., Westport: Greenwood Press, 1987, p. 186.

③ Koch R., "On Bacteriological Research", in *Essays of Robert Koch*, trans. Carter K. C., Westport: Greenwood Press, 1987, p. 186.

研究，实际上在 1890 年早期，科赫基于体内消毒路径的实验就已经失败，科赫并没有找到一种可以在体内抑制结核杆菌的物质。[1]

（三）"焦土策略"

1890 年 4 月，在一系列体内消毒的实验结束之后，科赫转向了一种新的研究路径。4 月 11 日，科赫给一些豚鼠接种结核杆菌，观察它们病理特征的变化。通常 6—8 周豚鼠都会死亡，人们通过解剖可以看到豚鼠内部器官呈现出的典型的结核症状。但是，6 月初，当科赫给存活的豚鼠再次接种结核杆菌时，他惊奇地发现，已经垂死的豚鼠的病理过程并没有加速，反倒显著地延长了它们的寿命。此外，科赫还发现在注射部位的结核组织已经坏死，无法再次注射。7 月末，那些重复接种过结核杆菌的豚鼠死亡，通过解剖，科赫发现豚鼠体内器官的典型病变消失了，例如脾脏肿大、结核肝，并且被感染的组织都已经坏死。科赫推测，结核组织的坏死可能是结核杆菌代谢的结果。如果灭活的细菌也可以产生坏疽，那么包含了结核杆菌的某些物质也很可能可以导致这种反应。同时，科赫发现，这一反应只能在已经被感染的动物身上观察到，其他的动物根本不会产生这种反应。这一重要发现证明了这种反应的特异性，它为科赫关于结核菌素具有治疗和诊断价值的观点奠定了基础。[2]

通过引发结核组织坏死来对抗结核病，实际上与科赫对结核病的认知是一致的。1882 年，科赫就认为结核病发病后结核杆菌数量会下降，如果结核组织中杆菌完全消失，则意味着结核过程的终止。1884 年，科赫将组织坏死解释为疾病不再活动的阶段，由于坏死的结核组织中几乎不存在结核杆菌，结核组织的坏死意味着结核

---

① Gradmann C. , " Robert Koch and the White Death：From Tuberculosis to Tuberculin ", *Microbes and Infection*, Vol. 8, No. 1, 2006, pp. 294 –301.

② Gradmann C. , " Robert Koch and the White Death：From Tuberculosis to Tuberculin ", *Microbes and Infection*, Vol. 8, No. 1, 2006, pp. 294 –301.

过程的终止。① 科赫的"焦土策略"就是要抢在细菌之前破坏局部组织，从而防止它们在组织中繁殖、传播：在坏死的局部组织中，细菌遇到了不利的生存条件，无法进一步生长，因此会快速死亡。②

　　科赫还通过动物实验证明了"药剂"的治疗效果。给患病动物注射有限剂量的"药剂"——保证注射后，患病动物在 6—48 小时之内不会死亡——可以导致其注射部位表皮的普遍坏死。在此基础上，进一步稀释"药剂"，直至"药剂"中几乎没有明显的悬浮物，再次给患病动物注射。如果患病动物依然存活，那么一两天后其健康状况就会出现明显改善，溃烂的伤口也会变得越来越小，并最终形成疤痕。不经过"药剂"治疗，这种现象绝不会出现。如果之前病情不重，经过这番治疗后，疾病过程就会趋于终止。③ 在皮肤结核，例如寻常狼疮病例中，可以清楚地观察到患者对药物的局部反应。具体而言，注射"药剂"之后，狼疮组织会变红，在出现鳞屑之前，其颜色会一直保持不变。不过，再次注射"药剂"后，在"药剂"的作用下，狼疮组织会变为棕红色，并逐渐坏死形成鳞屑，进而于 2—3 周后脱落。在某些特殊病例中，第一次注射"药剂"后，注射部位就会出现坏死，以致最终只剩下光滑的红色疤痕。④

　　除了治疗效果，科赫还发现急性结核病患者会对结核菌素产生一种特殊反应，他认为这种反应可以作为诊断受试者是否患有结核病的一种方式。因为注射微量的结核菌素后，健康人仅显示出普通的反应，但结核病患者会显示出强烈的局部反应。

　　① Koch R. , "The Etiology of Tuberculosis", in *Essays of Robert Koch*, trans. Carter K. C. , Westport：Greenwood Press, 1987, pp. 134 – 135.

　　② Gradmann C. , "Robert Koch and the White Death：From Tuberculosis to Tuberculin", *Microbes and Infection*, Vol. 8, No. 1, 2006, pp. 294 – 301.

　　③ Koch R. , "Fortsetzung der Mitteilungen über ein Heilmittel gegen Tuberkulose", in Schwalbe J. , *Gesammelte Werke von Robert Koch. Bd* I , Leipzig：Thieme, 1912, p. 670.

　　④ Koch R. , "Fortsetzung der Mitteilungen über ein Heilmittel gegen Tuberkulose", in Schwalbe J. , *Gesammelte Werke von Robert Koch. Bd* I , Leipzig：Thieme, 1912, p. 663.

基于上述研究,科赫最终得出结论:高剂量结核菌素会杀死动物,小剂量结核菌素可以用于治疗,更小剂量结核菌素则可以用于诊断结核病。虽然结核菌素的"治疗"作用遭到了广泛批评,但是其诊断价值还是得到了当时多数人的认可,即使科赫自身也没弄清楚其所以然。①

四　前观念影响下的结核菌素研究

1882 年 3 月 24 日,科赫证明结核杆菌是结核病的唯一致病因,不仅标志着科赫细菌致病观念的成熟,而且还标志着细菌学范式的形成。在细菌学范式的影响下,科赫形成了一套对结核病的认知,即结核杆菌是结核病的唯一致病因;结核病的病理过程与体内结核杆菌的数量相关。并且根据"科赫原则",动物实验是证明细菌和疾病之间关系的有效手段,因此,科赫对结核菌素有效性的证明很大程度上也依赖于动物实验。

1889 年科赫重返实验室,根据自身对结核病性质的认知,开启了寻找结核病治疗药物的研究。虽然科赫采取的三条研究路径都符合细菌学研究的主要观点,但是由于 19 世纪后期免疫学处于起步阶段,人们对免疫学的机理并不清楚,加之科赫经过百般努力仍未能明显减小结核杆菌的毒性,因此他最终放弃免疫学进路;在测试了大量化学物质后,并没有取得什么进展,即便在体外有效的物质,在接种实验中对实验动物的危害也远大于对细菌的危害。科赫在公开发表的结核菌素的文章中,几乎每次都详细记录了结核菌素在实验动物身上的效果,他坚信结核菌素可以导致患病动物的组织产生干酪状物质,即结核菌素可以减少结核杆菌的数量。因此,在先前观念的影响下,结核菌素在动物实验中取得了成功,科赫就误以为结核菌素是有效的。

①　Gradmann C. , "Robert Koch and the White Death: From Tuberculosis to Tuberculin", *Microbes and Infection*, Vol. 8 , No. 1 , 2006 , pp. 294 – 301.

第四节　知识局限性的影响：细菌学的困境

虽然在科赫、巴斯德等微生物学家的努力下，细菌学说在 19 世纪末已经成为微生物学领域的主流理论，并且对医学、流行病学、卫生学等相关学科产生了巨大影响。

然而，由于细菌理论无法解释一些特殊的现象，例如没有检测出致病菌的患者出现病情，许多人检测出了致病菌的患者却没有病征，因此，细菌理论也遭受了广泛的质疑。

一　带菌者的概念

在科赫的细菌理论中，一个细菌足以导致疾病，在患者体内检测出致病菌就意味着患者已经得病。但是，随着细菌学的发展，人们发现即使在有些人体内检测出了致病菌，这些人依旧保持健康，没有任何疾病的特征。在此之前，人们从来没有发现过这种全新的现象，甚至在以往的书籍中没有任何记载。这种与细菌理论明显冲突的现象为细菌理论制造了很大的困境。

1893 年，纽约著名医生鲁宾逊（Beverly Robinson）承认克莱布斯和勒夫勒发现的白喉杆菌是白喉病的致病菌，强调培养诊断和分离的重要性，但是他也提出了一些对这一观点的质疑。按照克莱布斯和勒夫勒的观点，白喉病的传播总是从一个感染了白喉杆菌的病例直接或者间接地传播给另一个健康的人。但是鲁宾逊发现在一个完全没有出现过白喉病的村庄中，一户农家突然出现了白喉病，完全找不到病患之间传播的证据。因此，鲁宾逊认为，农家糟糕的通风条件、潮湿脏乱的环境和地窖中腐烂的蔬菜和肉类，可能是激活这些细菌的罪魁祸首。[1]

---

[1]　Winslow C. E. A., *The Conquest of Epidemic Disease*, Princeton, New Jersey: Princeton University Press, 1944, p. 337.

早在 1884 年，勒夫勒就描述他从健康人的喉咙中分离出了白喉杆菌。1890 年埃舍里希（Theodor Escherich）记载了在白喉病的恢复期，白喉杆菌持续存在。1892 年古特曼（Guttmann）、罗梅拉尔（Rommelaere）和西蒙兹（Simonds）就注意到霍乱康复期的患者体中同样存在霍乱弧菌。1892—1893 年，科赫及其同事的霍乱流行病研究中，首次认识到了人类带菌者作为传染源的重要性。1893 年，科赫在处于恢复阶段的霍乱患者的粪便中发现了霍乱弧菌，他认为这些弧菌与正常的弧菌一样都可以传染霍乱疾病，因此也需要妥善处理。此外，科赫也在一些看似健康的人的固态粪便中发现了霍乱弧菌，但是科赫强调应该将这个看似健康的人视为霍乱病例，而不能以此来反对细菌学说。除了白喉和霍乱，19 世纪末人们发现斑疹伤寒症也存在类似的现象。在西班牙内战中，超过 90% 的士兵在进入军营 8 周之内都会感染斑疹伤寒，在疾病潜伏期，他们的排泄物中就可以检测出导致这一疾病的细菌，并且当他们已经恢复且症状消失了很长时间之后，仍可以从他们的排泄物中检测出这一细菌。研究者认为，虽然这些细菌在某些人体内没有危害，但是一旦它们被排出仍然会对其他人造成威胁。[1]

从细菌学的观点出发，即便没有临床特征，只要在人的体内或粪便中检测出了细菌就应将其视为传染病可能的传播源。科赫认为与其他人与人传播的流行病不同，人可以跟床单、衣物等物体一样将细菌从一个地方带到另一个地方，因此看似健康的人也可能会传播疾病。只有当一个患者的体内和粪便中不再携带细菌，人们才可以宣称他是相对无害的。根据这一观点，科赫走向了通过利用实验室手段检测传染源的路径，主张监测与隔离的流行病防控措施。

然而，根据佩滕科费尔学派的流行病学观点，细菌只是传染病存

---

① Winslow C. E. A., *The Conquest of Epidemic Disease*, Princeton, New Jersey: Princeton University Press, 1944, p. 343.

在的一个条件，传染病暴发还跟土壤、水源、空气等环境要素有密切关联。因此，在佩滕科费尔学派看来，健康的带菌者很好地反对了细菌学说，细菌不能单独对机体产生作用，只有在特定的环境下与其他条件相结合，才能导致疾病。可以看出，从不同观点出发，不同的学派对带菌者的解释完全不同。

二　细菌的变异性

在细菌学理论中，细菌物种是一个非常重要的概念，它直接关系到对细菌的分类。科赫更是认为细菌与疾病是一一对应的关系，对细菌物种的分类就意味着对疾病的分类，因此细菌物种的稳定性和可区分性成为细菌理论的基础。

科赫时期，人们已经发现了一些细菌形态的变化，例如细菌在不同生长周期的形态不同；在异常温度下培养细菌，细菌形态可能会发生改变，例如科赫发现在 42℃ 条件下培养炭疽杆菌会导致炭疽杆菌发育不良，丧失形成孢子的能力；通过改变外部环境，添加化学制剂等方法可以减弱细菌的毒性，例如巴斯德的炭疽杆菌减毒疫苗（科赫对细菌的减毒持怀疑态度）。但是，总体上来看，这些细菌形态的变化都可以从细菌的生命活力的视角得到解释，因此并没有危及细菌物种稳定性的概念。

然而，到了 20 世纪初，人们发现一些细菌不仅形态会发生变异，而且连毒性、抗原性等性质都会发生改变。其中肺炎球菌的可变菌株的研究被认为推翻了科赫的细菌物种稳定性的学说。[①]

1921 年英国李斯特研究所的细菌学家阿克赖特（Joseph Arthur Arkwright）清楚地描述了细菌菌落的特点：烈性的为光滑、圆顶形和有规则的；减毒的为颗粒状、平坦和不规则的。他首次使用了光滑型

---

① ［美］奥尔贝：《通往双螺旋之路——DNA 的发现》，赵寿元、诸民家译，复旦大学出版社 2012 年版，第 190 页。

（S）和粗糙型（R）这两个术语，并把这两种类型称为持续变异或"突变体"。随后的几年，人们发现了链球菌、肺炎球菌、肠炎菌和沙门氏菌等细菌都具有 S 型和 R 型两种类型。

1923 年英国细菌学家格里菲思（Frederick Griffith）发现了在动物身上和平板培养基上传代培养时，肺炎球菌会从 R 型转化为 S 型，其中 R 型表现为无毒性，而 S 型具有致病性。然而，格里菲思的这一发现并没有动摇细菌稳定说，因为大部分科学家认为格里菲思发现的是不同类型的肺炎球菌。

为了证明自己的发现，格里菲思通过大量观察和血清实验证明各种肺炎球菌是同一物种。1928 年，格里菲思发表论文，当用加热杀死的 S 型肺炎球菌和活的无毒的 R 型肺炎球菌的混合物注射到小鼠体内时，不仅很多小鼠死亡，而且从它们的血液中可以检测到 S 型肺炎球菌的存在。而活的 R 型肺炎球菌和死的 S 型肺炎球菌都不会引起小鼠死亡。格里菲思认为用加热杀死的 S 型肺炎球菌释放出了某种转化因素到培养基中，然后被某些 R 型肺炎球菌所吸收，从而转化为 S 型细菌。[①] 格里菲思的发现很快得到了其他科学家的证实，科赫的细菌不变论立场遭到了致命一击。

三　病毒

经过巴斯德和科赫等微生物学家的努力，19 世纪末科学家们已经非常肯定某些疾病是由特定的致病菌导致的。"科赫原则"成为科学家公认的证明细菌与疾病之间关系的法则。然而，当科学家使用"科赫原则"时，时常会遇到一些特例，例如霍乱弧菌并不能导致动物患病，梅毒螺旋体无法进行纯净培养等等，科学家不得不在实际研究中修正或者解释这些特殊情况。虽然要为这些不符合科赫原则的致病菌

---

① 贺竹梅：《现代遗传学教程》，中山大学出版社 2002 年版，第 186 页。

提供确凿的证据困难重重，但是科学家最终还是发现了立克次体、衣原体、支原体和布氏杆菌，并将它们归于致病的细菌、真菌和原虫的分类中。[①]

然而，一些不包含微生物的液体也可以导致类似于传染性疾病的现象一直困扰着研究者。研究者猜测这些液体中存在一些看不见的致病菌，但是即使他们使用最先进的细菌学技术也无法观察到它们，更无法纯净培养和分离出它们。因此，研究者们使用"virus"一词表述毒物或毒液、威胁健康的东西或者神秘未知的传染源。虽然人们并没有真正看到病毒，但是巴斯德和科赫等微生物学家都认为病毒是微生物。

巴斯德的同事钱伯兰发明了一种多孔陶瓷瓶，可以把培养基中的可见微生物全部分离掉，这项技术可以在实验室里制备无菌液体，也可以在家里制备纯净饮用水。钱伯兰应用这项技术，区分出了一类新的感染性致病源——不可见的滤过性病毒。所有被过滤过的液体，如果仍可以引发疾病的话，那么液体中就被认为包含了某种滤过性病毒。

除了滤过性病毒的解释，德国微生物学家伊万诺夫斯基（Dimitri Ivanovski）发现有些液体不论过滤与否都可以引发同样的疾病，相较于钱伯兰滤过性病毒的解释，或许认为体液中包含了致病菌排出的毒素更为易于理解。荷兰植物病理学家拜耶林克（Martinus Willem Beijerinck）通过对烟草花叶病的研究，认为患病植物的组织中存在一种传染性的病毒流体，他将这种病毒流体解释为可溶性的微生物。

勒夫勒在研究口蹄疫时，同样发现利用患病动物的组织无法培养和分离出细菌，利用钱伯兰的方法过滤提取液，提取液仍然可以将疾病传染到实验动物身上。这些动物又能把此病传染给其他动物，因此

---

① ［美］玛格纳：《生命科学史》（第3版），刘学礼译，上海人民出版社2009年版，第245页。

勒夫勒认为过滤液中肯定含有一种极其微小的微生物，而不仅仅是某种毒素。虽然沿着细菌学的观点，人们已经猜测到滤过性病毒是某种看不见的不同寻常的微生物，但是他们仍然没有意识到这些微生物可能是宿主细胞内繁殖的新个体。[①]

虽然人们提出了各种对病毒的猜想，但是由于根本无法培养和观察它，一些疾病的病因一直是一个谜团。直到 20 世纪 30 年代，随着电子显微镜的发明，人们才真正看到只有细菌千分之一大小的病毒这种微生物。

小结　科学实证主义的局限性

在 19 世纪科赫等微生物学家的努力下，细菌学理论颠覆了以往科学家对疾病的认知，科赫的细菌学研究方法更成为科学实证研究的典范。在"科赫原则"的指导下，人们发现了诸多致病菌，为治疗和防控传染病做出了巨大贡献。

然而，通过本章的讨论，人们也会发现，即便是采用同样实证的研究方法的科学家，也不一定会得出相同的研究结果。人们对外部世界的认知受到了诸多方面的影响，国家利益、个人利益、研究理念和知识局限性都可能会对科学研究产生影响。

受国家利益的影响，英国科学家与德国科学家在霍乱问题上得出了相反的结论，同属于细菌理论支持者的科赫和巴斯德因普法之争站在了对立的立场上；受研究理念的影响，同属于德国科学家的科赫和佩滕科费尔采用了完全不同的观点看待流行病；受研究观念的限制，科赫忽视了其他人对结核菌素的反驳，坚持认为结核菌素治疗作用的有效性；受认知局限性的影响，人们只能从现有的理论出发，解释异

---

① ［美］玛格纳：《生命科学史》（第 3 版），刘学礼译，上海人民出版社 2009 年版，第245—246 页。

常的现象，从而得出错误的认知，例如人们无法很好地解释病毒性疾病的病因。因此，人们很难否认社会因素对科学研究产生的影响，也不得不承认科学活动所具有的社会性。

但是，当时科学家并没有意识到科学实证方法的问题，科学的发展仍然是以观察和实验为基础不断推进的。当时的哲学家、社会学家虽然对人类知识的社会性做了一些考察，但是面对科学知识，他们采取了保留的态度，认为科学知识是人类对外部世界客观的认知。然而，20世纪初期，弗莱克却提出了一种完全不同的相对主义观点，他通过对梅毒史和瓦色曼反应的研究，揭示了本章中各个因素对科学事实的影响，认为科学事实是在思维风格的影响下的社会建构，从而转变了科赫时期的实证主义观念。

第四章

弗莱克对实证主义思想的再思考

如今卢德维克·弗莱克（1896—1961）被认为是"一名具有真知灼见的伟大哲学家，一名卓越的微生物学家和一个百科全书式的人文主义者"[1]，20世纪初期就提出从社会维度看科学知识的建构主义思想[2]。但是，实际上弗莱克生前发表的认识论著作并没有引起太多人的关注，即使是他的代表作《一个科学事实的起源与发展》[3]也鲜为人知。20世纪60年代，借助库恩《科学革命的结构》一书的影响力，弗莱克的思想走进哲学家和科学社会学家的视野中。随着1979年英文版《起源》的发布，以及诸多学者的讨论研究，弗莱克思想的影响力才逐渐扩大。1992年8月科学的社会研究学会（Society for Social Studies of Science，简称4S学会）为了纪念弗莱克的学术贡献，还专门设立了卢德维克·弗莱克奖（Fludwik Fleck Prize）奖励在科学技术研究领域做出杰出贡献的当代学者。

虽然如今弗莱克更多被视为科学哲学家、科学知识社会学家，但是弗莱克生前从未如此称呼过自己，他一生的大部分时间都在从事微生物学、免疫学和血清学研究，尤其是斑疹伤寒研究。因此，本书推

---

① Fleck L., *Genesis and Development of a Scientific Fact*, Chicago：The University of Chicago Press，1979, pp. 154 – 165.

② 夏钊：《弗莱克研究现状及其在中国的意义》，《科学文化评论》2014年第1期。

③ Fleck L., *Entstehung und Entwichklung einer wissenschafilichen Tatsache：Einführung in die Lehre vom Denkstil und Denkkollektiv*，Berlin：Suhrkamp，1980.

测，弗莱克作为一名微生物学家，他的思想必然受到他的医学研究和临床实践的影响。如果从微生物学史的视角看待弗莱克，人们就会发现，弗莱克对当时微生物学发展的局限性和困境做了大量讨论，这些讨论直接影响了弗莱克对疾病、医学和科学的认知。对弗莱克医学和科学认知的考察，有助于理解他的建构主义理论的起源。

第一节　弗莱克思想的科学起源

虽然在大多数文献中，人们都清楚弗莱克作为微生物学家和哲学家的双重身份，但是当讨论弗莱克思想的起源时，学者谈及更多的是社会学、科学哲学和科学史对弗莱克思想的影响。[①] 作为一名科学家，弗莱克长期在私人实验室和医院从事具体的医学研究，并在斑疹伤寒、免疫学和血清学领域做出了杰出贡献，因此弗莱克思想多多少少都会受到科学研究的影响。

通过考察，本书发现在弗莱克职业生涯中，他一直受两种不同的思维风格的影响：基础的微生物学研究和实践导向的传染病研究。[②] 弗莱克通过对这两种思维风格的反思，放弃了还原论式的疾病观，走向了整体论的疾病观。

---

① 斯坦福哲学百科全书（Stanford Encyclopedia of Philosophy）"Ludwik Fleck"词条认为弗莱克思想来源于四个方面：作为科学家的经验、医学史的反思、哲学思想、社会学思想，但是关于科学家的经验只有一句话。参见 Sady W., "Ludwik Fleck", The Stanford Encyclopedia of Philosophy, https://plato. stanford. edu/archives/fall2017/entries/fleck, 2017—12—15；施耐勒（Thomas Schnelle）从弗莱克的参考文献、他交往的学者和朋友，以及他与波兰科学史和科学哲学学派的关系等出发，讨论了弗莱克思想的起源。虽然内容丰富，但并没有谈及弗莱克的科学研究。参见 Schnelle T., "Microbiology and Philosophy of Science, Lwów and the German Holocaust：Station of a Life——Ludwik Fleck 1896 – 1961", in Cohen R. S., Schnelle T., Cognition and Fact, Materials on Ludwik Fleck, Boston Studies in the Philosophy of Science, Vol. 87, Dordrecht: D. Reidel Publishing Company, 1986, pp. 3 – 38。

② Löwy I., "Fleck the Public Health Expert: Medical Facts, Thought Collectives, and the Scientist's Responsibility", Science, Technology, & Human Values, Vol. 41, No. 3, 2016, pp. 509 – 533.

一　基础微生物学研究的局限性

20 世纪初期，弗莱克已经明确地意识到了微生物学专业知识的局限性，从巴斯德和科赫那里继承的知识已经不足以解释当时大多数的新发现，以及 19 世纪末以来的许多新现象。弗莱克质疑了免疫学和医学细菌学中重要的"专业"知识的有效性，认为它过于简单，无法解释观察到的复杂现象，[①] 弗莱克着重讨论了细菌的变异性和抗体的特异性。[②]

（一）细菌的变异性

根据科赫和巴斯德等人建立起来的经典细菌学理论，特定的细菌引起特定的疾病，细菌与疾病一一对应。不论是在动物体内，还是在体外培养过程中，总是可以分离出相同的细菌，这些细菌在形态和功能上也都是相同的，因此，在经典细菌学理论中细菌物种被认为是稳定的。如果细菌是高度可变的，并且不会形成稳定的物种，那么根据不同种类的病原体（细菌）来区分不同的传染病也就没有意义了。

20 世纪初期，新世纪的微生物学家观察到了以往微生物学家没有观察到的诸多新现象，其中就包括细菌的变异性。弗莱克在他的著作中提到，"毒性不可预测性的波动，例如腐生菌转化为寄生菌或者寄

---

①　Löwy I. , "The Epistemology of the Science of an Epistemologist of the Sciences: Ludwik Fleck's Professional Outlook and Its Relationships to His Philosophical Works", in Cohen R. S. , Schnelle T. , *Cognition and Fact*, *Materials on Ludwik Fleck*, *Boston Studies in the Philosophy of Science*, *Vol. 87*, Dordrecht: D. Reidel Publishing Company, 1986, p. 425.

②　这些问题的选择并不是偶然的。特异性是现代生物学发展的一个关键问题，细菌变异性的研究促进了分子遗传学的诞生，对抗体的特异性研究和特异性起源的理论反思是免疫学发展的基础。弗莱克正确地指出了一些当时生物学中最为重要的问题。弗莱克感知到了细菌学和免疫学正处于范式转换的前夕，这种感觉随后得到了印证；但是他完全错误地判断了生物学"科学革命"未来的发展方向。回顾这段历史，从基础生物学的最终发展来看，弗莱克站在了"失败者"一方。参见 Löwy I. , "The Epistemology of the Science of an Epistemologist of the Sciences: Ludwik Fleck's Professional Outlook and Its Relationships to His Philosophical Works", in Cohen R. S. , Schnelle T. , *Cognition and Fact*, *Materials on Ludwik Fleck*, *Boston Studies in the Philosophy of Science*, *Vol. 87*, Dordrecht: D. Reidel Publishing Company, 1986, p. 439。

生菌转化为腐生菌，完全破坏了一种特定类型的细菌与其相关疾病之间最初看似简单的关系"①。

思想的发展比古生物学的步伐快得多，我们不断见证思维风格中"突变"的发生。就像是相对论引起了物理学及其思维风格的转变一样，细菌变异性和生育周期理论导致了细菌学的调整。突然间，我们不再清楚什么是物种，什么是个体，或者生命周期的概念的范围。几年前被视为自然物的东西，今天在我们看来是一个复杂的人工物。我们很快就再也无法判断科赫的理论是否正确，因为当前的混乱将产出与科赫观念不一致的新概念。②

然而，由于认知的局限性，20 世纪 30 年代科学家所讨论的"细菌变异性"有很多研究与变异性现象并不相关，其中有一些是永久性的遗传变化，例如突变和克隆选择；一些是可逆的遗传修饰，例如噬菌体的整合（细菌病毒）；另一些根本没有遗传变化，只是个别细菌应对环境的临时修饰。③

在不同类型的细菌变异性中，弗莱克可能对"细菌的转化"特别感兴趣。通过人工诱导，将特定细菌的毒性形式转化到非毒性形式，④或者"将腐生菌转化为寄生菌"。这就使弗莱克非常确信，物种概念

① Fleck L., *Genesis and Development of a Scientific Fact*, Chicago：The University of Chicago Press, 1979, p. 19.

② Fleck L., *Genesis and Development of a Scientific Fact*, Chicago：The University of Chicago Press, 1979, p. 26.

③ Löwy I., "The Epistemology of the Science of an Epistemologist of the Sciences：Ludwik Fleck's Professional Outlook and Its Relationships to His Philosophical Works", in Cohen R. S., Schnelle T., *Cognition and Fact*, *Materials on Ludwik Fleck*, *Boston Studies in the Philosophy of Science*, Vol. 87, Dordrecht：D. Reidel Publishing Company, 1986, p. 430.

④ 例如上一章中提到的，1928 年格里菲斯首次观察到的肺炎双球菌的 R 型和 S 型转化。

对细菌无效。[①] 弗莱克相信细菌学和免疫学处于概念革命性变化的边缘。在弗莱克看来，这种源自细菌变异性概念的革命已经开始了，虽然许多科学家还没有意识到。

1931 年，弗莱克发表在《波兰医学报》（*Polska Gazeta Lekarska*）上的一篇文章《论细菌学中的物种概念》中，他讨论了细菌变异性。弗莱克认为，细菌学到目前为止没有一个明确的物种定义。所谓的基因类型、突变，实际上是在滥用这些定义。弗莱克在仔细考察了已知类型的细菌变异后，认为在病理状态和实验室中观察到的细菌，要么是"野生"细菌的高度修饰的（可能是变性的）形式，要么是复杂生命周期的一个阶段。弗莱克在他的文章中也论述了发育周期理论。这个理论假设细菌实际上是复杂的类真菌型生物，可以在一些生命阶段形成多细胞结构。根据发育周期理论，人们通常看到的是细菌的简单形式，是细菌适应寄生生活的结果，这种适应只是暂时的，如果微生物的生活条件改变了，其形式也会逆转。弗莱克认同许多发育理论的结论，特别强调现在所有细菌学知识的人为特征。但是，弗莱克也认为发育周期理论无法充分解释细菌的变异性和可塑性（发育周期理论假设相对固定和严格的生命周期）。受波兰细菌学家库琴斯基（Kuczyński）的启发，弗莱克认为在细菌和宿主相互作用的影响下细菌极有可能发生变异。细菌在实验室中的人工培养基上生长时，其特征会发生改变。正如经典细菌学所解释的那样，从患者有机体培养出细菌，不是分离出一种纯净培养物，而是人工制造一种有机体，将细菌转化为一种腐生物的变种。[②]

---

① 20 世纪 30 年代，专业为微生物学和免疫学的医生艾弗里（Oswald Theodore Avery），提出了与弗莱克不同的看法。他按照严格的化学进路，对细菌转化现象的描述完全相反。艾弗里相信细菌是稳定的，他认为一些明确的化学物质是所观察到的变化的原因，他和他的同事一起做了一个项目，试图分离出这种物质。结果，正如现在所知，首次证明了 DNA 分子携带了遗传信息。

② Löwy I., "The Epistemology of the Science of an Epistemologist of the Sciences：Ludwik Fleck's Professional Outlook and Its Relationships to His Philosophical Works", in Cohen R. S., Schnelle T., *Cognition and Fact*, *Materials on Ludwik Fleck*, *Boston Studies in the Philosophy of Science*, Vol. 87, Dordrecht：D. Reidel Publishing Company, 1986, p. 431.

将细菌视为复杂有机体，在它们生命周期的复杂阶段，通过与宿主有机体之间丰富和复杂的相互作用，完全改变它们的形态和生理特征，这种观点与弗莱克关于生命本质的一般观点是一致的。

　　（二）抗体的特异性

　　自从巴斯德的炭疽疫苗和狂犬疫苗获得成功之后，19 世纪末人们对疫苗研究的热情达到了巅峰，免疫学也成为一个独立的学科从微生物学中独立出来。然而，伴随着免疫学快速发展，人们发现除了类毒素疫苗，例如白喉疫苗和破伤风疫苗，大多数疫苗和许多免疫血清的效用都非常低，甚至还引发了许多致病的意外。虽然免疫学在治疗方面并不令人满意，但是免疫学理论在 19 世纪末 20 世纪初得到了很好的发展。

　　早期免疫学是以细菌理论为基础的，其代表人物是梅契尼科夫（Elie Metchnikoff）和保罗·埃尔利希，前者是亨勒的学生，后者是科赫的学生。虽然他们都持有细菌致病的观点，但是他们对免疫学现象的解释则大相径庭。梅契尼科夫坚持吞噬细胞理论，支持免疫力的细胞机制（有巨噬细胞介导），被称为"细胞"学派；埃尔利希坚持侧链理论，相信体液免疫力的主导作用（由血清中的抗体介导），被称为"体液"学派。实际上，他们不仅要讨论获得免疫力的机制，而且还要处理特异性问题。"细胞"学派的趣旨在于以非特异性的防御机制对抗细菌感染，而"体液"学派的趣旨在于借用体液抗体的调节获得特异性的抗感染保护。在研究路径上，梅契尼科夫从生理学视角出发，解释吞噬细胞的抗菌作用，而埃尔利希则将化学理论引入免疫学，解释抗体、抗原的化学性质。[①]

　　19 世纪 90 年代，吞噬理论被解释力更强、预见性更好的侧链理论所取代。20 世纪之后，兰茨泰纳（Karl Landsteiner）和阿伦尼斯

---

　　① 左汉宾：《从抗体到复合免疫网络——免疫学理论进化及其方法论研究》，第四军医大学出版社 2008 年版，第 12—14 页。

（Svante August Arrhenius）开启了免疫化学进路，在体外对特异性抗体做定量研究，这些特异性抗体是使用明确抗原进行免疫接种后出现在血清中的抗体。他们专注于使用传统的化学和生物化学方法，研究体外的抗体溶液。虽然免疫化学家的一些基本观点来源于埃尔利希，但是他们仅保留了埃尔利希的生物化学的一面，而忽略了埃尔利希关于细胞产生抗体的概念，免疫化学更注重实验室中的理论成果，而越来越远离临床治疗。

随着"半抗原"① 的发现，有机体形成对抗人工结构的抗体的这种能力无法被任何当时将免疫力视为一种防御机制的理论所解释。这种半抗原成为一种免疫化学家偏爱的工具，有助于相对区分他们的偏好和医生的偏好；免疫化学家逐渐放弃了将免疫力视为一种防御系统，主动保护身体对抗感染的观点，但是很长一段时间里他们没有提出可替代的观点。②

虽然免疫化学进路走向了蛋白质化学，但是免疫学的医学应用仍然依赖于 19 世纪末形成的理论和实践。没有形成新的观点，也没有形成新的理论，虽然有些理论形成之后积累了大量实验数据，但是这些数据却无法被那些理论解释。在医学应用中，免疫学被视为一种辅助性医学学科，它帮助病理学改进诊断方法，提供一些可能的治疗方法。从医学的观点来看，免疫力仍然处于 19 世纪的认识水平，仍然被视为是一种极其复杂的机制，特异性和非特异性，体液理论和细胞理论共同解释着身体对传染疾病的抵抗，因此，它包含了更大范围的现象，而不是像免疫化学进路那样专注于在试管中分析的特殊体液抗

---

① "半抗原"（haptens）是一种在实验室中制造的人工化学结构，这些小分子物质可与应答效应产物结合，具备抗原性，它只有免疫反应性，不具免疫原性。

② Löwy I., "The Epistemology of the Science of an Epistemologist of the Sciences: Ludwik Fleck's Professional Outlook and Its Relationships to His Philosophical Works", in Cohen R. S., Schnelle T., *Cognition and Fact*, *Materials on Ludwik Fleck*, *Boston Studies in the Philosophy of Science*, Vol. 87, Dordrecht: D. Reidel Publishing Company, 1986, pp. 423 – 424.

体。虽然这一进路无疑有着更加接近真正病理状态的优势，但是试图从整体上评价特定疾病的免疫现象是极少成功的，因为这些现象非常复杂。从事免疫学研究的医生，仍然大部分坚持旧的方法和术语，倾向于经验描述和定性研究，而不是定量研究和评测。面对具体病理状态表现出的具体问题，偏向临床的免疫学家无法找到适当的理论回应，他们对免疫化学中占主导地位的还原论定量方法感到陌生，其中一些人也因此丧失了这个学科的兴趣。临床免疫学家认为免疫化学家的研究与真正理解病理现象无关，免疫化学家通常则对医生从事的研究表示蔑视，他们认为临床医生的理论基础和方法已经过时了，并且临床现象太过复杂，以至于其结果无法重复或难以使用定量的术语分析和解释。虽然血清学家得出了一些实践成果，例如改进疫苗或诊断程序，但是他们并不被认为是"真正的"科学家。[1]

作为医生和血清学家，弗莱克在他的一生中，都不承认还原论方法对传染和免疫力的优先性。弗莱克一直坚持着一名临床医师的观点，对他来说，免疫学是对有机体的所有存在的防御机制的研究，包含了它对感染疾病的反应或者在其他病理状态中的作用。弗莱克倾向于将直接观察病理现象作为研究免疫反应的一种方法。弗莱克坚持整体论进路，反对还原论进路。

弗莱克通过对瓦色曼反应的讨论，论述了他的反还原论的观点和对生命现象的一般观念。瓦色曼反应是 20 世纪初期非常知名的梅毒诊断测试，作为临床血清学家的弗莱克对它非常熟悉。瓦色曼反应作为一种血清学反应旨在检测血清中现存的梅毒抗体，判断患者血清中是否存在这种抗体，可以帮助医生精确地诊断疾病或者揭示隐藏的疾病。

---

① Löwy I., "The Epistemology of the Science of an Epistemologist of the Sciences: Ludwik Fleck's Professional Outlook and Its Relationships to His Philosophical Works", in Cohen R. S., Schnelle T., *Cognition and Fact*, *Materials on Ludwik Fleck*, *Boston Studies in the Philosophy of Science*, Vol. 87, Dordrecht: D. Reidel Publishing Company, 1986, pp. 424 – 425.

为了确定患者血清中存在特定抗体，实验者必须让患者血清与特定抗原反应，在传染病的例子中，特定抗原就是引起这种疾病的微生物。在梅毒研究中，由于作为病原体的梅毒螺旋体无法在体外培养，并且只有人和一些灵长类动物易于感染，这就使得实际情况变得有些复杂。在最初的测试中，瓦色曼使用感染了梅毒螺旋体的猴子组织的提取物作为抗原。弗莱克在书中提到最初的实验多少取得了一些成功，梅毒患者的血清通常与这些提取物呈阳性反应。然而，经过实验，人们发现正常的、非感染的组织提取物与梅毒血清也会呈现出阳性反应。梅毒血清只和这两种类型的组织提取物反应，人们据此区分了正常血清和梅毒血清。最终，在进一步解释了测试的标准化条件后，易于获得的正常组织提取物被保留下来做大量的常规测试。因此，产生了一种自相矛盾的情况，虽然该测试对疾病具有特异性，但是抗原却没有。①

弗莱克认为瓦色曼反应可以作为证明主流抗体特异性理论不准确的一个例证。在免疫化学家看来，抗体是一种化学物质（可能是蛋白质），是可以被分离和分别研究的某种单一类型的分子。弗莱克坚决地批评了免疫化学家的观点，他认为瓦色曼反应就证明了抗体与抗原反应的能力是血清的整体特性，而不是分子之间的相互作用。

弗莱克关于抗体本质的描述在现在看来并不准确，但是人们要认识到弗莱克认知的局限性。随着离心机和电泳技术的发展，人们在20

---

① 这一时期大多数研究者试图寻找一种"保守的"观点解释瓦色曼测试的特点，即关于抗体特异性的流行观点。最主流的两个观点是，在梅毒血液中发现的抗体是自身抗体；抗体直接对抗患者自身的组织（因此能够与正常的组织提取物反应），或者那些抗体是"真正的"抗梅毒抗体，直接对抗梅毒螺旋体，它与特定的正常组织的酒精提取物起交叉反应可能是因为细菌和那些提取物共享了某些抗原，这一解释最终被证明是正确的。参见 Löwy I.，"The Epistemology of the Science of an Epistemologist of the Sciences：Ludwik Fleck's Professional Outlook and Its Relationships to His Philosophical Works"，in Cohen R. S.，Schnelle T.，*Cognition and Fact*，*Materials on Ludwik Fleck*，*Boston Studies in the Philosophy of Science*，Vol. 87，Dordrecht：D. Reidel Publishing Company，1986，pp. 432，441.

世纪30年代后期，也就是弗莱克的书出版之后，才真正证明了特定抗体是蛋白质。在此之前，人们无法通过分离和纯化一个物质确定它的化学本质。因此弗莱克的立场虽然极端，但是与当时的实验资料并不矛盾。①

弗莱克的这一观念很可能是受到了20世纪初"胶体化学"的影响。虽然"胶体化学"很快就被化学家拒斥，但是却长期影响着临床导向的免疫学家。像弗莱克一样的医生，可以轻易地理解"胶体化学"，而不愿意接受简化的还原论化学进路。在弗莱克的书中，他明确阐述了他对基于胶体化学解释的偏爱。弗莱克断言"胶体反应在本质上远远超过了经典化学反应"②。弗莱克认为埃尔利希提出的抗原和抗体之间的化学键模型是一种"老旧的"进路，以锁和钥匙为象征的特异性理论长期主导着血清学专业科学的深度。③弗莱克认为"胶体化学"进路是替代以化学为基础的特异性理论的新进路。"我们现在谈论的是状态或结构，而不是物质，表达的是以一种复杂的化学—物理—形态学的状态解释反应模型的可能性，而不是将化学定义的物质或它们的混合物视为原因。"④弗莱克对瓦色曼反应和胶体化学的讨论，实际上是在以一种整体论的观念反对还原论的观念。

二　实践导向的传染病研究

在弗莱克的一生中，他的职位和工作地点一直都在变换，他参与

---

① Löwy I., "The Epistemology of the Science of an Epistemologist of the Sciences: Ludwik Fleck's Professional Outlook and Its Relationships to His Philosophical Works", in Cohen R. S., Schnelle T., *Cognition and Fact*, *Materials on Ludwik Fleck*, *Boston Studies in the Philosophy of Science*, *Vol. 87*, Dordrecht: D. Reidel Publishing Company, 1986, p. 441.

② Fleck L., *Genesis and Development of a Scientific Fact*, Chicago: The University of Chicago Press, 1979, p. 129.

③ Fleck L., *Genesis and Development of a Scientific Fact*, Chicago: The University of Chicago Press, 1979, p. 117.

④ Fleck L., *Genesis and Development of a Scientific Fact*, Chicago: The University of Chicago Press, 1979, p. 63.

了多个专业思维集体，受到了不同思维风格的影响。在 20 世纪 20 年代和 30 年代，当弗莱克写作他主要的认识论著作时，他在一个相对边缘的科学学科工作，占据着相对边缘的机构的职位，持有相对边缘的理论观点。弗莱克边缘化的处境，可能增强了他在其他地方或对其他问题的思考的能力。①

虽然弗莱克以作为国际知名的波兰微生物学家鲁道夫·魏格尔（Rudolf Weigl）的助手身份开启了他的职业生涯，但是弗莱克一直没能获取一个研究型或学术型的职位，他不得不在以实践为导向的实验室工作。弗莱克早期最重要的研究是诊断斑疹伤寒症的血清学研究，1923 年他发现并设计了一种诊断斑疹伤寒症的皮肤测试。由于工作职责的限制，弗莱克的研究偏向于医学中地位相对较低的"服务型专业"，但是弗莱克没有放弃他的科学追求，他在波兰和德国的医学期刊上发表了大量研究论文。尽管如此，弗莱克还是没能进入专业科学家的核心圈。弗莱克的犹太血统可能是他没能进入科学家核心圈的一个重要原因。随着波兰反犹声音的不断扩大，1935 年波兰右翼政府从官方的立场反对犹太人，弗莱克还丢失了他在医院微生物实验室的工作。1941 年 6 月德国占领利沃夫，弗莱克从利沃夫的犹太人聚居区被驱赶到奥斯维辛和布痕瓦尔德集中营。在利沃夫犹太人聚居区期间，虽然条件恶劣，弗莱克还是利用患者的尿液制造抗斑疹伤寒的疫苗帮助受难者。弗莱克的研究被德军知道之后，他就被派往制药工厂和集中营的实验室为德国军队制造抗斑疹伤寒疫苗。弗莱克在研究型实验室、以实践为导向的实验室、医院和集中营实验室中的研究，使得弗莱克意识到，处于不同的立场对同一研究得出的认识可能是不一致的。

（一）不同思维风格的影响

作为一名微生物学家，弗莱克一心向往着基础的科研工作，但是

---

① Löwy I. , " Fleck the Public Health Expert: Medical Facts, Thought Collectives, and the Scientist's Responsibility", *Science*, *Technology & Human Values*, Vol. 41, No. 3, 2016, pp. 509 – 533.

作为一名犹太人，他很难得到当时主流意识形态的认可。为了继续他的科学研究，弗莱克不得不转向一系列实践导向的工作。起初，弗莱克认为他可以同时保持基础研究者的身份和实践者的身份，但是后来他发现同时坚持这两种身份是有问题的。实验室工作者的知识与临床环境中应用的知识完全不同，对实验室中的研究者来说，"化学"知识是必备的，因为他们的目的是要研究细菌的生理特性，但是对临床医生来说，"化学"知识不那么必要，他们需要的是从整体的观点理解特定患者的病情。①

1939 年，在与波兰医学史学家比利凯维茨（Tadeusz Bilikiewicz）的论战中，弗莱克论证道：

> 相同的论述不可能在 A 看来是正确的，在 B 看来是错误的。如果 A 和 B 共享了相同的思维风格，那么论述对他们两个来说要么是正确的，要么是错误的。如果他们拥有不同的思维风格，人们实际上就不能说这是"相同的论述"，因为他们两个都无法理解对方的论述，或者以不同的方式理解对方的论述。②

在弗莱克看来，如果 A 和 B 属于不同的思维风格，那么针对相同的论述有着不同理解是可以被解释的，因为他们看待这一论述的视角或者方式是不同的。但是，一个人能否既包含 A 的思维风格，也包含 B 的思维风格呢？在《起源》中，弗莱克断言，一个人接受两种完全不同的思维风格要比接受两种近似的思维风格容易得多。例如，一名

---

① Löwy I., "Fleck the Public Health Expert: Medical Facts, Thought Collectives, and the Scientist's Responsibility", Science, Technology, & Human Values, Vol. 41, No. 3, 2016, pp. 509 – 533.

② Fleck L., "Antwort auf die Bemerkungen von Tadeusz Bilikiewicz", in Werner S., Zittel C., Stahnisch F., Ludwik Fleck, Denkstile und Tatsachen: Gesammelte Schriften und Zeugnisse, Berlin: Suhrkamp, 2011, p. 354.

在临床视角下研究疾病的医生接受文化史视角下的疾病观要比接受纯化学视角下的疾病观更容易。①

弗莱克注意到，在科学知识社会化的过程中，特定思维集体的成员只是感知可观察实体的特定的要素，忽略其他要素，并且将观察物与他们领域中既定的知识联系在一起，使用特定的方法进行研究。因此，受不同的医学专业训练的医生看待病患的视角是不一样的。细菌学家无法像皮肤病学家那样识别出病患皮肤的变化并将其视为"证据"，皮肤病学家也无法识别出病患血液中的致病菌"典型的"图像，他们二者也都无法像心理医生那样"明确"观察到患者的心情。问题不仅仅是人们是否花费了足够的时间掌握额外的技能。根据格式塔理论，弗莱克论述道，由于人脑学习有意义的认知模型的能力是有限的，因此获得认知一组现象的能力，通常意味着丧失了一些认知其他现象的能力，共同的社会化产生了观察和解释的共同模式。②

在1927年的论文中，弗莱克认为疾病并不"真实"存在，它只是医学分类产生的理想的类型。因此不同的医学专业往往会建构出不同的和不可通约的看待病理状态的方式。③ 弗莱克发现，基础科学家和临床医生对疾病的认知是完全不同的。当科学家在控制良好的实验系统中工作时，他们将研究问题拆分为更小更易管理的细分领域，然后各自研究独立的细分领域。临床医生通常将病患的病视为复杂现象的集合，很难还原为微小的、可管理的要素。因此，当看待医学问题时：

---

① Fleck L., *Genesis and Development of a Scientific Fact*, Chicago：The University of Chicago Press，1979，p. 111.

② Fleck L.，" Wie entstand die Bordet-Wassermann-Reaktion und wie entsteht eine wissenschaftliche Entdeckung im allgemeinen?"，in Werner S.，Zittel C.，Stahnisch F.，*Ludwik Fleck*，*Denkstile und Tatsachen*：*Gesammelte Schriften und Zeugnisse*，Berlin：Suhrkamp，2011，pp. 181 – 210.

③ Fleck L.，"Some Specific Features of the Medical Way of Thinking"，in Cohen R. S.，Schnelle T.，*Cognition and Fact*，*Materials on Ludwik Fleck*，*Boston Studies in the Philosophy of Science*，*Vol. 87*，Dordrecht：D. Reidel Publishing Company，1986，pp. 39 – 46.

人们必须一直变换视角，放弃使用一致的认知视角。只有这样，整体上不合理的病态现象世界，才会在细节中变得合理。就像是，一方面具有深远意义的抽象行为使医学思维找到非典型现象中的类型，另一方面只有放弃它的影响，才能使人们将法则应用于不规则的现象。这导致了观念的不可通约性，这些观念是从掌握病态现象的不同方式发展而来的，因此对病态的统一理解是不可能。细胞学说、体液理论、疾病的功能理解、疾病的"心理"条件，它们都无法单独地完全解释丰富的病态现象。[1]

不存在一种可以理解全部人类疾病现象的观点，病理学知识总是有适用范围的。一个专业群体与另一个专业群体在观点上通常至少是在某种程度上不可通约的。医学知识是局部的、碎片化的和不完全的。[2] 20 世纪二三十年代的弗莱克在基础研究和应用科学研究之间来回摆动，他清楚地认识到不同专业群体对同一现象认知的差异，正是在这一观念的影响下，他主张从一种整体的观点看待科学现象。

在《起源》中弗莱克就批判了以"旧的"机械论方法解释生命现象，他认为还原论方法过时了并劝其赶紧消失，并以整体论替代。

有机体不能再被解释为一个具有固定边界的独立单元，因为这仍是根据唯物主义理论来考虑的。这个概念变得愈加抽象和虚构，它的特定意义取决于它的研究目的。对于形态学家来说，作为遗传因素的抽象和虚构的结果，它已经变成了基因型的概念。

---

① Fleck L. , "Some Specific Features of the Medical Way of Thinking", in Cohen R. S. , Schnelle T. , *Cognition and Fact*, *Materials on Ludwik Fleck*, *Boston Studies in the Philosophy of Science*, *Vol. 87*, Dordrecht: D. Reidel Publishing Company, 1986, pp. 43 – 44.

② Löwy I. , " Fleck the Public Health Expert: Medical Facts, Thought Collectives, and the Scientist's Responsibility", *Science*, *Technology*, *& Human Values*, Vol. 41, No. 3, 2016, pp. 509 – 533.

在生理学中，我们找到了"和谐生活单元"的概念，根据格拉德曼的观点，"这个概念的特点是各个部分的活动相互补充，相互依赖，通过协作构成一个可行的整体。"作为独立单元的那种形态的有机体不具备这种能力。但是，例如一种地衣，其成分来源完全不同，一部分是藻类，另一部分是真菌，构成了这样一个和谐的生命单元。这些成分之间相互依赖，通常来说它们各自是无法存活的。例如固氮细菌和豆类之间，菌根和某些森林树木之间，动物和发光菌之间，以及一些蛀木甲虫和真菌之间的共生关系，形成了"和谐的生命单元"，就像是蚁群那样的动物群落和森林那样的生态单位。根据研究的目的，一个整体的复杂存在被视为一个生物个体。对许多研究来说，细胞被认为是个体，对一些研究来说细胞是一个合胞体，对另一些研究来说细胞是共生的，甚至被认为是一个生态复合体。①

弗莱克认为，有机体的僵化概念应该被"和谐的生命—单元"的概念所替代。弗莱克对传染病僵化的、严格的病因学概念的拒斥，可以纳入这种一般的背景中。弗莱克拒绝将疾病仅仅视为微生物入侵身体的结果，他提出将疾病定义为"复杂生命—单元内的复杂革命"②。弗莱克对疾病的认识是整体论的，他明确反对纯粹的疾病病因学观点。

（二）科学和政治之间的纠缠

作为一名犹太人，弗莱克强烈地意识到了科学和政治之间的纠缠。20世纪二三十年代，由于犹太人的身份，弗莱克无法在利沃夫寻求到合适的工作职位，1923年他被迫从利沃夫大学辞职，1935年丢

---

① Fleck L., *Genesis and Development of a Scientific Fact*, Chicago: The University of Chicago Press, 1979, p. 60.

② Fleck L., *Genesis and Development of a Scientific Fact*, Chicago: The University of Chicago Press, 1979, p. 61.

掉医院实验室的工作，就连他的代表作《起源》也不得不在瑞士出版。①1939年，弗莱克公开警告了科学的政治误用的危险。②

第二次世界大战时期，弗莱克经历了他作为犹太人和微生物学家的双重影响。虽然弗莱克的犹太人身份，使他被划分到了一个备受歧视和迫害的群体，但是作为一名微生物学家，他凭借自身的专业技能，部分抵御了这种迫害。二战期间，犹太人弗莱克的父母和兄弟姐妹全部遇难，微生物学家弗莱克和他的妻儿却幸存了下来。

从1941年12月到1942年12月，弗莱克、他的妻子和儿子都待在利沃夫环境极其恶劣的犹太人聚居区，弗莱克被分配到聚居区医院的微生物学实验室工作。由于缺乏食物、过度拥挤、环境恶劣，危险的斑疹伤寒在聚居区普遍流行。弗莱克和他的同事设计了一种从患者的尿液中生产抗斑疹伤寒疫苗的方法，帮助聚居区中的人预防斑疹伤寒。③1942年12月，弗莱克和家人，以及他的几名同事被派往利沃夫附近的拉奥孔制药公司生产斑疹伤寒疫苗。1943年1月，他们又被押送到奥斯维辛集中营，弗莱克在集中营的医院实验室工作。1943年12月，弗莱克被转移到布痕瓦尔德集中营，参与50区囚犯为德国军队生产抗斑疹伤寒疫苗的工作。④

50区紧邻臭名昭著的46区，纳粹医生在46区实施惨绝人寰的人

①　弗莱克曾经将这部著作的初稿寄给了维也纳学派的领袖人物石里克（Moritz Schlick），并且得到了石里克的赞扬。石里克回信称要帮助弗莱克在维也纳出版这部著作。但是，20世纪30年代的政治条件不允许一个犹太人在德国控制区发表著作，弗莱克不得不在瑞士寻求出版机会。参见Schlick M., "Briefwechsel mit Moritz Schlick", in Werner S., Zittel C., Stahnisch F., *Ludwik Fleck, Denkstile und Tatsachen: Gesammelte Schriften und Zeugnisse*, Berlin: Suhrkamp, 2011, pp. 561-565。

②　Fleck L., "Wissenschaft und Umwelt", in Werner S., Zittel C., Stahnisch F., *Ludwik Fleck, Denkstile und Tatsachen: Gesammelte Schriften und Zeugnisse*, Berlin: Suhrkamp, 2011, pp. 327-339.

③　Weisz G. M., "Dr Fleck Fighting Fleck Typhus", *Social Studies of Science*, Vol. 40, No. 1, 2010, pp. 145-153.

④　Löwy I., "Fleck the Public Health Expert: Medical Facts, Thought Collectives, and the Scientist's Responsibility", *Science, Technology, & Human Values*, Vol. 41, No. 3, 2016, pp. 509-533.

体试验。虽然临近这样一个区，50区的囚犯原本可以在任何时间以任何理由被处决，但是他们却过上了相对特权的生活。他们可以自由组织工作，从耶拿大学图书馆借阅书籍，接收信件和红十字会的包裹，通过烹饪实验中使用的兔子补充他们集中营的食物供给，并且在营地附近自由活动。50区的实验室和执行人体试验的46区的实验室一样，都受柏林纳粹党卫军卫生学研究所的监督，纳粹医生使用囚犯为他们生产抗斑疹伤寒的疫苗，并以此发表出版物，获得科学家的名誉，提升他们的学术地位。①

在弗莱克对纳粹罪行的证词中，弗莱克表示，50区使用立克次体感染的兔子制造抗斑疹伤寒疫苗的方法是巴斯德研究所吉鲁（Paul Giroud）的方法。实验室主管，丁–舒勒（Erwin Ding-Schuler），战争之前在吉鲁指导下接受训练，但是他对斑疹伤寒的知识知之甚少，弗莱克将其描述为"不学无术"②。丁–舒勒无法理解抗斑疹伤寒的疫苗的细节，使得大规模的暗自破坏生产成为可能。囚犯制造的大量无效疫苗被送往德国军队，少量有效疫苗用于对照试验，并分发给集中营内的囚犯。③ 战后，弗莱克说他抵达布痕瓦尔德之后，他们才开始从事破坏行动。在弗莱克抵达布痕瓦尔德之前，50区的群体中没有斑疹伤寒的专家，他们没有认识到被立克次体感染的兔子的肺实际上是由一种无关的细菌导致的。④ 弗莱

---

① Löwy I. ,"Fleck the Public Health Expert: Medical Facts, Thought Collectives, and the Scientist's Responsibility", *Science, Technology, & Human Values*, Vol. 41, No. 3, 2016, p. 522.

② Löwy I. ,"Fleck the Public Health Expert: Medical Facts, Thought Collectives, and the Scientist's Responsibility", *Science, Technology, & Human Values*, Vol. 41, No. 3, 2016, p. 522.

③ Schnelle T. ,"Microbiology and Philosophy of Science, Lwów and the German Holocaust: Station of a Life—Ludwik Fleck 1896 – 1961", in Cohen R. S. , Schnelle T. , *Cognition and Fact, Materials on Ludwik Fleck, Boston Studies in the Philosophy of Science*, Vol. 87, Dordrecht: D. Reidel Publishing Company, 1986, pp. 3 – 38.

④ Löwy I. ,"Fleck the Public Health Expert: Medical Facts, Thought Collectives, and the Scientist's Responsibility", *Science, Technology, & Human Values*, Vol. 41, No. 3, 2016, pp. 509 – 533.

克向这些囚犯揭示了这一错误，然后他们决定继续生产无效疫苗。但是作为 50 区的一名囚犯和布痕瓦尔德抵抗活动的重要领导人，弗莱克并不是一名"有阴谋的"人，他没有参与到集中营复杂的政治游戏中。战后，弗莱克提出了集中营中的囚犯的分类，弗莱克将他们分为四类："组织者"——可以为自己"组织"食物和其他生活物资；"穆斯林"——顺从、中立，植物一般的存在；"领袖"——公开的和隐藏的领导者；"平民"——在集中营中的态度与被捕前的态度保持一致的人。弗莱克可能将自己视为"平民"，他在疯狂的集中营世界中成功地保持了他科学家的状态，他在战后还发表了他在集中营期间的斑疹伤寒研究。①

弗莱克也使用他在布痕瓦尔德的经历推进了他的认识论思想。弗莱克在复述他在布痕瓦尔德的经历时，试图证明思维集体可以产生一种"和谐幻象"，即错误的科学事实的集体产物。弗莱克的一个主要结论是，一个广泛的共识（consensus omnium）不是科学的试金石，因为一个共识与特定的集体密切相关。实际上，每个集体都认为集体外的人会因为无能走向错误的道路。弗莱克补充道，实用性也无法被视为科学的试金石，因为一种被今天认为是完全错误的方法，例如"炼金术士"的黄金制作法，曾经长时间被认为是一种可靠的应用科学。②

从自身的医学研究和人生经历出发，弗莱克认识到了科学研究并不是完全独立和客观的，它经常受到政治、社会等因素的影响。即便是针对同一科学现象，不同的思维集体也会得出不同的认知观点，甚至这些观点完全不相容。

① Löwy I.，"Fleck the Public Health Expert: Medical Facts, Thought Collectives, and the Scientist's Responsibility"，*Science, Technology, & Human Values*，Vol. 41, No. 3, 2016, p. 523.

② Fleck L.，"Problems of the Science of Science"，in Cohen R. S.，Schnelle T.，*Cognition and Fact*，*Materials on Ludwik Fleck*，*Boston Studies in the Philosophy of Science*，Vol. 87，Dordrecht: D. Reidel Publishing Company, 1986, pp. 113 - 128.

三 整体论的科学观

在科学研究和临床实践中，弗莱克认识到了传统还原主义科学观的局限性。弗莱克认为应该从整体论路径考察病理现象。他认为，从一个简单的还原论观点，不可能理解这些现象。弗莱克否认了被广泛接受的信念，传染病只有一个单一的病因，即致病微生物。对弗莱克来说，传染病是一个高度复杂的集合体，它是微生物和宿主之间多要素、多维度相互影响的结果。① 弗莱克坚信，如此复杂的事物是无法通过简单明了的方式描述定义的。他认为，人们应该从多种不同的视角观察疾病——化学、细菌学、心理学等，因为不论是细胞理论、体液学说、疾病的功能理解，还是它们的"心理"条件，都不能穷尽疾病现象的全部特征。然而，医生和科学家经常否认病理现象的复杂性，他们时常试着去找出对疾病现象的简单、总体（和错误）的"逻辑"解释。在短期内，他们也许相信他们成功了："没有比医学更容易获得这种伪逻辑解释的学科了，因为现象越是复杂，容易的是在短期获得一种可验证的法则，难的是达成一种令人信服的观点。"②

为了简化复杂的病理现象，医生使用的另一个方法是按照病理现象分类，视其为不同类别的"疾病"。但是弗莱克认为，自然界中没有"疾病"这种东西，只存在个别的病理现象。所谓的"疾病"实际上是医生构建出来的：它们是"根据个人的和不同的病态现象被区分出的理想的虚构图景，并不与现象本身完全一致"。③ 这些图景被创

---

① Fleck L. , "Some Specific Features of the Medical Way of Thinking", in Cohen R. S. , Schnelle T. , *Cognition and Fact*, *Materials on Ludwik Fleck*, *Boston Studies in the Philosophy of Science*, Vol. 87, Dordrecht: D. Reidel Publishing Company, 1986, pp. 39 – 46.

② Löwy I. , *The Polish School of Philosophy of Medicine*: *From Tytus Chalubinski* (*1820 – 1889*) *to Ludwik Fleck* (*1896 – 1961*), Dordrecht, Boston, London: Kluwer Academic Publishers, 1990, p. 217.

③ Fleck L. , "Some Specific Features of the Medical Way of Thinking", in Cohen R. S. , Schnelle T. , *Cognition and Fact*, *Materials on Ludwik Fleck*, *Boston Studies in the Philosophy of Science*, Vol. 87, Dordrecht: D. Reidel Publishing Company, 1986, pp. 39 – 46.

造出来为的是证明治疗临床科学的发展，虽然它们是有用的，但前提是不要将这种虚构的图景与真正的病理状态混为一谈。

后来，弗莱克将这种疾病的社会建构的观点，推及整个科学，他认为所有的科学知识都是社会建构的。在1929年《论实在的危机》这篇文章中，弗莱克坚信不仅是疾病，而且致病菌、细菌，至少也是部分建构的概念。[①] 弗莱克的这一观点，可能受到了他的老师魏格尔（Rudolf Weigl）非传统概念的影响。魏格尔是20世纪20年代晚期为数不多的认为细菌不是固定种群的微生物学家，持有这一观点的微生物学家认为，同一细菌在不同的环境下可以有不同的形态和生理特征，一些人还认为形态和生理特征不同的细菌可以代表同一个细菌复杂生命周期的不同阶段。这些细菌学家坚信，基于试管观察的、被普遍接受的细菌分类是实验室的一种建构。

这种坚持形态可变的细菌学观点是与弗莱克的病理现象整体论一致的，弗莱克的疾病概念是，一种细菌和宿主之间复杂的动态的相互作用。弗莱克认为，细菌的分类取决于观察它们的条件。但是如果这样的话，细菌分类就不存在客观有效性，相反每种分类都依赖于它的目的和分类的过程。在《论实在的危机》一文中，弗莱克认为相同的细菌可以以不同的方式分类，例如基础科学家的分类和流行病学家的分类。对从事生物化学研究的基础科学家来说，他们更愿意对细菌做严格定义，因为相较于排除一些相关的细菌样本，他们更担心相关细菌中的杂质。对流行病学家来说，正好相反，他们极力避免假阴性结果，并且不希望将一个危险的细菌误认为是良性的，因此他们更愿意对类似的致病菌做不那么严格的定义。这种分类的差异通常被解释为一种流行病学家根据自身实践需求，对科学家给出的真正定义的修

---

① Fleck L. , "On the Crisis of 'Reality'", in Cohen R. S. , Schnelle T. , *Cognition and Fact* , *Materials on Ludwik Fleck* , *Boston Studies in the Philosophy of Science* , *Vol. 87* , Dordrecht: D. Reidel Publishing Company, 1986, pp. 47–58.

改。弗莱克批评了这一观点，他坚信两种分类——基础科学家的分类和实践导向的流行病学家的分类——都是同样有效的，并且同样为"真"。弗莱克认为，应用科学并不比基础科学缺少"科学性"，它们的目标都是探寻真理，但是他们探寻的真理不同并且不可互换，他们各自都依赖于研究的特殊目的和专家共同体的思维风格。这很可能就是弗莱克认识论概念的起源：真理是相对于思维风格的观点。①

第二节　梅毒史和瓦色曼反应研究

根据弗莱克家人的回忆，在 20 世纪二三十年代弗莱克除了进行科学研究之外，还致力于哲学、社会学和科学史书籍的阅读。这很可能是受到了当时周边学术氛围的影响，在弗莱克所在的领域，人们对那些既精于自己专业又涉猎广泛的学者更为追捧。② 早期弗莱克很可能直接受到了两名医生对自己的影响，一个是谢拉兹基（Włodzimierz Sieradzki），另一个是津比茨基（Witołd Ziembicki）。谢拉兹基是弗莱克在利沃夫大学时的导师，指导了弗莱克的博士学位论文，并于 1922 年授予弗莱克博士学位，他不仅是一名法医学教授，而且对一些医学哲学问题有所研究。津比茨基是弗莱克 1923 年到 1925 年在利沃夫综合医院工作时的直属领导。他除了是综合医院的一名内科医生，还是一名医学史学家，1929 年他在利沃夫大学开设了医学史课程，后来还成为医学史荣誉教授。此外，津比茨基还是利沃夫医学史爱好者协会的主席，弗莱克也是这个协会的创始会员。弗莱克发表的第一篇哲学

① Löwy I. , *The Polish School of Philosophy of Medicine: From Tytus Chalubinski (1820 – 1889) to Ludwik Fleck (1896 – 1961)*, Dordrecht, Boston, London: Kluwer Academic Publishers, 1990, p. 218.

② Schnelle T. , "Microbiology and Philosophy of Science, Lwów and the German Holocaust: Station of a Life—Ludwik Fleck 1896 – 1961", in Cohen R. S. , Schnelle T. , *Cognition and Fact, Materials on Ludwik Fleck*, *Boston Studies in the Philosophy of Science*, Vol. 87, Dordrecht: D. Reidel Publishing Company, 1986, p. 5.

文章就是在这个协会做的一次讲座的内容。

除了受这两名医生的影响，弗莱克还与波兰学派的哲学家和医学史学家有过往来。弗莱克在利沃夫大学学习医学期间，热衷于传播波兰学派思想的舒莫夫斯基（Władysław Szumowski）就在利沃夫大学教授医学史。弗莱克还与波兰医学学派的学者公开发表论文讨论过相关问题。他必然也受到了波兰医学哲学学派的影响。①

因此弗莱克选择从医学史入手，讨论他所关心的哲学问题。首先，作为一名医生，弗莱克对医学史非常熟悉，他可以很好地掌握和理解相关的史料；其次，受相对论和量子力学革命的哲学辩论的影响，弗莱克认为医学领域同样经历着一次重大的变革，弗莱克试图通过对医学史的反思，讨论医学中"事实"的问题。

在1935年发表的《起源》一书中，弗莱克认为人们总是将事实设想为一种摆脱了主观影响的客观的存在。因此各个学科都以追求客观的事实为目标，例如物理学要求客观地观察，历史学要求客观地记述。但是人们时常会犯一种根本性的错误，即总是将日常生活或者经典的理论当作理所当然的事实，并且意识不到这些事实对自己的影响，因为这些事实在人们的心中已经根深蒂固。在弗莱克看来，研究经典物理学中的事实，几乎是不可能摆脱先入为主的观念的，因为它的理论已经被人们广泛接受。如果想要讨论"事实"的起源与发展，就需要研究一个"较新的事实"，最好是尚在研究的事实，这样才能处在较为中立的立场上进行研究。弗莱克认为，医学事实具有特别的历史学和现象学价值，特别适宜于哲学研究。因此，弗莱克从最为公

---

① Schnelle T. , "Microbiology and Philosophy of Science, Lwów and the German Holocaust: Station of a Life—Ludwik Fleck 1896 – 1961", in Cohen R. S. , Schnelle T. , *Cognition and Fact*, *Materials on Ludwik Fleck*, *Boston Studies in the Philosophy of Science*, Vol. 87, Dordrecht: D. Reidel Publishing Company, 1986, p. 5.

认的医学事实中选择了一个事实：与梅毒相关的瓦色曼反应。① 通过对梅毒史和瓦色曼反应的讨论，弗莱克提出了他的思维风格和思维集体理论。

一　梅毒史

通过一些历史概念的对比，弗莱克认为现代梅毒学的历史可以追溯至 15 世纪末。最初，梅毒被人们广泛地认为是由天体和恒星位置的变化导致的一种性欲灾祸。"大多数的著作家认为 1484 年 11 月 25 日土星和木星在天蝎座和火星宫位下的合相导致了性欲灾祸（梅毒 Lustseuche）。大吉星木星被邪恶的土星和火星征服。统治着性器官的天蝎座，解释了为什么性器官成为新疾病攻击的第一个地方。"② 这种解释很好地迎合了当时盛行的占星学思维风格，因此得以很好地生存和发展，并且占据了当时认知的主导地位。

与此同时，那时的宗教声称这种疾病是对罪恶性欲的惩罚，"神安排它的出现是因为他想要让人类避开乱伦的罪恶"。③ 这就从道德领域确立了梅毒的一个明显的伦理学特征。

由于当时处于主流的占星学和宗教对梅毒做了"性欲灾祸"的解释，此后梅毒就被烙上了这个罪孽深重的恶名。当时普遍的社会心理态度决定了梅毒的"性欲灾祸"的定义，但是如果仅以性病或者是"性欲灾祸"的特征来判断梅毒，那么梅毒概念将十分广泛，它不仅包括现代的梅毒病，还包括了许多其他的性病。不过弗莱克指出，在人们得以区分梅毒和其他性病之前，作为"性欲灾祸"的梅毒概念已

---

① Fleck L., *Genesis and Development of a Scientific Fact*, Chicago: The University of Chicago Press, 1979, pp. xxvii – xxviii.

② Fleck L., *Genesis and Development of a Scientific Fact*, Chicago: The University of Chicago Press, 1979, p. 2.

③ Fleck L., *Genesis and Development of a Scientific Fact*, Chicago: The University of Chicago Press, 1979, p. 3.

经持续存在了四个世纪，普遍的社会心理态度如此坚固，以至于人们没有对它们进行区分。① 因此，在梅毒概念发展的早期，不是所谓的经验观察引导了概念的建构和确立，而是社会心理学和宗教传统决定着概念的内容。

虽然"性欲灾祸"的解释一直都存在，但是这绝不是对梅毒的唯一解释。在不同的时期，从不同的阶层、不同视角出发，至少还有三种对梅毒本质的描述，它们之相互协作、相互反对、不断发展，才逐渐形成了现代的梅毒概念。

关于梅毒本质的第二个观点来源于梅毒的治疗方法。德国医学史学家祖德霍夫（Karl Jakob Sudhoff）认为古老的金属疗法是梅毒概念真正的和唯一的起源，他将梅毒定义为可以通过使用一般的汞制涂擦剂治疗的慢性皮肤病。但是弗莱克并不同意这一说法。首先，早期将梅毒视为一种疾病的文章，并没有提到汞；其次，汞是一种常见的治疗手段，常用于治疗多种皮肤病，例如疥疮和麻风病；最后，如果以汞的疗效单独断定疾病，那么其他不受汞的影响的性病，例如淋病和软下疳就变得和梅毒毫无关系了，因此汞的疗效似乎只是确立梅毒概念的次要因素。② 但是，弗莱克也强调，不能低估汞的重要性，因为使用汞治疗梅毒是非常普遍的现象。尽管它存有一种中毒的危险，人们还是认为汞是高贵的，在很多领域有用且必不可少。不过，仅从汞的疗效出发来建立梅毒概念肯定是不可能的，与"性欲灾祸"的解释一样，它不能在梅毒和其他一些性病之间做出很好的区分。

汞的解释和"性欲灾祸"的解释各自独立发展，立场相异，"有时汞不能治愈性欲灾祸，反而会使其更为严重"就表明了二者指向的对象并不完全相同。然而这些观点并没有按照逻辑规则发展，而是按

---

① Fleck L., *Genesis and Development of a Scientific Fact*, Chicago：The University of Chicago Press，1979，p. 3.

② Fleck L., *Genesis and Development of a Scientific Fact*, Chicago：The University of Chicago Press，1979，p. 4.

照心理学规则融合，人们最后还是将这两个观点融合到了一起。①

　　与对梅毒本质的探讨不同，从 16 世纪开始就有人在论文中质疑梅毒的存在，甚至到了 19 世纪末维也纳维登帝国皇家医院的主任医师约瑟夫·赫尔曼（Josef Hermann）还出版了题为《全身梅毒不存在》的小册子。赫尔曼认为，梅毒是一种不会扩散至人类血液的局部疾病，在患者的血液中没有检测出梅毒的致病指标，全身症状并不是梅毒导致的，梅毒只能被汞治疗或通过其他方法判断。虽然赫尔曼认为梅毒是局部疾病的观点在当时看来已经稍显陈旧，但是他说明了汞和梅毒是怎么联系到一起的，并且提出了梅毒血液的检测，这一观点非常重要，因为它直接导致了对梅毒做"血液测试的需求"，这种血液测试最后发展为识别梅毒的重要手段：瓦色曼反应。

　　即便到了 19 世纪末，梅毒的概念仍然模糊不清，确认它的方法甚至还相互抵触。随着思维风格的改变和一些更为具体的新现象的发现，原始的"性欲灾祸"的观点逐渐丧失了它的魅力，从形态上和病理上定义梅毒逐渐成为人们关注的核心。实验病理学对梅毒与其他性病的区分成为争论的焦点，当时大致分成了三派：（1）"同一论"，在实验中他们发现淋病毒素有时会引起下疳，下疳毒素有时也会引起淋病。支持者通过给健康人的皮肤上接种淋病黏液和下疳脓，发现它们会引起典型的梅毒溃烂，由此他们认为淋病、梅毒、下疳是同一疾病。但是他们区分了软下疳和硬下疳，认为硬下疳是部分梅毒。（2）"二元论"，支持者区分了梅毒和硬下疳，认为硬下疳是假性梅毒，只是与梅毒相似的疾病，并且区分了淋病毒素和梅毒毒素，但是受梅毒理论的影响，他们认为淋病是一般的全身性疾病"淋病疾病"的初级阶段。（3）"一位论"，支持者完全区分了淋病和梅毒，但是他们坚持认为硬下疳和软下疳是同一疾病，并且强调全身性梅毒必须经历下

①　Fleck L., *Genesis and Development of a Scientific Fact*, Chicago：The University of Chicago Press, 1979, p. 5.

疮这个阶段。经过不断的争论，最后"新的二元论"明确地从梅毒中区分出了淋病和软下疳。①

然而，这些争论只是从症状上区分梅毒与其他性病，关于梅毒概念更复杂的问题仍然没有触及，例如它与脊髓痨或进行性麻痹的关系，遗传性梅毒、潜伏梅毒、疾病复发等许多难题都没有解决，只有等到后来病因学的发展，这些问题才逐步得到解决，梅毒概念才发展为现在的样子。

到此，本书讨论了弗莱克对梅毒概念的三种描述：性欲灾祸、经验疗法（汞）、实验病理学。弗莱克强调历史上存在多种定义梅毒的方法，根据定义的不同，人们也会得出不同的结论。因此，人们对概念有着一定程度的选择自由，只有在做出选择之后，才能得出那些必要的联系。这可以被称为一种约定论，人们在认同了一定的前提后，才能获得对某些事物的认知。

然而，作为一种约定，对概念选择并不是完全的自由，16 世纪的医生决不会以自然科学和病理学为基础，擅自替换梅毒的"性欲灾祸"的概念，一个时代的思维风格深深地影响着每一个概念的构成。而且随着历史的发展，所选择的理论在经历了一个经典时期之后，会遇到大量的异常和例外，并且还会出现许多与之竞争的独立发展的理论。如果将历史、文化和社会的因素考虑在内，自由理性的选择将被诸多特殊的文化、历史因素所替代。②

弗莱克也指出，虽然历史、文化和社会的因素对人们的概念选择起着重要的影响作用，但是在历史中总还是有一些它们不能解释的联系。历史中似乎有着某些真实的、客观的联系，弗莱克称为积极的联系，例如在"性欲灾祸"的概念下，所有性病的集合都是这种现象的

---

① Fleck L. , *Genesis and Development of a Scientific Fact*, Chicago: The University of Chicago Press, 1979, pp. 7 – 8.

② Fleck L. , *Genesis and Development of a Scientific Fact*, Chicago: The University of Chicago Press, 1979, pp. 9 – 10.

积极联系。与积极联系对应，当然还会存在某些消极的联系，例如汞疗的概念下，"有时汞不能治愈性欲灾祸，反而会使其更为严重"就是认知的一个消极联系。然而人们也会发现，如果没有一个与之不同的概念，消极的联系甚至不能被单独地建构，如果没有"性欲灾祸"的概念，汞疗的概念也就无从对比。除此之外，任何有效的概念都是某类经验的总和，个体的经验的意义是十分有限的。"判决性"实验时常什么都证明不了，因为它的结果必然被认为是一个偶然或错误。一个概念的形成，需要一个集体复杂交流的过程，这一过程中有着许多不受逻辑控制的因素。因此，仅从思辨出发人们无法得出一个明确的概念，即使它是从某些例子中推理得出，也仍然有待于实证研究的探索。①

虽然性欲灾祸、汞疗、实验病理学对梅毒的解释在历史上产生过重要的影响，但是现代梅毒的概念的形成，主要还是得益于病因学的发展。

实际上关于梅毒致病机理的观念很早就出现了。但是它们几乎都是以恶液质理论为基础的。梅毒中污秽血液的观念是从体液混合的一般理论中发展而来的。弗莱克提到了很多文献记载，"当骨头或肌肉和神经被黑胆汁血液滋养时，因为感染了一种有害的特质，血液不能适当地转化为有营养的物质，因此它会导致分泌物的急剧增加，分泌物在那里的堆积，成为了痛苦的原因"。这是对梅毒患者骨头疼的一种解释。"在流行性热病期间，空气中一个神秘的有害品质败坏心脏、呼吸和血液""梅毒病人特有的血液是从一个好的状态转化为一个坏的和不自然的状态的""当我们打开伤口，可以清楚地看到表面之下的疮痂和溃疡。这是被有毒物质感染的过热和过浓的血液引起""人们认为它和法国人痘所经受的没有什么真正的差别，因为从这个疾病

---

① Fleck L., *Genesis and Development of a Scientific Fact*, Chicago: The University of Chicago Press, 1979, pp. 10-11.

的发病情况看，血液被感染而腐坏，但是伤口却不化脓，因此它们的差异就被忽略了""引起法国人痘的条件是血液的普遍感染""血液发生了变化，离开了它的自然状态"。这些论述都是以恶液质理论为基础，讨论梅毒血液的一种致病机理，败坏的血液成为梅毒的一种具体特征。①

到了 19 世纪，细菌理论快速发展，人们根据细菌理论的基本观点，认为梅毒是由某种细菌导致的，梅毒血液与健康人的血液明显不同，可以通过对梅毒血液的显微镜观察和化学检测诊断梅毒。但是这一观点遭到了赫尔曼的猛烈攻击，1872 年赫尔曼在维也纳举办的医师协会的会议中说道："一名年轻的医师洛斯托弗（Lostorfer）断言，之前所有的血液测试没有得出任何实际的结果的原因是因为使用了一个错误的方法。他声称自己是梅毒细胞的发现者，或者更准确地说，他是唯一发现了梅毒细胞的人，梅毒细胞只出现在梅毒血液中，它在血液中的存在为全身梅毒提供了全面且精确的诊断方法。"虽然仅仅几天之后，这个理论就被证明是错误的，因为所谓的梅毒血液中的细胞"决不是梅毒特有的一个症状"。②

然而，保守势力的攻击并不能阻止病因学观点的继续发展，人们不断使用有效的化学制品和显微镜设备对梅毒病人的血液进行详细的研究，到了 19 世纪末，梅毒病人与健康人的血液不同已经成为普遍的观点。

而后，大批医生详细且全面地研究了梅毒血液的变化，为了证明梅毒血液的传统概念，人们以惊人的和前所未有的毅力，试尽了所有可能的方法。直到瓦色曼反应的出现，才最终取得了成功。弗莱克称

① Fleck L., *Genesis and Development of a Scientific Fact*, Chicago：The University of Chicago Press，1979，pp. 11 – 12.

② Fleck L., *Genesis and Development of a Scientific Fact*, Chicago：The University of Chicago Press，1979，p. 13.

之为一个划时代的成就。①

在弗莱克看来，瓦色曼重新定义了梅毒，主要是二期和三期，尤其是确定了变性梅毒（metasyphilitic diseases）的范围，如脊髓痨；解决了遗传问题和潜伏梅毒的问题；处理了与肺结核、佝偻病和狼疮的微妙关系。但是，更重要的是瓦色曼反应创造和发展了一个独立的学科：血清学。如今瓦色曼反应经常被简称为"血清试验"，与此同时，梅毒的病因学解释成功地定义了一期梅毒，从而完成了对现代梅毒的定义。②

对一个科学学科的历史的准确描述是极其困难的，诸多思想路线相互交织、相互影响。每一条思想路线都在连续地发展，而且它们相互联系，如果人们想要对其进行完整的描述，就不得不将它们分别表述出来。但是人们总是会从诸多的思想路线中发展一个理想化的主线，而不是对其进行详尽的描述。弗莱克举了一个贴切的例子，如果人们记录一场激烈的会谈就会发现，虽然在会谈中会有几个人同时自说自话，并且每个人都大声地发表自己的想法，好让别人听到他的话，尽管这样他们最后还是可以产生一个明确的共识。就像是这个明确的共识一样，在科学史中我们最后也是可以得出一个理想化的主线，尽管我们不得不为此搁置某些特殊的联系，并且忽略大量的事实。③

从梅毒概念发展史中追溯病因学的历史，弗莱克发现病因学的发展与梅毒血液观念的发展十分相似，但是也存在一个重要差异。虽然人们很早就观察到疾病的传染性，但是并没有将传染性与血液的变化

① Fleck L., *Genesis and Development of a Scientific Fact*, Chicago：The University of Chicago Press, 1979, p. 14.

② Fleck L., *Genesis and Development of a Scientific Fact*, Chicago：The University of Chicago Press, 1979, p. 14.

③ Fleck L., *Genesis and Development of a Scientific Fact*, Chicago：The University of Chicago Press, 1979, p. 15.

联系到一起，直到"细菌"概念流行的年代，病因学家才将血液的变化视为传染性的原因，从而在血液中寻找导致梅毒的病原体。可以说近代梅毒概念的形成很大程度上依赖于细菌学家对梅毒病原体的研究。

作为梅毒病原体的梅毒螺旋体，是国家研究部门系统工作的研究成果。1904 年和1905 年西格尔（John Siegel）将传染病解释为由某种原生生物引起的疾病。德国帝国卫生署的署长科勒（Karl Köhler）认为如果西格尔的发现能得到证实，那将是极其重要的成果，因此 1905 年 2 月科勒就以卫生局的名义组织了对这一发现的研究。3 月 3 日卫生局成员绍丁（Fritz Schaudinn）在光学设备的辅助下，成功观测到了新鲜的梅毒丘疹组织液中的螺旋菌的运动，并将其命名为梅毒螺旋体，以便于和普通的病症相区分。之后，他们使用猴子做了螺旋体感染实验，并得出积极结果。然而，尽管已经有超过 100 个学者发现了梅毒螺旋体，但是卫生署对梅毒起源的病因学解释还是持保留态度。1905 年 8 月 12 日卫生署递交内政部的报告中还认为鲁莽地将梅毒螺旋体看作梅毒的病原体是一个不合理的结论。直到微生物学家利用梅毒螺旋体纯净培养物在兔子和猴子身上做了接种实验后，这种病原体致病的观点才得以确证。由于淋病和软下疳的病原体在梅毒螺旋体之前就已经被发现，所以它们得以被排除在梅毒之外。梅毒螺旋体和瓦色曼反应一起，促进了脊髓痨和进行性麻痹与梅毒的明确区分，进一步明确了现代的梅毒概念。①

由四条相互交织的思想路线构成的梅毒的现代概念还在不断地发展。从道德领域发展而来的与性行为的关系，形成了通用术语性病。从汞的观念出发，得出了一个一般的化疗理论，并且促使了如洒尔佛散等特效药的出现。另外，对梅毒与其他疾病的区分也还在不断细

---

① Fleck L., *Genesis and Development of a Scientific Fact*, Chicago: The University of Chicago Press, 1979, p. 17.

化。病因学的研究很可能还会发现几个新的性病病种。然而，仍然存在许多无法解决的难题。随着对梅毒血液概念的进一步考察，人们也发现没有病征的细菌携带者所携带某些细菌（例如，白喉杆菌和脑膜炎球菌）远比相关疾病的患者更为常见，微生物的存在与患者的发病不相一致，许多细菌无处不在，当其他条件成立时它才会出现，因此，"病原体"只不过是一种症状，甚至在若干疾病的指标中都不是最重要的。另外，有时人们很难对螺旋体物种进行明确的分类，同时对螺旋体毒性也有了新的认识，人们将无害的水螺旋体转化成了有毒性的螺旋体。因此，这种细菌概念的不确定性也导致了梅毒病原体概念的不确定性。梅毒概念至今仍然是不完备的，随着时间的推移，它还会继续发生着变化。在这一过程中，人们得出了对梅毒丰富的认识，也遗弃了许多原初概念。早期著作中包含的许多问题，如今已经被人们忽视，随着梅毒概念的转变，还会出现许多新的问题，许多新的知识领域也会被建立起来，以至于在这里没有什么东西是被真正完成的。[1]

二 瓦色曼反应

在介绍完梅毒概念的发展史后，弗莱克初步阐发了他的思维风格和思维集体理论，紧接着他就进一步讨论了瓦色曼反应，详细论述了在思维风格和思维集体的影响下，一个科学事实是如何被建构的。

在正式介绍瓦色曼反应之前，弗莱克称没有任何一种描述可以替代从多年实践中获得的对瓦色曼反应的认知，语言的描述和实践经历是完全不同的。瓦色曼反应经过长时间的实践操作，已经逐渐形成了一个独特的领域，它涉及化学、物理化学、病理学和生理学等诸多分支学科。弗莱克指出当一个领域自成一体时，它就不再能被其他科学

---

[1] Fleck L., *Genesis and Development of a Scientific Fact*, Chicago: The University of Chicago Press, 1979, p. 19.

领域的语言充分描述。因为语言本身没有固定的意义，只有在一些语境或思想领域内，它们才能获得其最适当的意义。一个词语的意义的微妙差异只有学习了历史的或教谕的"导言"后才能被理解。①

因此，弗莱克选取了瓦色曼的学生齐特龙（Julius Citron）1910年在莱比锡出版社出版的《免疫诊断和免疫治疗的方法》的导言——免疫和抗体的概念，特异性规律，对照实验的重要性——作为描述瓦色曼反应的前提基础。

在齐特龙的书中，他认为临床观察、病因学方法和免疫学方法都可以用来诊断传染病。临床观察主要是通过密切观察患者体温、器官的变化、皮疹和生物化学过程做出诊断；病因学通过直接检测病原体做出诊断；免疫学则通过检测有机体与特定物质的反应做出诊断。②与科赫的认知不同，当时，人们已经认识到传染病的发展不仅取决于病菌的类型、数量和毒性，也取决于有机体的特性。虽然病原体的作用和有机体反应的能力之间的关系尚不清楚，并且细菌之间和个体之间存在差异，但是有机体防御细菌的机制基本上是一样的，因此人们已经从两者相互作用的视角来看待疾病。当时对相互作用的解释有两种主要理论，一种是梅契尼科夫的吞噬细胞理论，另一种是埃尔利希的侧链理论。梅契尼科夫主要采用的是细胞的概念，即细菌进入有机体后，有机体会调动细胞对抗、吞噬细菌敌军；埃尔利希则采用的是体液的概念，他认为抗体是细胞膜上的侧链结构，这一结构与抗原（细菌毒素）互补，防止毒素侵入细胞。旧的侧链被释放后，细胞会产生新的侧链。当毒素重复与侧链结合时，细胞会超量补偿失去的侧链，这超量的侧链脱落之后就形成了体液中的抗体。细菌毒素再次进

---

① Fleck L., *Genesis and Development of a Scientific Fact*, Chicago: The University of Chicago Press, 1979, p. 53.

② Fleck L., *Genesis and Development of a Scientific Fact*, Chicago: The University of Chicago Press, 1979, p. 55.

入体内会直接与体液中的抗体结合，从而保护细胞。①

　　不论是梅契尼科夫还是埃尔利希的理论，其实都是在解释同一种"免疫"现象，即当人们从严重的传染病恢复之后，有机体发生某些无法检测出来的变化，这种变化保护患者不再患上相同的传染病，至少不那么容易再次患上这种传染病。为了获得免疫力预防致命的传染病，人们主要采取了两种获得免疫力的方式，一种是主动免疫，另一种是被动免疫。主动免疫是激发自身免疫力抵抗感染，例如琴纳和巴斯德通过疫苗接种，人工地使有机体产生了免疫力。然而，当时人们并不清楚为什么能产生这种免疫力，人们只观察到在主动免疫下，有机体为了对抗细菌及其毒素通常会形成某些特定的反应物，这些反应物被称为抗体。根据抗体作用的不同，它们的名称和意义也各不相同。有着凝集作用和沉淀作用的抗体被分别称为凝集素和沉淀素，但它们几乎没有什么保护作用。可以直接中和细菌及其毒素的抗体被称为抗毒素，可以杀死细菌的抗体被称为溶菌素或杀菌剂，通过改变细菌使其更容易被细胞破坏的抗体被称为亲菌素或调理素，它们毫无疑问都有利于保护有机体。这三种抗体分别对应着三种概念，抗毒免疫、杀菌免疫和细胞免疫。另外，人们也发现将从免疫动物身上获得的含有抗体的血清注射到非免疫的健康动物体内，通常也会引起其对相关传染物的免疫。此时，有机体的这种防御机制并不是通过自身的细胞活动产生的，而是直接获得的，为了与主动免疫相区分，人们将这种形式的免疫称为"被动免疫"。

　　不论是患者康复获得免疫，还是通过接种获得免疫，都属于"获得性免疫"。除此之外，特定物种对特定细菌还存在一种"自然免疫"，例如对猪瘟这样的动物传染病，人类享有一种自然的免疫力。自然免疫几乎都是细胞免疫，最重要的防御武器是吞噬作用，即白细

---

　　① 左汉宾：《从抗体到复合免疫网络——免疫学理论进化及其方法论研究》，第四军医大学出版社 2008 年版，第88—89 页。

胞 "吃" 细菌的能力。[1]

齐特龙指出，虽然人们对抗体产生的机理做了很多解释，并尝试从化学的视角制备它们，但是当时人们根本无法得知抗体是否具有独立的化学结构，他们只能通过血清实验了解它们。在血清实验中，人们发现虽然个体抗体的效用有很大差异，但是它们却有着很强的特异性，例如斑疹伤寒抗体仅和斑疹伤寒产生免疫反应，霍乱抗体仅和霍乱弧菌产生免疫反应。齐特龙提出了一个法则：每一个真正的抗体都是特异性的，所有非特异性的物质都不是抗体。特异性法则是血清诊断的前提。[2]

实际上，1906 年瓦色曼及其同事就在抗体—抗原特异性的理论下，研究了结核杆菌免疫血清，他们证明了结核器官中存在溶解的结核杆菌物质（结核菌素）。反过来，借助结核菌素，他们证明了血液中存在一种特异性抗体，即抗结核体。虽然瓦色曼结核杆菌的研究既没有得到学界的认可，也没有在临床或理论研究中产生影响，但是它却成为瓦色曼研究梅毒测试的起始点。

与科赫和巴斯德时期的德法细菌学竞争如出一辙，瓦色曼开启梅毒研究是因为当时法国在梅毒研究方面已经遥遥领先于德国。当时的文化部长阿尔特霍夫找到瓦色曼，建议他开始着手梅毒的研究，以确保德国的实验研究能在这一领域分一杯羹。[3] 由此可以看出，瓦色曼选择研究梅毒并不是纯粹的科学探索，而是一种在政府的推动下的科学竞争，有着明显的社会动机。瓦色曼并不是政府选择的唯一科学家，绍丁、奈瑟（Albert Neisser）、布鲁克（Carl Bruck）、希伯特（Conrad Siebert）、舒

① Fleck L., *Genesis and Development of a Scientific Fact*, Chicago: The University of Chicago Press, 1979, pp. 56 –57.

② Fleck L., *Genesis and Development of a Scientific Fact*, Chicago: The University of Chicago Press, 1979, p. 58.

③ Fleck L., *Genesis and Development of a Scientific Fact*, Chicago: The University of Chicago Press, 1979, p. 69.

赫特（A. Schucht）、兰茨泰纳（Karl Landsteiner）、玛丽（Auguste Charles Marie）和列瓦迪提（Constantin Levaditi）等诸多科学家都参与到这个项目之中。最终在他们的努力下，人们确定了梅毒螺旋体是梅毒的病原体，因此梅毒螺旋体的发现并不属于任何个人，而是通过有组织的集体研究发现的。虽然他们之间的观点有所差异，但是作为一个共同体，人们很难从他们中确定一个独立的发现者。①

确定了梅毒的病原体之后，如何诊断和治疗梅毒就成为核心问题。1906 年 5 月 10 日，瓦色曼、奈瑟、布鲁克联名发表了一篇名为《关于梅毒的一个血清诊断反应》的论文。论文指出，他们的目的是借助补体结合的理论证明：（1）抗原存在于梅毒组织和梅毒血液中；（2）抗体（连同介体）存在于梅毒患者的血液中。在现在看来，他们的方法非常原始，他们从经过梅毒预处理的猴子体内取出非活性的血清，然后将其与梅毒患者的组织提取物和血清等物质混合，再加入正常豚鼠的新鲜血液作为补体，留出一定的时间进行结合。之后，利用非活性的物质，尤其是溶血血清和与之相关的血细胞，测试补体是否被完全结合。如果补体已经完全结合，那么血细胞的溶血现象得到抑制。如果可以在梅毒患者的血液中找到梅毒物质或抗体的证据，那这将极具诊断价值和治疗意义。然而，这一切都需要证明免疫血清与梅毒的特异性。

1906 年，布鲁克和舒赫特发表了第二篇论文《从补体结合视角进一步观察特定梅毒物质的证明》。文章指出，组织提取物特定梅毒物质的存在（即抗原检测）是至关重要的，在梅毒血清中寻找抗体仅仅是次要的。通过特殊技巧、对照实验和结果统计，他们在 76 例梅毒组织提取物中，检测出了 64 例梅毒抗原，成功率高达 84%，其中 29 例梅毒胎儿的组织提取物中均检测出了梅毒抗原，成功率 100%。

① Fleck L., *Genesis and Development of a Scientific Fact*, Chicago: The University of Chicago Press, 1979, p. 69.

在 7 例进行性麻痹患者的组织提取物中都没有检测出抗原。然而，在
257 例梅毒患者的血液样本中仅成功检测出 49 例存在介体（抗体），
成功率只有 19%。因此，从统计数据来看，抗原检测远比抗体检测的
成功率高，这也就可以理解为什么作者更强调抗原检测。关于这个实
验的理论前提，作者完全确信"它是梅毒抗原和梅毒抗体之间的特异
性反应"，虽然这一观点得到了一些人的支持，但是很快它就被证明
是错误的。[1]

　　然而，之前在实验中成功率只有 15%—20% 的血清测试，在临床
应用中却非常实用，在具体病例中成功率非常高，在之后的统计中，
成功率达到了 70%—90%。这一转折是如何发生的呢？

　　通常人们认为这一转折应归功于齐特龙改变了血清的剂量。之前
瓦色曼及其同事使用的是 0.1 毫升的血清，但齐特龙建议增加到 0.2
毫升。但是，弗莱克指出如果精确地调整试剂，即使只有 0.04 毫升
的血清也是足够的。从根本上看，并不是血清剂量的调整导致了成功
率的提升，而是对实验流程的适当调整，以及对实验结果的读取，才
使得瓦色曼反应变得实用。

　　抗体测试的结果总是波动不定，有许多阳性结果甚至出现在非梅
毒病例中，在梅毒病例中也出现了许多阴性结果。因此，实验者必须
在最小非特异性和最大灵敏度之间寻找到一个最佳的平衡点。然而，
这项工作完全是一项集体工作，众多研究人员都参与到试错的研究
中，他们添加"多一点"或"少一点"的试剂，允许"长一点"或
"短一点"的反应时间，读出"多一些"或"少一些"精确性的结
果。除此之外，他们还对试剂制备和其他技术操作进行了修正改良，
例如控制和初步试验、滴定和配对。[2] 实验者似乎已经放弃了抗体抗

①　Fleck L., *Genesis and Development of a Scientific Fact*, Chicago：The University of Chicago Press，1979，p. 73.

②　Fleck L., *Genesis and Development of a Scientific Fact*, Chicago：The University of Chicago Press，1979，pp. 73 – 74.

原的理论，而转向了如何调整实验使其更为有用的研究中。

不久之后，瓦色曼及其同事所坚信的"螺旋体抗原和螺旋体介体，即特定的抗原—抗体反应"被证实完全是一个错误。克鲁（Hugo Kroo）的实验证明尽管螺旋体抗原能被检测到，但通过灭活螺旋体免疫接种并不能在人体内产生阳性瓦色曼反应，使得瓦色曼的错误愈发明显。毕竟，瓦色曼反应仅证明了梅毒血液中的一种特殊变化。取代符合某些理论或计划的抗原，现在人们几乎只使用牛或人的心脏的酒精提取物。根据萨克斯（Hans Sachs）的建议，可以在这类提取物中加入胆固醇。含有这类提取物的梅毒血清会产生絮凝，在特定条件下清晰可见，某些特定和非常实用的絮凝作用也基于此。可能是因为吸附作用，梅毒血清和器官提取物的混合会产生一种特殊反应的沉淀物，它移除了由羊血细胞和相关的溶血性介体组成的溶血系统中的补体。这种溶血抑制，可以指示出阳性瓦色曼反应。

根据威尔（Edmund Weil）的自身抗体学说的理论，瓦色曼反应并不是以溶血现象作为一个复杂生物指示的不稳定反应，而是一个真正的博尔代－根高（Bordet-Gengou）类型的补体结合的免疫反应，但其与梅毒的组织分解物一起发生反应，而不是直接与梅毒螺旋体发生反应。健康人器官的提取物相当于患者组织的分解物，解释了它的可用性。还有一些其他的理论也能解释，但无论如何，瓦色曼的假设都是错的。[①]

1921 年，布鲁克自己写道，凭借着"非凡的运气"，"在实践瓦色曼观点期间，人们发现了一种梅毒反应，而这种反应的本质在今天仍相当模糊"。威尔也在 1921 年声称，瓦色曼的假设是错误的，但却意外获得了一个具有重大实践意义的发现。劳本海姆（Kurt Laubenheimer）于 1930 年补充道："虽然瓦色曼和他的同事发现的方法（现在被简称为'瓦色曼反应'）之后被证明是错的，但是在它存

---

① Fleck L., *Genesis and Development of a Scientific Fact*, Chicago：The University of Chicago Press，1979，p. 74.

在的 20 年间，这一反应已经证明了借助血清诊断梅毒的价值，即使在今天它也没有完全被其他新的方法所代替。"最后，普劳特（Felix Plaut）在 1931 年将其评价为先迷后悟的智慧："鉴于血清学目前的总体情况，特别是瓦色曼反应，有些人实际上是想要指责瓦色曼是从错误的假设出发的。如果真是如此——这一错误还没有结束——那么我们应该祝福瓦色曼的错误假设。如果他执着于寻找正确的假设，那么他将永远不会发现瓦色曼反应。因为直至今日，他已经过世 6 年，我们仍然不知道反应的正确前提条件。现在，那些将瓦色曼反应的发现归于运气的愚蠢看法又出现了。在这种研究背景下，只有当有争议的发现纯属偶然时，我们才将其视为运气，但在这里，完全相反。瓦色曼反应的发现并非偶然，因为瓦色曼一直在寻找它，相当系统化的实验操作，从本质上看完全基于我们当时的知识。然而，敏锐的想法往往也是幸运的想法，熟练的手往往也是幸运的手。那些有着辉煌研究成果的科学家从诸多可能的方法中凭借直觉选择了通向成功的一个方法，他们的个人品质是无法解释的。"①

在此，记录瓦色曼自己后来对瓦色曼反应的想法非常重要。"你将会记得，当我创建梅毒血清学诊断时，我从下面这个想法出发，就是想要找到一种可用于诊断的介体的方法，即一种可以与抗原结合的物质，并且在这种亲和性饱和之后，根据博尔代和埃尔利希的定律，它能够固定额外的补体。我的同事布鲁克和我用梅毒患者的组织或那些已被奈瑟人工感染了梅毒的猴子的组织作为抗原。"②

即使秉持着世界上最好的意愿，一个公正的法官也不会同意他的陈述，因为在最初的试验中，瓦色曼并不是在寻找"一种可用于诊断的介体"。他首先是寻找"梅毒物质"，他认为这种物质是"微生物

---

① Fleck L., *Genesis and Development of a Scientific Fact*, Chicago: The University of Chicago Press, 1979, p. 75.

② Fleck L., *Genesis and Development of a Scientific Fact*, Chicago: The University of Chicago Press, 1979, p. 75.

的溶解物",即抗原;其次是寻找"关于梅毒病原体物质的特异性抗体",即特定介体。但之后的研究表明:(1)对梅毒物质(抗原)的证明并不适用于诊断反应;(2)反应指示出的介体,如果它就是一个介体,那么它就不是抗病原体的特定介体。因此该研究的最终结果与既定目标之间存在很大差异。但15年后,在瓦色曼的思想中,结果和目标是一致的。瓦色曼参与过的曲折发展的所有阶段,成为一条笔直且有目的的道路。怎么会出现这种差异呢?随着时间推移,瓦色曼积累了更多的经验,也同样丧失了欣赏自己错误的能力。①

第三节　弗莱克的思维风格和思维集体理论

通过对梅毒史和瓦色曼反应的细致研究,弗莱克认为科学的发展是一种思想风格持续不断地发展的结果,而不是知识的积累和发展。科学知识受思维风格和社会背景的影响,是历史发展的结果。科学事实通常有着多重起源,在历史发展的不同阶段中,受不同思维风格的影响,人们对科学事实的认知也有所不同。不同思维风格下的科学事实没有错误和正确之分,它们都是各自思维集体共同的建构,不同思维风格之间的科学事实甚至无法比较。

一　历史的视角看待科学事实

虽然在医学领域"梅毒"被解释为"由梅毒螺旋体引起的疾病",但是从历史视角看,梅毒概念远远不止如此,在不同的时期,人们对同一"梅毒"现象的认知是完全不同的。如果不通过对梅毒史的研究,人们无法真正地理解梅毒概念。②

---

① Fleck L., *Genesis and Development of a Scientific Fact*, Chicago: The University of Chicago Press, 1979, p. 76.

② Fleck L., *Genesis and Development of a Scientific Fact*, Chicago: The University of Chicago Press, 1979, p. 76.

历史上有数个思维集体都保有梅毒的观念：15 世纪，梅毒刚出现时，因为患者通常是因为通过性行为感染梅毒，并且症状常常出现在性器官上，所以当时的人们赋予了梅毒一种道德因素，认为梅毒是上天对人类肉欲的一种惩罚，称其为"性欲灾祸"，这种观点深受宗教和占星术的影响；然而，在医学从业者的集体中，人们从历史经验出发，在梅毒概念和汞疗之间建立起了一种联系，认为梅毒是可以被汞涂擦治愈的慢性皮肤病；一些生理学家，从疾病导致的病理特征出发，区分梅毒和其他不同的疾病；还有一些受体液学说影响的人，认为表现在皮肤上的症状，其实是血液中的一些恶物质导致的。随着病因学的发展，医学界对疾病本身产生了浓厚的兴趣，对梅毒病因的寻找成为当时的一个研究课题。从病因学出发，细菌学家在血液中发现了这种"梅毒菌"，即梅毒螺旋体（spirochaeta pallida），并证明了梅毒是由梅毒螺旋体导致的，从而确定了梅毒的现代概念。

以现代病因学和免疫学为基础，德国医生奥古斯特·冯·瓦色曼（August von Wassermann）于 1906 年提出了一种检测梅毒的血清测试，他通过检测血液样本中是否含有"梅毒菌"抗体来判定病人是否患有梅毒（虽然这一出发点被认为是错误的），从而更进一步明确了梅毒的概念。瓦色曼反应还以其自身的合理性创造并发展成为一个关于它自身的学科：血清学。[1]

然而，弗莱克指出，瓦色曼反应并不是一个完全现代的概念，它实际上是对古代信仰——梅毒和血液之间存在密切的联系——的确证，瓦色曼反应也并不是纯粹以观察为基础的，它深受之前的梅毒观念的影响。人们很早就猜测，梅毒患者和健康人的血液是不同的，但是与现代细菌侵入导致疾病的观念不同，古人几乎都是以体液理论为基础的。他们要么认为环境的变化导致了体液的失衡引发了梅毒，要么认为某种毒

[1] Fleck L. , *Genesis and Development of a Scientific Fact*, Chicago：The University of Chicago Press，1979，p. 14.

质侵入体内导致了体液的失衡引发了梅毒。通过观察梅毒患者的疮痂和溃烂，古人认为梅毒患者血液是从一个好的状态转化为一个坏的和不自然的状态的，因此，败坏的血液就成为梅毒的一种具体特征。[①]

这种血液和梅毒关系的历史观念一直流传，不同时期对二者关系的解释不尽相同，但是在弗莱克看来，某一时期的一种观点比其他时期的观点更接近"真理"。科学知识受思维风格和社会背景的影响，是历史发展的结果。在特定时期被认为是"真理"的观念，在其他时期或许并不被认可，如今人们认为是"真理"的观念，以后或许并不被接受，因为弗莱克认为科学的发展并不是一种知识的积累或者知识的进化，而是一种思维风格持续不断地发展的结果。

虽然古代和现代关于梅毒血液的知识是完全不同的，但是对梅毒和血液关系的讨论却一直留存。实际上，瓦色曼反应就是对这种古代观念的现代解释。然而，根据弗莱克对梅毒史的梳理，除了梅毒血液的解释，还存在梅毒的道德解释和治疗解释。因此，从历史视角看，瓦色曼反应绝不是唯一符合逻辑的可能。只有在免疫学和化学观念与梅毒血液的传统观念融合在一起之后，瓦色曼反应在古代信仰、现代病因学与细菌学的共同塑形下，才形成了人们公认的"事实"。[②]

二 元观念

从历史的视角讨论科学事实时，弗莱克提出了一个核心的概念"元观念"。弗莱克认为许多已经确立的科学事实在它们的发展过程中，都与之前的科学事实中稍微有些模糊的元观念有着联系。虽然弗莱克没有给元观念下一个明确的定义，也没有讨论元观念的起源问题，但是弗莱克文中元观念的意义并不难理解。元观念被认为是现代

---

① Fleck L., *Genesis and Development of a Scientific Fact*, Chicago：The University of Chicago Press，1979，p. 12.

② 夏钊：《弗莱克研究》，硕士学位论文，中国科学院大学，2014 年，第 30 页。

知识的古代源头，例如现代原子理论的元观念被认为是古希腊德谟克利特的"原子论"，现代的化学元素理论、物质守恒定律、日心说体系等在古希腊都能找到源头。[①]

在瓦色曼反应的讨论中，弗莱克指出梅毒血液变化的观念就是一种元观念。在瓦色曼反应出现之前，梅毒血液变化的观念就已经存在了几个世纪。经过多个时代的发展，梅毒患者有着败坏的血液的观念慢慢变得越来越稳固，梅毒和血液之间的关系也逐渐成为人们研究的方向。因此，梅毒血液的观念在各个时代一直都被人们接受。瓦色曼反应的出现，只是让梅毒血液的观念变得合乎于科学。任何得到现代科学证明的元观念，在被证明之前都长期模糊地存在，不同的时期人们对元观念的解释也都有所不同，但是人们只会接受被现代科学证明过的元观念。有些元观念虽然在历史上长期存在，但是无法被现代科学证明，人们最终会将其抛弃。

因此，抛开历史，元观念并不存在对与错的区分。历史上，"败坏的血液""腐坏或忧郁的血液""过热和过浓的血液"都被用来描述梅毒，这些观念是否正确呢？如今，大多数人可能会说"败坏的"不是精确的科学术语，因为它含糊且模棱两可，不适于定义梅毒。但是这种模糊的描述在历史上起到过重要的作用，甚至认为是真理。如果以现代医学的观点讨论梅毒的元观念的话，现代意义上的梅毒可能与古代的梅毒完全不同。虽然古代的观念可能不符合现代的科学思想，但是它们的创始者必然认为它们是正确的，而现代人必然认为现在的观念是正确的。因此，元观念的价值不存在于它的内在逻辑中，也不存在于它自身的"客观"内容之中，而在于它具有的纯粹的启发式的意义。一个事实是从这个模糊的元观念一步一步发展而来，它既

---

① Fleck L., *Genesis and Development of a Scientific Fact*, Chicago: The University of Chicago Press, 1979, pp. 23－24.

不是正确的，也不是错误的。① 从某种意义上讲，元观念的发展在每一个阶段都是合法的，被思维集体的参与者视为唯一的可能性，即独立的"实在"。②

弗莱克详细讨论了瓦色曼反应和梅毒概念之间的关系，将测试梅毒的方法——瓦色曼反应——视为梅毒血液元观念的现代的和科学的表达。在弗莱克看来，这种元观念提出了一种血液测试的要求。随着现代病因学的发展，人们发现了梅毒螺旋体，这使得古代的元观念可以被确立为一种科学事实。③ 弗莱克通过历史考察，梳理了血液测试和梅毒概念之间的关系，认为瓦色曼反应是对古代元观念的证明，而古代元观念是瓦色曼反应发展的指导原则。如果仅从现代科学的视角看待瓦色曼反应，人们是无法完全理解人们为什么要进行血液测试的，只有通过历史的视角，关注元观念的发展，才能真正理解瓦色曼反应。

在弗莱克看来，科学思维包含了思想和概念，其发展无法通过逻辑或客观性解释。科学使用的概念，既不是思辨的也不是经验的，而是来自"历史沿革"。概念不能被视为相互分离而存在的砖块，不能脱离它蕴含的特定观念。现代的科学概念实际上是人为地从观念集体和思维连续的过程中分离出来的。弗莱克认为，只有通过特定时期科学史的重构，才能使现在的知识成为一种逻辑的和系统的发展的产物。即使不涉及任何"真"，模糊的元观念也具有启发意义，它推动了思想和概念的发展。④

---

① Fleck L., *Genesis and Development of a Scientific Fact*, Chicago：The University of Chicago Press, 1979, p. 25.

② Fleck L., "The Problem of Epistemology", in Cohen R. S., Schnelle T., *Cognition and Fact, Materials on Ludwik Fleck*, *Boston Studies in the Philosophy of Science*, *Vol. 87*, Dordrecht：D. Reidel Publishing Company, 1986, p. 95.

③ Fleck L., *Genesis and Development of a Scientific Fact*, Chicago：The University of Chicago Press, 1979, p. 165.

④ Brorson S., "Ludwik Fleck on Proto-Ideas in Medicine", *Medicine*, *Health Care and Philosophy*, No. 3, 2000, pp. 147 – 152.

三　思维风格和思维集体

虽然元观念在科学的发展过程中起到了启示性、指导性的作用，但是一个基于元观念的概念或事实在不同时代也可能是完全不同的。弗莱克认为梅毒概念的形成是一个社会运作的过程，不是一成不变的，不同时期对梅毒的认知各不相同。认知以社会文化背景为条件，以各自所在的集体为中心，他们拥有着不同的思维风格，如今的科学家必然不会同意古代关于梅毒的看法，而古代人或许也并不认同现代的科学认知。弗莱克强调，即使关于致病种子或细菌的元观念发展成为了现代细菌学，它也无法根据外部标准被认为是错误或者正确的。纵观整个历史，元观念被各种不同的思维风格解释和发展。现代的科学解释符合现代的思维风格，它与以往的思维风格不同，它涉及的是不同的条件、疾病和证据。①

弗莱克指出，只要风格化的解释与盛行的思维风格相一致，一个观点给出的任何相关的解读就可以在一个特定的社会中生存和发展。②因此，在神学思维风格的影响下，梅毒就被解释为了一种"性欲灾祸"；在治疗思维风格的影响下，梅毒就被解释为可以被汞治疗的疾病；在病因学思维风格的影响下，梅毒被解释为由梅毒螺旋体导致的疾病。因为，从不同的思维风格出发，他们都认为自己的梅毒概念是正确的。在弗莱克看来，这些梅毒的概念没有正确和错误之分，甚至无从对比。

在一个思维风格形成之前，由于表达的模糊性、理解的偏差、新想法的注入等，接收者不可能精确地理解表达者想要让他理解的思想，在交流的过程中，概念原初的意义有时会发生彻底的变化。"不

---

① Brorson S., "The Seeds and the Worms: Ludwik Fleck and the Early History of Germ Theories", *Perspectives in Biology and Medicine*, Vol. 49, No. 1, 2006, pp. 64 – 76.

② Fleck L., *Genesis and Development of a Scientific Fact*, Chicago: The University of Chicago Press, 1979, p. 2.

论个人对它的解释是对是错，对它的理解正确与否，一套研究成果都会曲折地贯穿于共同体中，不断地被修正、改善、加强或者削弱，同时影响其他的发现成果、概念结构、观点和思维习惯。在共同体中经过几个来回的传播，一个发现结果返回它的发起者时，通常会发生巨大的改变，他将会以一种非常不同的眼光重新审视他的发现。"① 这种变化会受到传统观念的阻碍，也会受制于多种多样的社会因素，通过无数次的商讨和会谈，经过长时间磨合，学者们最终会无意识地创造一个思维风格。虽然产生了一个思维风格，但是没人知道这个风格是从何时开始使用的，怎么开始使用的，也不知道具体是谁创造了它。

在弗莱克的理论中，"知识不仅是认知主体和认知客体间的对话，而且是一种包含集体在内的三重关系"②。对事实的认知不是一个个人的活动，而是包含了个人主体、特定客体和具有主体行为的思维集体的复杂活动，并且认知过程受共同体中特有的思维风格的限制。由于思维风格是可以发生变化的，因此任何观点都会遭到修订或者改变，不存在一个绝对不变的真理。个人在认知的过程中并不起决定性作用，弗莱克认为思维集体才是"思维活动的最小单位"③，因为相对于个人的多样性，思维集体更加稳定，并且更重要的是思想并不属于个人，而是属于集体。思维集体是一个领域中由科学家团体构成的社会单元，在这里传统的以个人成就为中心的科学图景不复存在，科学依赖于人们相互的协作。参与科学研究的成员都做出了不同的贡献，通过相互促进与融合最终得出科学成果，人们无法明确区分出个人的具体贡献。

弗莱克将"思维集体"定义为"人们相互交流思想或者保持智识相互影响的共同体，我们将通过其蕴含的意义发现，它为所有思想领域

---

① Fleck L., *Genesis and Development of a Scientific Fact*, Chicago: The University of Chicago Press, 1979, p. 42.

② Fleck L., *Genesis and Development of a Scientific Fact*, Chicago: The University of Chicago Press, 1979, p. 155.

③ 张成岗：《弗莱克学术形象初探》，《自然辩证法研究》1998 年第 8 期。

的历史发展提供了一个特殊的'载体（Träger）'，并且也为特定的知识储备和文化水平提供了一个特殊的'载体'。这个'载体'我们称之为思维风格"①。弗莱克又将"思维风格"定义为"对定向感知的准备和对于已感知到事物的适当领会"②。思维风格会对个人产生一种强制性，集体的思维风格决定了个人的思想。因此，弗莱克说，"尽管思维集体由个人组成，但是集体绝不是个人简单地相加。集体中的个人决不或者几乎从未意识到普遍的思维风格，思维风格总是运用一个绝对的强制力施加于他的思想，并且使其不可能产生任何分歧。"③ 从这个意义上来看，个人是没有办法独立思考的，所有的思想都来自集体。因此，思维风格对集体中的个人来说，就是一种"强制力"或者一种"内在的约束"。个人在思考的过程中，时常考虑的不是逻辑的合理性，而是所属思维风格对他的影响，个人很难意识到思维风格的影响。

利用思维风格概念，弗莱克企图去抓住依赖于集体建立的知识大厦的智识假设，并且理解一个集体形成的知识储备的智识联合。思维风格是集体工作的前提条件——不仅是对知识的检验和保障，也是检验中所使用的方法，更是一种判断其能否作为一种有利证明的标准。此外，思维风格构建了思维集体工作实践的基础。这就是说，它决定了什么可以被看作或必须看作一个科学问题，并且如何去解决这个问题。

但是这并不意味着集体的成员可以意识到他们根据思维风格做出的决定。思维风格所表述的事物被集体的成员当作理所当然的。思维风格是一个集体成员的共同信念，成员的观点和想法服从于这些信念。例如，当人们追寻共同的目标，形成一个集体内部相一致的"观

① Fleck L., *Genesis and Development of a Scientific Fact*, Chicago：The University of Chicago Press，1979，p. 39.

② Fleck L., *Genesis and Development of a Scientific Fact*, Chicago：The University of Chicago Press，1979，p. 142.

③ Fleck L., *Genesis and Development of a Scientific Fact*, Chicago：The University of Chicago Press，1979，p. 41.

念系统"时，就会出现一种"风格化"的思维风格，并且在这种思维风格下得出共同的认知。

因此，对弗莱克来说，只有认知的前提假设成为共识时，知识才成为可能，也就是说，这些思想的前提假设成为知识的基础。知识只有在被看作一个思维集体的历史产物时才能被理解，就像是集体按照自身的思维风格在现实中制造了一种镜像。

因为以社会条件和历史发展为基础的思维风格影响着科学的知识，思维集体积极地保有着这一假设。另外，科学家的目的是被动的，来源于那些积极的"假设"或者"设定"。一旦某类假设被选择和接受，集体就不再能决定思维风格所暗示的联系，而只能根据"自然法"来经验它们，感知它们。科学家只能"被动式地"或者"反应式地"进行认知。弗莱克将一个事实的认知的过程描述为"一个受到阻力的小船"，强调它限制了科学家自由的判断。如果一个思维集体想要将这一阻力并入先前的成熟的思想或者观念系统，它就必须要将其刻画为一个越来越清晰的对思想的约束——一个"思想的强制力"——并且最终成为一个即刻就能感知的格式塔。虽然它被认为是"客观给予的"事物，但是各个思维集体都决定着一个事实，它们通过一个实际的思维风格来认识它。[①]

四 不可通约性

在弗莱克看来，从现代的视角看待历史上的事实或概念是没有意义的，因为历史上被认为有效的证据是不断变动的。例如，某些流行病学观察或疗效观察被视为细菌存在的证据，但是它们并不属于现代意义上的细菌学研究。这会让人误以为古代人已经在某种程度上发现了细菌，提出了细菌理论的一些概念，并正确地描述了某些疾病及其

---

① 夏钊：《弗莱克研究》，硕士学位论文，中国科学院大学，2014 年，第 31 页。

病理机制。然而，他们不仅讨论的是传染病问题，而且还是道德问题。由于无法辨别出疾病的病因，他们只能在疾病传播和道德败坏之间建立起密切的关系。纯粹的猜测无法定义细菌，也无法从观察中分离出细菌。虽然这些直觉或者想象的过程具有现实的启发性，但是在可控观察出现之前，最好还是将其视为一种推测。①

对早期元观念解释精确地现代重构几乎是不可能的。如果人们看一本古代的医学书籍，"古代的作者会说，家畜和河里的鱼生病或者瘟疫，总是伴随着奇异的气象现象。这种关于原因的描述是无法被准确翻译成今天的思维语言的"，古代描述"展示出了一个对我们来说完全陌生的世界，但是它们也有着特殊的思维风格"。② 根据弗莱克的观点，古代观念"对我们来说充满了象征、幻象、偏见或者毫无意义。如今象征主义和自然主义、幻象和观察的区分，当时并不存在"③。

弗莱克特别关注不同思维风格之间的不相容性，他认为思维集体将人们区分开来，只有思维集体内部的成员才可以相互沟通理解。"科学家、语言学家、神学家或者神秘主义者可以在他们自己的集体中很好地交流，但是物理学家和语言学家之间的交流则是困难的，甚至物理学家和神秘主义者之间的交流是不可能的。"④

除了讨论一些思维集体内部交流的情况外，弗莱克也尝试着指出了思维集体间的交流。他认为不同集体间的交流，会导致思想的一种

① Brorson S., "The Seeds and the Worms: Ludwik Fleck and the Early History of Germ Theories", *Perspectives in Biology and Medicine*, Vol. 49, No. 1, 2006, pp. 64 – 76.

② Fleck L., "The Problem of Epistemology", in Cohen R. S., Schnelle T., *Cognition and Fact*, *Materials on Ludwik Fleck*, *Boston Studies in the Philosophy of Science*, *Vol. 87*, Dordrecht: D. Reidel Publishing Company, 1986, p. 89.

③ Fleck L., "The Problem of Epistemology", in Cohen R. S., Schnelle T., *Cognition and Fact*, *Materials on Ludwik Fleck*, *Boston Studies in the Philosophy of Science*, *Vol. 87*, Dordrecht: D. Reidel Publishing Company, 1986, p. 92.

④ Fleck L., "The Problem of Epistemology", in Cohen R. S., Schnelle T., *Cognition and Fact*, *Materials on Ludwik Fleck*, *Boston Studies in the Philosophy of Science*, *Vol. 87*, Dordrecht: D. Reidel Publishing Company, 1986, p. 81.

转换或改变，甚至彻底毁灭原有的意义。两种思维风格间的差异越大，在思想交流上就会有越多的阻碍。集体间交流时，所有的概念或多或少都渗透着各自集体所带有的思维风格，从一个集体传播到另一个集体时，这些概念总是会产生一些碰撞，发生一定的变化。交流的主题并不起决定作用，相同的主题，不同的思维集体也会有不同的认知方式。例如"对于一种疾病或者一个神迹，物理学家或许可以理解生物学家，但是他不能理解神学家和诺斯替教徒（gnostic）的解读"①。因为他们属于不同的思维集体，拥有不同的思维风格。稍微对比一下，"力""能量"或"实验"对物理学家、语言学家或运动员的意义，"解释"对哲学家和化学家的意义，"光线"对艺术家和物理学家的意义，或者"法则"对法学家和科学家的意义，人们就能发现它们之间所存在的差别。不过弗莱克也注意到，个人可以同时保有不同的且各自独立的思维风格。例如，许多物理学家承认宗教和唯灵论的思维风格，但是他们中很少有人对生物学感兴趣；很多医生参与到历史或者美学的研究中，但是只有很少一部分人涉及自然科学研究。② 然而，一个人同时拥有几个类似思维风格的情况几乎不存在。因为，类似思维风格同时存在于个人时会产生一种"不相容"的情况。例如，"一个医生会同时从临床医学或者细菌学的视角和文化史的视角来进行疾病研究，而不会从临床医学或者细菌学的视角和纯粹的化学视角来进行疾病研究"③。

但是，对于不同思维风格之间的交流，弗莱克自身并没有交代清楚，但他指出这非常值得人们进行更为细致的研究，因为"思维风格

① Fleck L., "The Problem of Epistemology", in Cohen R. S., Schnelle T., *Cognition and Fact*, *Materials on Ludwik Fleck*, *Boston Studies in the Philosophy of Science*, Vol. 87, Dordrecht: D. Reidel Publishing Company, 1986, p. 82.

② Fleck L., *Genesis and Development of a Scientific Fact*, Chicago: The University of Chicago Press, 1979, p. 110.

③ Fleck L., *Genesis and Development of a Scientific Fact*, Chicago: The University of Chicago Press, 1979, p. 111.

的变化，即定向感知的准备的变化，为发现和创造新事实提供了新的可能。这才是思维集体间交流最重要的认识论意义"[①]。

第四节 科学事实的发展

在思维风格的影响下，一个新知识产生时，旧知识就失去它的地位。弗莱克所说的发展与库恩不同，他认为科学的发展不是革命性的，而是在科学家对知识预设的不断修改中逐步发展的。因此，以往已经形成的"元观念"可以长时间"生存"，它们作为启发式的指导方针服务于多个思维集体和几代科学家。这些"元观念"得以留存是因为它们可以被每一个新的思维集体所采纳且再一次使用。在新的思维风格的框架下它们被强化，并且对原先的假设进行修改，变得与新的风格相一致。因此，从历史角度看，思想的风格是连续发展的。

一 科学发展的阶段

在弗莱克的理论中，科学的发展有着如下四个阶段：（1）前风格阶段。在这一阶段人们对所观察事物只有模糊的视觉和知觉，没有明确的观察目标，各自按照自己的风格行事。（2）风格转变阶段。在交流过程中，个人不同的观点会相互融合，发生转变，最终趋同，具有相近思想的个人会逐渐形成一个个集体。（3）风格成熟阶段。经过不同思维风格间的相互竞争，人们在认识问题时，形成了统一观点看法。在思维风格的性质作用下，以成熟的、可再现的、风格化的视觉和知觉来看待问题。（4）风格继续发展阶段。思维风格的可变性决定了认知过程没有一个终点（图8）。

科学发展的这四个阶段演示了一个认知是如何起源和发展的。在

---

① Fleck L. , *Genesis and Development of a Scientific Fact*, Chicago: The University of Chicago Press, 1979, p. 110.

图 8　思维风格发展示意图

前风格阶段，最初混乱观察类似于一种混乱的感觉，人们对所有事情都没有明确的认知，在不断经验的过程中寻找出事物间的相似之处，通过一些简单的实验进行验证，没有明确的错误与正确的方式之分。在这一阶段，人们的情感、意志和智慧不可分割地结合在一起。所有都是按照自己所理解的方式暗中摸索，没有一个确定的理论给予他们支持，似乎一切的研究过程都是个人的意愿，研究的思想和方法缺乏一种连贯性，未经交流或者传承的构想很容易就会消失。

　　经过长时间的摸索，人们在交流的过程中逐渐形成一个个小团体。他们对集体内讨论的问题有着共同的兴趣，每个人都表达着自己的看法，通过协商与讨论慢慢会形成一种趋同的观点。在这一阶段，个人的观点开始弱化，以往以个人为中心的思维风格也开始发生转变。人与人的交流使相近的思维风格相互融合，最终形成一个个思维集体。然而，在风格转变阶段，思维风格还不具有完全的强制性，人们只是从一种个人的探索道路走向了一种集体的认知过程。

　　在集体间不同的思维风格相互碰撞之后，不同集体的界限越来越明显，思维风格的不相容性也开始增强，科学发展就逐渐进入风格成熟阶段。在这一阶段，人们以相同的视野和认知方式进行思考，思维风格的指导意义明显地体现出来，对同一事物的认知将会得出相同的结果。思维风格的集体性、强制性和不相容性在这一阶段达到顶峰。对同一事物的认知，不同的思维集体会得出互不相容的认识，并且各个集体内部的成员都会认为自身的认知才是正确的。知识在这一阶段得以良好地传承、重复与证明。

　　虽然，风格成熟阶段人们形成了共同的思维风格，但并不是说这种思维风格就一成不变了。与库恩科学革命式的发展不同，弗莱克认为科学发展总是发生着细微的变化，并且这种变化人们时常是意识不到的，正如人们意识不到思维风格对自身的影响。思维风格的可变性，实际上也就决定了科学发展没有一个尽头。

这就是一个科学事实是如何兴起和发展的模式。起初是混乱的初步探索，随后会出一个明确的思维约束，最终形成一个可以被直接感知的认知形式，并且不断地继续发展。科学的发展总是以思想史的发展为根基的，这也就是说科学的发展很大程度上取决于思维风格的发展。[①]

二　"科学进步"是什么?

在讨论科学发展时，对什么是"进步"的讨论必不可免。库恩否认了科学的进步性，强调科学发展的范式转换。然而对弗莱克来说，科学自身是存在一个发展的过程的。那么他所理解的"进步"是什么呢?

弗莱克强调科学研究只有在集体中才可以被想象。通过对思维集体的本质的讨论，他认为只有将科学工作看作一个思维集体的工作，才可以理解研究者得出的具体的结果。一般来说，研究活动原初提出的假设是无法得出其最后的结论的，原初的目标在实验过程中会被不断地修正或者摒弃。例如，瓦色曼和他的同事起初是利用检测梅毒疑似患者的血液中是否含有抗原的方法，来寻找出一种对梅毒的诊断方法。根据这一方法，仅有15%—20%的患者被检测出来，因此，很难说瓦色曼他们成功地得出了梅毒的诊断方法。只有在后来，人们通过不断尝试新方法，发现他们的检测前提存在错误，由原来对抗原的检测转向对抗体的研究，使70%—90%的患者可以被检测出来时，梅毒的诊断方法的研究才出现了决定性的发展。但是这一转变究竟是如何

---

① 夏钊：《弗莱克研究》，硕士学位论文，中国科学院大学，2014 年，第36 页。

发生的，现在已经无法重新建构，它甚至已经从参与这个研究的科学家的意识和记忆中消失了。大量无名的合作者参与到了这个转变的过程中，他们通过不断尝试操作方式，对反应条件做出细微调整，改变对资料的解读才得到了一个适当的测试和诊断。

集体的成员在统一的基础上工作，每一个人都为科学的发展做出了自己的贡献。他们的贡献大多数是不成功的尝试，然而只有通过持续不断的新尝试，才能走向最后的成功。因此，弗莱克将研究过程看作曲折的，受意外、失败的道路和错误决定的影响。从认识论上看，这种工作的原初基础会被科学家缓慢地改变——然而，在回顾的时候，集体无法知道它是怎么来的。①

在集体的研究中自身构建的内容的变化，个人时常是无法注意到的。根据弗莱克对瓦色曼反应的描述，一个科学事实发展到如今的样子，通常是与他们最初的设想完全不同的，科学发展的过程不具有可重复性。甚至参与这个实验的研究者也无法在后来重复它们。从这个结论和当下对理论的解释出发，科学事实在发展的过程中，逐渐发生着变化，研究者最初的构想也在发生变化，一直到当下研究的暂时完成。在回顾这一过程时所有研究人员可能都会感到惊异。

从这一进路出发，弗莱克提出了一个全新的"发展"概念。与通常所说的科学知识的"变好"不同，对弗莱克来说，知识的发展是含有思维风格的集体的进一步发展。一个特殊的思维风格无法通过分级进行评估，不能说一个思维风格一定比其他思维风格更有价值。知识的不同取决于思维风格的不同。思维风格会不断地发生变化，但是人们无法知道它是变得好还是差。伴随着前提假设的转变，知识也在变化：新知识被接受——其他的知识就不再被"知道"，如果想要进一步发展，就不得修改以往的基础。

---

① Fleck L., *Genesis and Development of a Scientific Fact*, Chicago: The University of Chicago Press, 1979, p. 76.

因此，在弗莱克看来，发展的过程是一个不断变化的过程，我们无法得知科学是向好的方向发展还是朝坏的方向发展，我们能够知道的是以往的思维风格影响着人们，人们也在不自觉地以实用主义的方式修改着以往的基础。①

三　思维风格的交流结构

弗莱克通过对"思维风格"的表述，深刻地剖析了科学知识的起源和发展。然而，如果仅将"思维风格"看作一种描述或者解释的工具，那么人们则无法真正了解弗莱克的意图。如果将"思维风格"看作一种看的方式，那么弗莱克的实践意图则会清晰地呈现出来。

早在格式塔心理学指出科学的集体本质之前，弗莱克就提出了类似的观点。受集体思维风格影响的人，以实际经验为基础，从一种理论化的认知方式出发，来"看"整个知识的发展过程。没有经验的个人无法"看到"他们所能"看到"的事物。在没有经验的人的眼中专业性的知识只是一片"混沌"，就像是外行人很难看出 X 光片上的信息。面对一个全新的图景，他们在认识过程中没有任何基础，会做出各种各样的假设和猜测，以得出自己的解释。

风格化的事物，只对其集体的成员和保有思维风格的人开放。并且思维风格允许他们在感知到的事物中修正他们以往的观点。只要一个集体提供了一个固定的思维框架，那么集体的成员就可以认识到事物的秩序和轮廓。

为了从"最初模糊地看"发展到"格式塔的成熟的有方向的看"，人们必须去学习如何"看"。学习观察，对弗莱克意味着制造一个属于自己的适当的思维风格。思维风格关注的是"对风格化（即

---

① 夏钊：《弗莱克研究》，硕士学位论文，中国科学院大学，2014 年，第 37 页。

有确定方向的和受约束的）感知的前提准备"①的出现。对弗莱克来说，在前提假设和偏见之下，不存在自由的观察。"看"的方式总是依赖于各种思维风格和思维集体，以及以历史和社会条件为基础。因此，在弗莱克看来，实际上"思维风格"和"看"的定义相互依赖。

讨论"好的"和"坏的"观察是没有意义的，只有与思维风格相一致的观察才能被接纳。思维风格决定了哪一种解释可以被感知，也就是说，人们在思考的时候会沿着哪一个具体的方向。思维风格会在感知客体中建立起一种定义间的联系，只有承认这种联系，一个"事实"才会被没有任何阻力地接纳。因此，感知是一个定向的活动，它的格式塔限定了感知者的认知方向。弗莱克将风格化的"看"表述为对思想的约束。他从他自己的微生物研究中证明了这些联系，并重复了这些实践中的例证。在这些例证中，他的观点变得十分清晰，当一个人选择了一种看的方式后，必然会导致大量观察内容的丧失。在他的观念中，与之思维风格相抵触的所有事物都是没有意义的。

在这里弗莱克就走向了一种实践的进路，弗莱克指出要认知这个世界，首先就是要进入一个思维的集体，不然人们无法看到别人所能看到的世界。因此，弗莱克讨论了人们如何进入一个思维集体。然而，由于单一的"看"会导致人们的片面认知，因此弗莱克强调了思维交流的重要性。②

四 内圈与外圈

交流在知识的产出过程中起到了重要的作用。弗莱克通过对集体结构的考察发现了知识交流的结构。

弗莱克将科学的思维集体分成了两个同心圆：由大量外行人组成

---

① Fleck L., *Genesis and Development of a Scientific Fact*, Chicago: The University of Chicago Press, 1979, p. 84.

② 夏钊：《弗莱克研究》，硕士学位论文，中国科学院大学，2014年，第38页。

的外圈环绕着一个由专家组成的内圈。内圈中还有一个由特殊专家组成的硬核。在内圈与外圈的交接处，存在一个过渡带，外圈的人可以通过学习进入过渡带从而进入内圈，内圈的知识也可以通过过渡带传播给外圈。内圈与外圈是一种互动交流的关系（图9）。

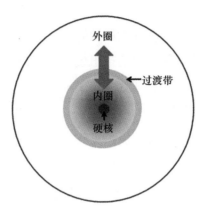

图9 内圈与外圈

思维风格起源于内圈，然后向外传播，遍及整个外圈。与思维风格相一致的思想，才能得到最好的理解。一旦内圈具有了一个集体的特征，它就会被自己的思维风格所影响，这种影响也会传至外圈，使思维风格和思想普遍化。经过发展，内圈会产出一种持久的、独立的、确定的、客观的集体的思维体系。因此，在科学发展的高级阶段中，特定的思维风格内的不同意见只剩下较小的空间。然而，这种影响的传播不是单向的，内圈知识也依赖于外圈的知识。在内圈知识确立其合法性之前，它将面对公众的意见。内圈与外圈交流过程中最具特色的运作特征是思想和经验民主的交流，从内圈向外公开，渗透于外圈，然后再反馈回内圈。智识成果通过这样的传播经历了一个社会强化的过程，并且由此成为科学事实。相较于宗教思维集体（它就没有外圈的反馈，内部精英对大众发挥着一个主导的和专断的影响），科学思维集体的内圈与外圈有着相互的交流，并且民主地依赖着来自外圈的公众意见。内圈的领导者也许会提供一个科学发展的方向，但是最终将由集体来决定走哪一条革新之路。[①]"自然科学的思维风格……拒绝任何具有优先性或特权的已有知识凌驾于新知识之上。"[②]

五 期刊、手册、科普读物和教科书

圈子内部的交流为新知识的产出创造了条件。圈子内的交流与传播又有哪些手段呢？弗莱克细致分析了期刊、手册、科普读物和教科书。区分了圈子内不同位置的小团体各自使用的文献。他认为核心的科学家通过科学期刊来进行交流；一般的专家利用科学手册或者科学指南进行工作；外圈的大众了解核心思想是通过科学普及读物；进入内圈的途径是对教科书的学习。因此，他区分出了四种不同的交流工具：期刊、手册、科普读物和教科书，从而区分了四种不同的科学，期刊科学、手册科学、大众科学和教科书科学。

期刊科学是集体内最前沿的研究，核心科学家在这里进行交流讨论，然而期刊科学是暂时的，是一种个人化的知识，不得不被集体再一次确认。所有的期刊科学都努力成为手册。因为，手册科学明确地表达了一个学科的观念系统的真正核心。手册科学被认为是客观的，被证实了的知识，为科学研究提供了保障，它被视为思维集体更进一步工作的基础。然而，手册科学并不起源于期刊文献的编辑，而是在"思想的圈内交流"的系统化过程中产生的。期刊科学需要与先前的手册知识相联系，并通过大众科学传播至外圈，专业知识与公众意见的反馈相融合，才有可能使其成为科学手册，仅仅简单地收集出现在期刊上的文章，是不可能写出一个手册的。共

① 夏钊：《弗莱克研究》，硕士学位论文，中国科学院大学，2014年，第38—39页。
② Fleck L.，*Genesis and Development of a Scientific Fact*，Chicago：The University of Chicago Press，1979，pp. 182 – 183.

同体中的成员通过发表期刊论文和在共同体内进行交流，引导新观点的形成。只有将内圈中个人知识片段的社会迁移与外圈的反作用（Rückwirkung）结合在一起，才能有一个科学事实的产出。在这一过程中，弗莱克论证这些观念不能被归之于一个单一的作者，所讨论的观念只有被视为共同体自身的产物，才有可能被记录在思维集体的共享手册中。

弗莱克更进一步探索了对下一代科学家的训练，也就是教科书的作用。学生是通过对教科书的学习，才进入某个思维集体的思维风格中的。因此，教科书起到的是一种启蒙的作用。它为外圈的成员进入内圈创造了可能。接受了教科书中的知识，就等于接受了思维风格的前提假设，从而也就建立起了一种不可辩驳的"信念条款"。因此，教科书是"纯粹权威性的思想建议"。弗莱克经验性地说明了教科书中的这种限制。他也将其视为一种新的方法，作为社会学研究的工具。[①]

通过对期刊、手册、科普读物和教科书的分析，弗莱克讨论了思维风格内部运作的一些特征，描述了知识传播过程中一些可能的层级。从中人们也可以看出科学思想是如何一步一步从提出到被共同体验证和接受的。

小结　一种整体论的观点

本书在绪论中已经介绍了许多学者从哲学和社会学的视角，讨论过弗莱克为什么会走向建构主义和相对主义认识论，本章主要是从科学发展的视角，强调弗莱克思想的转变有着深层次的科学内部的原因。

---

① 夏钊：《弗莱克研究》，硕士学位论文，中国科学院大学，2014年，第40页。

虽然在弗莱克形成他的认识论观点的时期，从没有质疑过免疫学的临床医学进路，但是他明显意识到了这一时期作为这个学科的理论基础的专业知识的局限性。弗莱克放弃了传统的科学真理观，认为现有的知识是对世界不充分的认知，那些被认为是绝对和普遍真理的免疫学和细菌学基础概念可能会很快被修改，微生物学中的许多重要"事实"在不久的将来会发生变化。这就使得弗莱克倾向于采用一种相对主义的视角看待科学。①

弗莱克既在医院当过临床医生，也在实验室做过基础科学研究者，他的双重身份使他认识到临床医生看待疾病和基础科学家看待疾病的视角是完全不同的。弗莱克提出思维风格和思维集体理论来解释这种不同，认为临床医生和基础科学家分属不同思维集体，在不同思维风格的影响下，他们从不同的视角看待疾病现象。此外，弗莱克既是一名犹太人，又是一名科学家。在纳粹统治时期，他强烈地感受到了科学和政治之间的纠缠。因此，为了更好地理解科学，弗莱克将社会和历史因素纳入对科学事实的反思中。

弗莱克坚信，疾病是复杂的事物，无法通过简单明了的方式描述定义。不论是化学、细菌学，还是体液学说、心理学都无法穷尽疾病现象的所有特征，因为它们总是将疾病还原为自己学科内的基本观点。因此，弗莱克主张从一种整体论的视角出发，看待科学事实。

虽然弗莱克在思维风格和思维集体理论中，提出了一种相对主义科学观，但是弗莱克并不否认科学事实在科学思维风格下的客观性，并且承认科学思维风格也是在向前进步的。期刊中的个人化的知识，只有经受住了科学共同体内其他科学家不断的验证与检验，才能载入科学手册，成为被科学共同体认可的知识，因此在弗莱克看来，科学

① Löwy I., "The Epistemology of the Science of an Epistemologist of the Sciences: Ludwik Fleck's Professional Outlook and Its Relationships to His Philosophical Works", in Cohen R. S., Schnelle T., *Cognition and Fact*, *Materials on Ludwik Fleck*, *Boston Studies in the Philosophy of Science*, *Vol. 87*, Dordrecht: D. Reidel Publishing Company, 1986, pp. 425 – 426.

知识的生产也是一种集体化的过程。虽然在弗莱克的理论中，不同思维风格之间是不可通约的，并且没有优劣之分，但是弗莱克强调从单一思维风格出发，会导致人们片面化的认知，因此，弗莱克强调了思维交流的重要性，主张从一种整体和多元的视角理解事实的意义。

第五章

从"科学史"的视角看实证主义

实证主义通常被认为是一种以自然科学为基础的哲学,其主要是将自然科学的方法引入社会领域,从而假定科学的统一性。① 学界对实证主义的讨论主要集中于哲学和社会科学领域,更多的是在哲学层面的抽象讨论,很少直接讨论作为实证主义的前提基础的自然科学。然而,要搞清楚自然科学和实证主义究竟是什么关系的问题,不能仅停留在哲学层面,本书认为应回到自然科学的发展中探讨这一问题。

通过对微生物学思想史的回顾,本书发现从古代到 20 世纪,微生物学思想经历过两次重要的变化,一次是从神秘主义的和形而上学式的认识方式转向了以观察和实验为基础的实证主义科学观,另一次是在还原论实证主义的大背景下,出现了从历史和社会视角看待微生物和疾病的整体论观念。本书认为微生物学的发展主要是从古代对宏观现象的经验性描述,发展到科赫时期对传染病病因的还原论解释,再发展到弗莱克的整体论理解。在这一历史脉络中,实证主义可以被视为一种核心的观念,因为微生物学思想的两次重要变化都与实证观念息息相关,第一次变化是实证主义的形成,第二次变化是实证主义的完善与进一步发展。

因此,本章试图在总结微生物学思想发展特点的基础上,梳理出

---

① Delanty G. , *Social Science: Beyond Constructivism and Realism*, Minneapolis: University of Minnesota Press, 1997, p. 11.

微生物学中实证主义的发展脉络，并尝试提出一种新的实证主义观点。

第一节　微生物学思想发展的特点

一　以技术发展为动力

16世纪和17世纪在欧洲爆发的科学革命，颠覆了诸多自然科学学科的传统认知，奠定了近代科学的基础。微生物学也不例外，但是与其他物质科学有些不同的是，微生物学的发展很大程度上依赖于显微镜的发明和改进。

在显微镜发明之前，由于无法看到未知的微生物世界，人们只能通过推测和玄思解释某些现象和疾病的可能原因。"自然发生说"和"瘴气说"在一定程度上解释了许多宏观现象，因此它们理所当然地成为当时流行的观念。

然而，随着显微镜的发明，人们逐渐观察到了他们从未看到过的微生物世界。起初，一部分传统观点的支持者仍然坚持传统的观念，否认新观察到的现象，但是随着显微镜的进一步改进，他们也不得不承认新现象的存在。然而，承认新现象的存在并不代表他们放弃了传统的理论观点，他们仍然会在传统的理论框架下解释新的现象。而另一些人则因为古代文献中对微生物世界并没有记载，传统的理论也无法很好地解释微生物的作用，从而提出了一些全新的理论体系。"微生物起源说"和"细菌理论"就是对"自然发生说"和"瘴气说"的一种反叛。新理论的提出，势必会与传统理论发生冲突，双方的支持者则会通过论战、观察和实验等方式为自己的理论辩护。随着人们对微生物认知的不断加深以及技术的进一步革新，不论是传统理论的支持者，还是新理论的支持者，都倾向于通过观察和实验证明自己的观点。由于早期显微镜可观测的范围有限，人们在证明新理论的过程中，除了利用显微镜实际观测之外，很大程度上还是通过实验来证明和验证自己推测的观点，传统理论的支持者同样也会以此反对新的理论。

为了证明细菌理论的正确性，人们不断改进显微镜和实验步骤，扩展了对微生物性质的认知，巴斯德通过"鹅颈瓶实验"具有说服力地驳斥了"自然发生说"，科赫则很好地证明了细菌与疾病的因果关系。科赫改进显微镜、染色技巧、实验步骤和动物实验，发明显微照相术和固态培养基等实际上都是为了证明细菌理论。因此，在技术推动微生物学思想发展的时候，微生物学理论的内在需求同样推动了技术的进一步发展。

然而，从发展的视角看，技术永远都存在局限性。理论认知很大程度上是建立在现有技术条件下的，技术的发展时常是理论发展的前提，因此科学理论依赖于技术发展，技术存在局限性也就意味着理论也存在局限性。即便通过实验和理论建构，人们超出当下技术的可验证范围，提出了正确的理论认知，这些新的理论观点也会像18世纪和19世纪的"细菌理论"一样遭到诸多质疑，只有当技术条件成熟，新理论得以通过观察和实验验证时，人们才会逐渐接受新的观点，从而完成新旧理论的更替。但是新旧理论的更替并不意味着人们获得了真理，在新理论体系下，技术条件依然限制着理论认知，当技术再次取得突破时，人们才能进一步扩展对自然现象的认知。虽然经过巴斯德、科赫等人的努力，19世纪末"细菌理论"替代"瘴气说"成为主流的理论观点，但是它仍然存在无法解释的现象，例如某些完全不符合"科赫原则"的制备物可以导致传染病。在"细菌理论"下，人们只能猜测存在某种更小的不可见的细菌，只有当20世纪30年代电子显微镜出现之后，人们才真正地观察到了病毒，从而进一步扩展了人们对微生物和疾病的认知。

纵观微生物学思想史，显微技术直接决定了人们对微观世界的观察范围，从而限定了微生物学理论的适用范围。然而显微技术仅仅是微生物学研究中的一项观测技术，对微生物的培养以及对微生物基因的编辑等技术也都影响着微生物学思想的发展。由于技术是在不断改进的，因此理论也是在不断发展的。本书虽然无法得出理论朝着真理的方向迈进的观点，但是大体上认为基于技术的发展而发展的科学理论不断扩展了人们对自然界的认知。

二　以问题为导向

虽然技术进步是微生物学思想发展的前提，但是技术只是影响微生物学思想发展的条件之一。在同等外部条件下，微生物学思想内部的发展始终是以问题为导向不断完善与发展的。通过对微生物学史的研究，本书认为微生物学中问题主要来源于两个方面：一个是在同等条件下，相互竞争的理论谁才是更好的理论的问题；另一个是在理论体系内部如何解释异常现象的问题。

在显微镜发明之前，"自然发生说"和"瘴气说"完全占据了主导地位。但是随着显微镜的发明，部分研究者开始质疑之前的理论，并提出更具解释力的理论。此时新旧理论就成为竞争对手，新旧理论的支持者会通过批评对方的理论方式，证明自己理论的正确性。

在"自然发生说"和"微生物起源说"的争论中，他们争论的核心问题是生物究竟是从有机物中自然生长出来的，还是由于外部的微生物进入有机物中生长出来的。沿着这一问题，"自然发生说"的支持者尼达姆设计实验，将腐败物质密封入玻璃瓶中，几天后腐败物质中生长出了小生物，由于微生物无法进入密封的玻璃瓶，因此尼达姆就认为小生物是自然发生的。"微生物起源说"的支持者则认为，将腐败物质放入密封的玻璃瓶之前就已经有微生物进入腐败物质中了，因此他们主张加热腐败物质，以杀死微生物。为了回应这一质疑，尼达姆改进实验，对装入玻璃瓶的腐败物质加热，在此过程中他观察到长时间加热的腐败物质不再产生小生物，而短时间加热的腐败物质仍然会产生小生物。在"微生物起源说"的支持者看来，他们的观点得到了支持，他们认为长时间加热杀死了微生物，所以腐败物质不再产生小生物，而短时间加热没有完全杀死微生物，因此腐败物质仍然会产生小生物。但是，在尼达姆看来，产不产生小生物与微生物无关，长时间加热无法产生小生物是因为加热导致了玻璃瓶中的空气产生变化，并且破坏了腐败物质中产生生物的"生命力"，以至于其不再适合微生物的产生和繁殖。按照库恩的范式理论，由于"自然发生说"和"微生物起源说"的范式不同，因此在这个争论中无法判断谁的理论更为正确，人们支持"自然发生说"还是"微生物起源说"很大程度上取决于各自的心理因素。

然而，"自然发生说"和"微生物起源说"的范式似乎并非不可通约，"微生物起源说"的支持者，继续通过改进实验的方法，证明自己的理论更为合理。"自然发生说"认为生物自然发生有两个条件，一个是有机物要接触空气，另一个是不能破坏有机物的"生命力"。"微生物起源说"的支持者就设法设计出一种既符合这两个条件又能证明自己观点的实验。巴斯德认为有机物能够生长出生物是因为空气中的微生物进入有机物中，因此他首先通过实验证明，经过加热和过滤的空气和有机溶液接触并不会产生生物，而不经过加热和过滤的空气和有机溶液接触则会产生生物，从而证明了空气中含有微生物或微生物的种子。之后巴斯德通过"鹅颈瓶实验"证明经过加热处理过的有机物只要不接触空气中的微生物，就不会产生生命，只有接触到了空气中的微生物才会产生生物，从而反驳了加热破坏有机物的"生命力"的观点，证明生命并不是自然发生的，而是来自空气中的微生物。虽然"自然发生说"的支持者仍旧提出各种各样的"特设性假说"来维护自己的理论，但是在"微生物起源说"强有力的实验证明的情况下，"自然发生说"逐渐丧失了自己的影响力。虽然两个竞争理论在基础观点上有着本质的差别，但是针对二者提出的观点和问题，人们可以通过实验进行验证，可重复的实验在很大程度上决定了人们认为哪个理论更为合理。

除了相互竞争的理论，在同一理论下，人们也是沿着解决问题的路径推动微生物学发展的。由于19世纪初期显微镜的质量不高，实验者的操作水平也参差不齐，因此当"细菌理论"的支持者通过实验来证明自己的观点时，遇到了诸多难题，其中受到质疑最多的有：到底是疾病导致了细菌还是细菌引发了疾病；为什么有时包含了细菌的物质却无法引发疾病，不包含细菌的物质却可以引发疾病；等等。为了解决这些质疑，19世纪的微生物学家们一直通过设计实验，改进观察技巧，推动着微生物学的发展。为了证明细菌是疾病的原因而不是结果，人们以各种精巧的实验证明了"细菌致病说"；为了研究为什么有时包含了细菌的物质却无法引发疾病，人们发现了细菌的生命周期和带菌者的概念；为了研究为什么有些不包含细菌的物质却可以引发疾病，人们发现了细菌的变异性和比细菌更微小的病毒。在微生物学的研究中，人们不断提出新的问题，不断解决新的问题，微生物学的发展基于问题不断演进，新的理论通常是从旧理论中的问题发展而来的，而不是某个天才或学派提出的全新的观点。"瘴气说"无法解释某些疾病的传染性，沿着传染性的问题，人们自然而然地就会从外物入侵的视角寻找传染病的原因。"瘴气说"之所以长期以来占据着主导地位，是因为在特定的技术条件下，人们只能看到宏观现象，即便是推测可能是某物外部物质导致了疾病，也无法证明微生物的存在。然而，一旦技术成熟，人们便会沿着问题推动对宏观现象的进一步认知，探寻其背后的微观原因和作用机制。

在科学史的研究中人们更注重核心概念和思想的变化，但是本书认为科学问题的提出和解决才是科学发展的核心点，科学一直沿着不断提出的新问题缓慢演进。

三 以证实原则为基础

许多哲学家认为，科学家们鞠躬尽瘁地进行观察，从而产出数据，用来检验理论，或者以此为基础创立理论。① 哲学家将这种方法称为归纳法，认为它是科学研究的基本方法，从而以"观察渗透着理论""观察对象无法穷尽""无法证实"等观点对其进行了猛烈的批评。但是，与实证主义者对科学的理想化塑造一样，批评者对科学方法的理解同样过于简单化了。被认为是归纳主义者的培根很早就说过，对特例进行简单枚举（逻辑学家就是这样做的），仅凭事例不矛盾，就做出结论，这样做是错误的，并且认为简单枚举归纳法是幼稚傻气的。培根主张把实验和理性的这两种机能紧密而精准地结合起来。②

在微生物学史的考察中，哲学家研究简单枚举的归纳法几乎是见不到的，科学家的归纳研究方法更像是穆勒（John Stuarl Mill）的归纳五法和波普尔（Karl Popper）提出的猜测与反驳。在塞麦尔维斯（Ignaz Philipp Semmelweis）的产褥热研究的例子中，受当时主流理论和自身观察的影响，塞麦尔维斯认识到几种可能的原因：产褥热是流行病或地区性疾病；产房恶劣的环境导致了产褥热；医科学生粗暴的检查导致了创伤，从而引发了产褥热；教士为临终妇女做的圣礼仪式，导致产妇心理恐惧，从而引发产褥热；分娩姿势不同导致了产褥热；产褥热是传染病，医生检查产物时导致了交叉感染；等等。③ 在观察到这些可能的原因和相关现象之后，科学家经常做的是通过观察和实验进行验证，以"奥卡姆剃刀"的方式，将不相关的因素逐步剔

---

① ［加］哈金：《表征与干预：自然科学哲学主题导论》，王巍、孟强译，科学出版社2010 年版，第 135 页。

② ［加］哈金：《表征与干预：自然科学哲学主题导论》，王巍、孟强译，科学出版社2010 年版，第 197 页。

③ ［美］亨普尔：《自然科学的哲学》，张华夏、余谋昌、鲁旭东译，生活·读书·新知三联书店 1987 年版，第 5—9 页。

除。在塞麦尔维斯的例子中，他通过对比实验，最终排除了其他因素，认为产褥热是医生在检查时将疾病病菌传播开来的，并且在实行消毒洗手之后，产褥热发病率出现了明显的下降，从而判定产褥热是传染病。在塞麦尔维斯时期，细菌和疾病的关系还没有建立起来，他还没有办法确定产褥热的原因，但是他以归纳的方法，推进了人们对产褥热的认知，为细菌学研究指明了方向。

塞麦尔维斯这种基于现象的观察和猜测，在科赫时期得到很好的证实。在炭疽杆菌研究中，最初人们认为有些牧场不适宜放牧，只要在这些牧场放牧，牛羊就会生病。但是细菌学家在患病死亡的牛羊的血液和组织中观察到了某种细菌，猜测这些细菌与疾病存在关联。为了证明这一猜想，细菌学家将含有这些细菌的物质接种给健康动物，他们发现健康动物会被感染发病，因此认为是这些细菌导致了炭疽病。但是，这一简单的猜测与论证遭到了广泛质疑，有些批评者在实验中发现，有些含有细菌的物质并没有引发疾病，有些不含细菌的物质却引发了疾病，从而认为不是这种细菌导致了疾病；有些批评者指出，炭疽病发病率有着明显的地区和季节的变化，因此认为炭疽病不是传染病，而是一种季节性的地区疾病。为了回应这些批评，科赫再次通过实验证明细菌学观点，他猜测细菌和菌类一样有着生命周期，可以形成孢子，因此他通过改进观测方式，以悬滴法观察了细菌生长的周期，从而证实了自己的猜想，并通过对细菌生长条件的研究，解释了批评者的质疑。科赫认为含有微生物的物质并没有引发疾病可能是因为细菌已经死亡失去活性；不含有细菌的物质却引发了疾病可能是因为细菌形成了孢子或者细菌处于其他形态，批评者没有识别出来；炭疽病的季节性和地区性是因为冬季和干燥地区不利于炭疽杆菌的生长。虽然科赫对细菌生命周期的猜测得到了证实，但是对细菌理论的质疑仍然有很多，例如不是细菌导致了疾病，而是患病组织中的其他物质导致了疾病。为了反驳质疑，科赫进一步改进实验方法，发明固态培养基进行纯净培养，证明细菌和疾病的因果性。

可以看出，科学家一直是在利用观察、实验，排除不相关项，证明科学猜测的基础上推进科学发展的。虽然哲学家从逻辑上批评了这些方法，认为绝对的证实与绝对的证伪都是不可能的。但是科学的实践活动中，科学家依然是按照以观察和实验为基础的证实原则进行科学研究。实验作为科学研究活动的核心具有判断真伪的功能和价值。即便是在范式或者思维风格的影响下，实验也可以成为验证科学理论的标准、连接不同范式或思维风格的桥梁，因为实验是科学家对外部世界的直接干预，科学家通过这种干预获得对外部世界的客观认知。

四　从还原论到整体论

孔德认为人类知识将从神学阶段，发展到形而上学阶段，最后进入实证主义阶段。由于科学研究的现象的复杂性是不同的，因此不同的知识分支进入实证阶段的顺序也是不一样的。数学、天文学先进入实证阶段，之后才是生物学。①

总体来看，微生物学的发展基本符合孔德的论述。在古代文明中人们通常会从神秘主义的或者宗教神学的视角解释疾病现象。古希腊罗马时期希波克拉底、亚里士多德、盖伦等人拥护的"体液学说""瘴气说"构成了人们早期对疾病现象的形而上学认知。随着显微镜的发明，人们逐渐看到了微生物世界，并不断地通过以观察和实验为基础的实证方法在微观的微生物和宏观的疾病现象之间建立联系。因此，微生物学的发展确实经历了神学阶段和形而上学阶段，并且在显微镜发明之后进入了实证主义阶段。

在实证主义阶段，微生物学家最重要的两个工作是：第一，找到微生物；第二，证明微生物和疾病的因果关系。细菌理论的支持者主要是

---

① Singer M., *The Legacy of Positivism*, Basingstoke, Hampshire: Palgrave Macmillan, 2005, pp. x – ix.

站在一种还原论立场上，试图将宏观的疾病还原为微观的细菌。科赫通过炭疽病研究证明了炭疽杆菌和炭疽病的关系，通过创伤研究区分了不同细菌和不同疾病的对应关系，通过结核病研究证明了结核杆菌和结核病的一一对应关系，通过霍乱研究证明了霍乱弧菌是霍乱的致病因等，在这些细菌学研究中，科赫总结出了一种经典的实证法则，即后来的"科赫原则"。在"科赫原则"的指导下，19 世纪人们发现了大量的致病菌，成功地验证了细菌理论的正确性。到了 19 世纪末，以还原论思想为核心的细菌理论已经成为普遍接受的科学理论。

虽然细菌理论在微生物学中逐渐替代其他理论成为主流的科学理论，但是细菌理论仍然面对着诸多的理论问题，例如人们在许多传染病中无法找到细菌；携带了细菌的患者并不会产生病征；细菌的变异性；等等。此外，细菌学研究还会受到社会因素的影响，不同的微生物学家站在不同的立场上，也会得出不同的结论，例如 19 世纪中期德国微生物学家认为霍乱是由霍乱弧菌导致的，而英国微生物学家则认为霍乱是由脏乱的环境导致的；即便是同样支持细菌理论，出于国家间的竞争关系，德国的科赫和法国的巴斯德在同一问题上也会产生激烈的争论。

20 世纪初期微生物学家弗莱克敏锐地察觉到了还原论式的微生物学研究并不能解释疾病现象的全部特征，他认为疾病概念的形成有其历史原因和社会原因，疾病概念是不断发展的，受不同思维风格的影响。细菌理论仅仅是从一个方面揭示了疾病现象的一个特征，从化学、心理学或临床医学出发的话，人们会得出不同的疾病观念。因此，弗莱克一改以往的还原论思想，提出了一种看待疾病现象的整体论视角。

第二节　微生物学中实证主义的发展

微生物学家坚持以观察和实验为基础的证实原则，认识自然和发现自然现象的规律，如果这可以被视为微生物学中的实证主义的话，本书则可以根据微生物学思想发展的特点总结出实证主义在微生物学中的发展和变化。

一　朴素实证主义

在微生物学发展的早期，由于人们难以系统地认识自然界中出现的复杂现象，因此人们倾向于采用超自然的神秘主义或者形而上学的认知方式，解释他们所观察到的现象。驱使人们解释自然的动力很大程度上来源于生存需求和好奇心。生存是人类第一要务，为了在自然界中生存下来，人们不得不通过认知自然界、解释自然现象增大自己生存的可能性；对未知自然的好奇主要是满足人类内心和精神的需求，实际上也是为了更好地生存。疾病现象关乎病痛和生死，人类很早就尝试着解释它，但是由于人们很难厘清某些现象的真正原因，因此在对未知力量的想象下，将疾病原因诉诸魔鬼、神灵、上帝等超自然力量。

但是，这并不是说人类用神秘的力量来解释所有的现象。人们在自然现象中可以观察到许多具有直接联系的现象，例如人们发现食用某些植物会导致疾病或死亡，食用某些植物可以治疗疾病。人们在可观察领域中，很早就获得了一些对自然界的正确认知。但总体来看，人们对自然界的认知都是一些朴素的认知，只能通过可观察的某些现象和某些现象的重复出现来简单地判断因果关系。因此，人们很可能会做出错误的归因，例如，"自然发生说"和"瘴气理论"。亚里士多德观察到在雨、空气和太阳热的共同作用下，泥土、黏液中总是会生长出一些低等生物，晨露同黏液或粪土结合会产生萤火虫、蠕虫、蜂类或黄蜂幼虫，潮湿的土壤会生出老鼠，因此他认为生命是"自然发生"的。[①] 希波克拉底观察到一些流行病存在季节性和地域性变化，

---

① ［美］玛格纳：《生命科学史》（第 3 版），刘学礼译，上海人民出版社 2009 年版，第210 页。

夏季的沼泽周边经常会暴发流行病,因此他认为沼泽周边的居民吸入了沼泽散发的臭气瘴气、食用了不洁的食物和水,才引发了疾病,从而提出了"瘴气说"。① 他们从经验观察出发,对自然界的解释,可以被视为一种朴素实证主义。虽然在现在看来"自然发生说"和"瘴气理论"都是错误的,但是这两个理论在微生物学史上产生过巨大的影响,甚至到了 19 世纪仍然有许多科学家支持这两个理论,因此不能简单地将其视为错误的理论。

通过对"自然发生说"和"瘴气理论"历史的考察,本书认为显微镜的出现拓展了人类的可观察范围,人们看到了以往看不到的新现象;科学革命爆发后,实验成为判断一个科学理论正确与否的重要标准。在显微镜的帮助下,人们开始通过实验来验证或者反驳"自然发生说"和"瘴气理论"。暂且不论他们的观点是否正确,他们以观察和实验为基础的研究方法就已经推动了科学的发展,从而进一步推动了朴素实证主义的发展。由于显微镜技术和理论认知的限制,人们实际上并不能准确证实或者证伪"自然发生说"和"瘴气理论",但是人们已经试图追寻宏观现象背后的原因和作用机制。19 世纪,随着显微镜技术的发展,人们逐渐观察到更广阔的微生物世界,同时认识到微生物在发酵和腐败过程中的作用。虽然没有人真正看到细菌,但是通过联想与推测,人们提出了细菌导致疾病的理论以对抗"瘴气理论";巴斯德通过精巧设计的鹅颈瓶实验判决性地否证了"自然发生说"。

在细菌理论提出之前,显微镜的出现使人们获得了进一步观察和实验的基础,推动了朴素实证主义的发展。但从总体上看,人们仍处于朴素实证主义阶段,主要还是以经验为基础,总结和推测现象与现象之间的因果关系。

---

① [古希腊]希波克拉底:《希波克拉底文集》,赵洪、武鹏译,安徽科学技术出版社 1990 年版,第 34—72 页。

二 还原论实证主义

经过 19 世纪诸多微生物学家的努力，以实验室科学的兴起为标志，微生物学中的实证主义进入了一个新的阶段。微生物学开始像物质科学一样，将宏观现象还原为微观现象，将复杂现象还原为单一要素，开始寻找复杂现象背后的简单原因和作用机制。本书将这一阶段称为还原论①实证主义，其代表人物就是科赫。

19 世纪许多微生物学家都在传染病患者的血液或组织中发现了细菌，但是"细菌究竟是单一物种，还是存在不同种类""到底是细菌引起了疾病，还是疾病导致了细菌的出现"等问题，人们一直都没有统一的回答。虽然科赫认为他在炭疽病研究中，通过显微镜观察和实验研究证明了炭疽杆菌是炭疽病的致病因，但是由于科赫的接种实验使用的是炭疽组织而不是纯净物，因此科赫的观点遭到了质疑。质疑者认为科赫的观点只能证明包含了炭疽杆菌的组织导致了炭疽病，而不能证明炭疽杆菌导致了炭疽病。

为了证明自己的观点，科赫采取了两条明显的研究进路，一个是可视化研究，即通过改进和发明显微技术更好地观察细菌；另一个是因果证明，即通过设计实验证明特定细菌是特定传染病的致病菌。

在可视化研究中，科赫不仅要自己更清楚地观察到微小的细菌，还要让其他人也都能看到他所看到的细菌。因为在科赫看来，别人对他的质疑以及其他人的错误观点都是因为无法准确观察到微观实体和微观现象。因此，科赫改进显微镜、改良染色技巧、发明显微照相术就是想要让人们在观察领域达成共识，以便进一步解释现象之间的

① 在哲学中，还原论认为某种类型的实体是更简单或更基础的实体的集合或组合，或者这种实体的表述可以被更基础的表述所定义。因此，物理实体是原子的集合或思想是感觉印象的组合，都属于还原论的观点。参见 Anonymous，"Reductionism"，*Encyclopedia Britannica*，Encyclopedia Britannica Inc.，https：//www. britannica. com/topic/reductionism，2019 - 2 - 18。根据这一定义，可以认为科赫将疾病概念还原为细菌的观点是一种还原论。

关系。

在因果证明中，科赫必须证明细菌和疾病一一对应的关系。为了证明这一关系，科赫提出了一套完整的证实原则，首先在疾病组织中辨识出细菌，然后分离出细菌并做纯净培养，最后将纯净细菌注射到有机体中引发相同的疾病。科赫认为符合这一原则就可以证明细菌和疾病的因果关系。但是科赫的原则并不是纯粹的逻辑建构，这一原则很大程度上是以问题为导向的。为了证明细菌与疾病的关系，科赫必须在疾病中观察到细菌；为了证明是细菌引发了疾病而不是其他物质导致了疾病，科赫必须分离出细菌并做纯净培养；为了证明是细菌导致了疾病而不是疾病引发了细菌，科赫必须将纯净培养物接种给健康的生物，导致健康的生物患病。通过对研究问题的不断细化，以及对质疑声的不断回应，科赫才逐渐构建出了细菌学的研究方法，并以这种方法成功地定义了细菌与疾病的关系。

科赫的细菌学研究可以被视为实证主义科学研究的一个典范，他完全是以观察和实验为基础解决具体的细菌学问题，从而推进细菌学理论的。以科赫为代表的还原论实证主义与朴素实证主义最大的不同在于，朴素实证主义观察和实验的研究对象是肉眼可见的现象世界，是在宏观层面证明现象与现象之间因果关系；而还原论实证主义则将疾病现象还原为肉眼不可见的细菌，在微观现象和宏观现象之间建立了因果关系。

三 整体论实证主义

虽然19世纪还原论实证主义在微生物学中占据了主导地位，但是它仍然遇到了许多无法解释的状况。即便研究者都是以观察和实验为基础探寻现象背后的微观原因和作用机制，他们时常也会得出完全不同的结论。

在霍乱研究中，研究目的的不同直接影响到了科学研究的结论。

英国政府为了保护它们的海上贸易，坚决反对细菌学学者主张的检疫隔离。它们特意挑选了反对细菌理论的科学家组成科学调查团研究霍乱的病因，虽然这些科学家也是以观察和实验为手段探究霍乱病因的，但是却由于理念的不同，得出了与细菌学理论完全相反的结论。可见科学研究不仅是一种纯粹的学术研究，还是一种强有力的政治工具。不过，在没有政治意图的影响下，理念不同的科学家也会针对同一事实得出不同的结论，佩滕科费尔就为了支持自己的理论，亲自喝下了含有霍乱弧菌的液体，以证明科赫理论的错误。

在炭疽病的研究中，国家利益和个人荣誉也影响到了科学研究的客观性。法国和德国因普法战争积怨已久，巴斯德作为法国微生物学的代表，科赫作为德国微生物学的代表，即便他们关于炭疽病的研究成果可以互相补充，但是由于国家和个人层面的利益冲突，他们不得不强调自己发现的重要性，而批评对方。

在结核菌素的研究中，研究的范式同样影响到了科学研究的方向。科赫在结核杆菌研究中获得了巨大的成功，结合以往的研究观念和研究方法，科赫形成了一套确定的细菌学研究范式。虽然在这套范式下，微生物学家发现了许多致病菌，但是这套范式同样限制了微生物学家的研究内容和方向。在结核杆菌研究的基础上，科赫认为结核杆菌的减少意味着病情的好转，动物实验可作为证实实验的核心，但是在研究结核菌素时，科赫过分依赖动物实验，从而忽略了其他相关因素，导致了研究的失败。

除了上述影响，认知局限同样影响着科学研究。科赫认为一个细菌足以导致疾病，但是现实中许多带有细菌的患者仍然保持健康；科赫认为细菌物种是相对稳定的，特定细菌引发特定疾病，但是细菌变异性的发现引发了巨大的困境；由于技术限制，人们无法看到病毒，也无法培养病毒，因此许多病毒疾病无法用细菌理论解释或证明。人类对现象的认知总是不断扩大的，技术的革新可能会使人们看到全新的现象，因此科学理论仅仅是在现有经验材料下成立的，科学的真理是有界限的。

科学研究并不是完全独立的，它渗透着诸多社会因素。对科学的理解也不能是固定不变的，在历史的长河中，人类的认知内容总是在不断变化的。作为微生物学家的弗莱克敏锐地把握到了科学的相对性，他意识到即便是针对同一疾病现象，临床医生和基础科学家的认知完全是不同的；以往被认为是真理的理论，随着新现象的出现，就可能会发生转变；政治因素完全可以影响科学研究的成果。通过对梅毒史和瓦色曼反应的考察，弗莱克将历史因素和社会因素纳入对科学事实起源的分析中，提出了"思维风格"和"思维集体"理论，认为不同思维集体中的人们，由于思维风格不同，对科学事实的认知也会不同，又因为思维风格是不断演变的，因此科学事实也是不断变化的。虽然弗莱克提出了一种相对主义的科学观，但是弗莱克并不否认科学事实起源于科学家的实证研究。弗莱克强调的是，科学成果一旦被公开传播，那么科学事实就不在仅仅局限于科学共同体内部，它会受到诸多方面的影响，弗莱克要求人们从一种整体论的视角来理解科学事实。

科学事实不再单纯地被认为是科学的产物，它同时也被视为历史和社会的产物。这种从整体看待科学事实和科学活动的理念，本书称为整体论实证主义。整体论实证主义承认科学研究中的还原论倾向，但是认为为了更好地理解科学，人们需要将社会、历史、政治等要素纳入考虑之中。

四 "纵向发展"和"横向发展"

通过对微生物学中实证主义的发展的考察，本书区分了朴素实证主义、还原论实证主义、整体论实证主义。虽然从产生的时间上来看，三者具有先后顺序，但是在现实世界中三者是并存的。这些以观察和实验为基础，坚持证实原则的实证主义，已经渗透到了人类生活的方方面面，只不过它们的适用领域有所不同。

日常生活中，人们经常会在宏观现象之间建立因果联系，并通过日常经验加以检验和证实，人们常说的"朝霞不出门，晚霞行万里""冬吃萝卜夏吃姜，不用医生开药方"等俗语，实际上都是朴素实证主义的一种体现。

科学与日常经验最大的区别在于，科学不满足于宏观现象之间的解释，它要探寻宏观现象背后的微观原因和作用机制。可以说，还原论实证主义是科学研究的核心观念，也是推动科学发展的核心力量。在微生物学领域，早期的"瘴气说"实际上就是一种日常经验，随着认知的发展，人们不再满足于这种宏观的解释，开始通过观察和实验寻找传染病背后真正的原因。在显微镜的帮助下，人们看到了患者血液或者组织中普遍存在的微生物，因此推测这些微生物与疾病之间存在一定的关系。通过实验，人们不断排除不相关要素，最终证明细菌与疾病的因果关系，这一过程就可以被视为科学研究。不过，科学研究不会因为发现了细菌与疾病的因果关系就停止探索，它仍然会追问细菌究竟是如何导致疾病的。随着显微技术的发展，人们观察到了细菌的结构，比细菌还小的病毒，甚至开始研究蛋白质、核酸、基因的结构功能，进入分子生物学领域。这种不断纵深的还原论研究方式，推动着整个科学的发展。

然而，这个世界中不仅仅只有一种解释世界的方式，除了科学之外，人们对疾病的认知是多种多样的，可以从宗教层面、社会层面、经济层面和政治层面对同一疾病现象做出不同的解释。根据弗莱克的观点，这是因为不同的思维风格下事实的内涵是不同的。科学家们也意识到了社会因素对科学的影响，以及科学活动的社会性，但是他们并不会像一些哲学家和社会学家一样走向相对主义，因为他们仍然坚信建立在观察和实验基础上的科学理论的正确性。科学家在从事科学研究时仍然坚守还原论实证主义，不断纵深挖掘复杂现象背后的简单原因和作用机制，推动科学发展。在此基础上，人们在科学实践和科学传播的过程中，应该接纳和融入其他层面的要素，更好地帮助人们理解科学、学习科学。例如在医学中，特鲁多医生所提倡的"有时，去治愈；常常，去帮助；总是，去安慰"，医学不仅需要科学的治疗，还需要人文的关怀。因此，在理解科学、传播科学时，人们有必要在承认科学研究的基础上，积极地与其他学科融合，从而很好地实现科学的社会价值。

第三节 科学中的实证主义

通过讨论实证方法和实证精神在微生物学史中的发展，本书认为自然科学中的实证主义似乎与人文社科领域中讨论的实证主义有所不同。因此，本节通过简要回顾实证主义的发展史，对比实证主义在自然科学领域和人文社科领域到底有什么不同，并简要论述自然科学中实证主义的立场。

一 实证主义发展简史

从 19 世纪到现在，实证主义在人文社科领域有着一个明显的发展脉络，即从孔德实证主义到马赫主义再到逻辑实证主义，然后转向后实证主义。

孔德、穆勒和斯宾塞（Herbert Spencer）共同构建了早期实证主义的基本思想，主要是反对传统的形而上学哲学，主张将人类的认知限定于经验范围之内，以统一的科学方法认识自然界和人类社会的规律，并且具有一种明显的反实在论倾向。

继孔德、穆勒和斯宾塞的第一代实证主义之后，马赫和阿芬那留斯（Richard Avenarius）接过实证主义的大旗，进一步把实证主义推向科学主义和唯经验主义。以马赫和阿芬那留斯为代表的第二代实证主义，进一步强调了实验与观察等经验要素的重要性，致力于将哲学改造为科学的认识论。他们以一种科学主义的立场，批判了当时的旧的机械论自然观和非理性主义，将实证主义视为科学发展的新的立脚点。① 与孔德的第一代实证主义相比，马赫主义在实在问题上更为极端，孔德还承认经验以外的世界存在，只是不可认识而已，马赫则彻底否定了经验以外还有其他本质的东西存在，把哲学彻底归结为认识论和方法论。

20世纪二三十年代出现的逻辑实证主义通常被称为第三代实证主义。逻辑实证主义主要以维也纳学派为核心，它继承了休谟和马赫的经验主义传统，接受了弗雷格、罗素和维特根斯坦的逻辑分析思想，强调以科学为模式、以逻辑为手段、以物理学为统一语言，彻底改造哲学，使哲学成为一种科学的哲学。② 尽管逻辑实证主义者在经验证实、语言分析和还原论等方面做出了巨大的努力，但是逻辑实证主义者对自然科学的迷信、对证实或确证的强调以及反实在论的观点遭到了强烈的抨击。为了摆脱被人嗤之以鼻的实证主义，维也纳学派的成员不再以逻辑实证主义者自居，逐渐转变为逻辑经验主义者，他们不再强调科学的证实，而是转向了概率意义的解释，许多人也转向了实在论的立场。

虽然逻辑经验主义对实证主义的思想做了一些修正，但仍然面对着许多无法解决的难题。波普尔提出科学是通过猜想和反驳发展的，理论不能被证实，只能被证伪。蒯因更是批评了经验论的两个教条——分析命题和综合命题的区分；还原论的经验证实原则，动摇了逻辑经验主义的两个根基。第二次世界大战期间，维也纳学派的主要成员纷纷出走美国，在实用主义的冲击下，逻辑经验主义的内部思想

---

① 刘放桐等：《新编现代西方哲学》，人民出版社2000年版，第95页。
② 刘放桐等：《新编现代西方哲学》，人民出版社2000年版，第269页。

的矛盾不断激化，20 世纪 50 年代逻辑经验主义走向衰落。

随着库恩历史主义的兴起，科学哲学的发展从逻辑经验主义转向了后实证主义。后实证主义主要有三条进路：第一条是以库恩为核心的历史主义；第二条是科学实在论；第三条是以科学知识社会学为核心的建构主义。① 后实证主义认为理论不单纯是形式的或逻辑的结构；建立理论的语言也不是静态的，而是随着认知的进展而不断变化的；科学中的新发现不能总是还原为稳定的观察事实，或用逻辑来论述。② 建构主义更是着重讨论科学活动和科学知识的社会性，强调科学家的认知行动和社会行动对科学活动的决定性意义。

二　自然科学与人文社科中实证主义的联系与差异

对比实证主义发展史和微生物学中实证主义的发展，本书认为人文社科领域中的实证主义和自然科学中的实证主义有着密切的联系，但也存在许多根本性的差异。孔德实证主义的自然科学基础，大体上对应的是自科学革命到 19 世纪初的经典科学，在医学中对应的是医院医学，这一时期科学家的主要工作是总结和发现宏观现象背后的普遍规律。虽然已经出现了科学的还原论思想，例如 1840 年亨勒提出的细菌理论，但由于技术的限制，这种还原论的思想还未得到证实。因此，孔德实证主义实际上对应着自然科学中朴素实证主义向还原论实证主义的过渡阶段。

而马赫提出的人类认知由感觉要素构成的观点，明显地对应着万物由元素或要素组成的还原论观点。③ 卡尔纳普（Rudolf Carnap）主张将一切经验科学还原为物理科学，实现科学的统一，④ 同样是以还

---

① 安维复：《科学哲学新进展：从证实到建构》，上海人民出版社 2012 年版，第 21 页。
② 王东：《科学研究中的隐喻》，世界图书出版公司 2016 年版，第 73 页。
③ 夏基松：《简明现代西方哲学》，上海人民出版社 2015 年版，第 14 页。
④ ［英］雷：《逻辑实证主义》，［英］牛顿－史密斯：《科学哲学指南》，上海科技教育出版社 2006 年版，第 301 页。

原论科学观为基础的。因此可以说，马赫实证主义和逻辑实证主义是以自然科学中的还原论实证主义为基础的。

后实证主义中的历史主义和建构主义与弗莱克有着千丝万缕的联系。历史主义的代表库恩在《科学革命的结构》的序言中说，弗莱克的书先于他提出了许多他的思想。① 建构主义的代表夏平认为弗莱克是科学知识社会学的先驱②，拉图尔称弗莱克是"科学社会学的创始人"③。虽然如今弗莱克更多被视为"哲学家"，但是弗莱克生前从未如此称呼过自己，他一生的大部分时间都在从事微生物学的相关研究，他的工作地点要么是医院，要么是实验室，他的哲学思想很大程度上来源于他对微生物学研究的反思。因此，后实证主义大体上可以对应弗莱克的整体论实证主义。

虽然人文社科领域中的实证主义和自然科学中的实证主义有着密切的联系，但是它们也有着明显的不同。

首先，自然科学中的实证主义主要将科学研究的范围限定在自然领域之内，科学家假设经验对象是稳定不变的，可以通过观察和实验描述它们的基本结构和普遍规律；而人文社科领域中的实证主义则将科学研究的范围扩展到人文和社会领域，他们只看到了科学研究的成果，没有看到科学研究的过程，因此，对自然科学中的实证主义的理解是理想化的，将科学描述视为了科学真理。人文社科领域中的实证主义实际上是从科学的视角看待社会，试图借助科学的力量探寻社会层面的真理。

其次，自然科学中的实证主义主要是按照问题来推进科学发展

---

① ［美］库恩：《科学革命的结构》，金吾伦、胡新和译，北京大学出版社 2003 年版，第 3 页。

② Shapin S. , "A View of Scientific Thought", *Science*, *New Series*, Vol. 207, No. 4435, 1980, pp. 1065－1066.

③ Latour B. , *Reassembling the Social：An Introduction to Actor-Network Theory*, Oxford：Oxford University Press, 2007, p. 112.

的，科学家默认经验的重复验证确认了科学事实的确定性，他们更多的是从实用性的视角来考量理论的好坏；而人文社科领域中的实证主义则走向了逻辑和语言，哲学家更多的是思考外部世界是否存在，人们如何认知自然物和自然规律，他们主要是通过逻辑和语言分析来判断经验命题的真伪。

再次，自然科学中的实证主义伴随着一种发展的观念，虽然科学家认为经过验证的理论是对当下现象最好的描述，但是他们不否认技术的突破或许可以颠覆现有的认知。而人文社科领域中的实证主义忽略了自然科学中发展的观念，从而将经典的科学方法和科学事实视为最合乎理性的认知框架。

最后，后实证主义中的相对主义思想又走向了另外一个极端，他们从社会的视角看待科学，将社会对科学的影响以及科学中的社会因素扩大化，从而消解了科学知识的客观性和实在性。而自然科学中的实证主义从未否认过科学研究的客观性，即便是整体论实证主义，也是在承认科学的科学性的基础上，考虑其他社会、历史因素的。

三　观察和实验

科学哲学家们总是讨论理论与实在的表象，但是避而不谈实验、技术或运用知识来改造世界。自然科学史现在几乎总是被写成理论史。科学哲学已经变成了理论哲学，以至于否认存在先于理论的观察或实验。①

确实，在科学哲学中，大部分哲学家都持有观察渗透着理论的观点，认为只有在理论的指导下，观察才具有意义。库恩更是将这一观点发扬光大，认为在不同理论范式的影响下，针对同一现象人们会观察到不同的事实，并且所获得的科学知识不可通约。但是，要是说不

---

① ［加］哈金：《表征与干预：自然科学哲学主题导论》，王巍、孟强译，科学出版社2010年版，第121页。

存在先于理论的观察或实验，这一点不论是从常识上还是从逻辑上本书都是无法接受的。

从历史上看，科学认知经历了三个阶段：现象论阶段、实体论阶段、本质论阶段。例如，近代天文学发展的过程：首先是所谓的第谷阶段，大量地观测天文现象；其次是开普勒阶段，开始对这些事实材料进行科学概括，总结出行星运动的规律；最后是牛顿阶段，利用数学分析，揭示了开普勒总结的天文规律背后的力学定律，即万有引力定律，从而建立了天体力学。[①] 近代医学的发展过程：首先是床边医学，注重对病情的记录与观察；其次是医院医学，在大量观察的基础上，总结出疾病的原因和可能的治疗方法；最后是实验室医学，通过实验的方法，将观察到的细菌与疾病建立因果关系。虽然"三个阶段"的论述较为扼要，忽略了科学认知过程的复杂性，例如竞争理论的存在，但是从观察，到总结，再到理论的科学认识发展的逻辑顺序基本是合理的。因此，本书认为科学认知的起点是观察。但是，科学认知并不是简单的单线程发展，而是一种多线程的复合网络，现在人们已经很难以纯粹的观察为起点发展新的科学认知了。因此以观察为基础的实验才是科学认知活动的基础。通常来说观察要排除理论的影响，以一种中立立场综合地获取关于认知对象的直观经验；而实验则带有一定的目的性，以人为手段干预研究对象，获得限制条件下的结果。

科学实验之所以重要，主要是因为这种基本的科学认知活动形式直接指向研究对象。对事物和现象做经验研究，乃是获得有关外部世界一切知识的基础。认识世界归根结底要求人们用不同方式直接变革所感兴趣的对象。科学实验正是科学认识中特有的作用于研究对象的活动，在经验认识中是最重要的一种。实验方法能使人们积极干预事

---

① 刘大椿：《科学哲学》，中国人民大学出版社 2006 年版，第 93 页。

物和现象的进程，以便详细而精确地把握它们。①

实验与理论之间的关系也是非常微妙的。有些深奥的实验完全由理论生成。有些伟大的理论来源于前理论的实验。有些理论因为缺乏实在世界的证明而沉寂了，有些实验则因为缺乏理论而被闲置。也有一些合家欢的场面，来自不同方向的理论和实验相会了。②

为了反对自然发生说，雷迪、斯帕兰札尼、巴斯德设计了精巧的实验，反驳自然发生说的核心观点，而为了支持自然发生说，尼达姆、普歇也通过设计实验回应批评者的反驳。暂且不论实验是否能够判决理论正确与否，仅从人们对理论的反驳和支持来看，实验已经成为科学论证的核心。当然我们知道，巴斯德通过鹅颈瓶实验令人满意地驳斥了自然发生说。

除了为了证明或反驳某个理论的实验，科学史上还能找出许多类比、推测和偶然的探索性实验。虽然在科赫之前植物学家已经观察到了菌类的生长周期和孢子，但是人们对细菌一无所知。在观察到炭疽病的季节性和地域性暴发后，科赫将菌类的生长周期和孢子概念类比到细菌身上，通过设计悬滴实验，证明了炭疽杆菌的生命周期和孢子的存在。虽然这种类比仍然具有目的性，但是对细菌理论来说却是一种探索性的尝试。由于显微镜技术的限制，科赫时代人们无法看到病毒，但是通过实验，人们发现某些疾病不含有细菌同样会传染疾病。在实验的基础上，人们做了合理的推测，认为这些物质中要么含有细菌分泌出的毒素，要么含有某种更为微小的微生物。在此基础上，通过进一步实验，人们发现这些物质可以代际传播，毒性并不会衰减，从而排除了毒素的可能，因此判断这些物质中含有更为微小的微生物。这种建立在实验基础上的推测是一种对未知合理的探索；固态培

① 刘大椿：《科学哲学》，中国人民大学出版社2006年版，第96页。
② ［加］哈金：《表征与干预：自然科学哲学主题导论》，王巍、孟强译，科学出版社2010年版，第128页。

养基的发明带有明显的偶然性。科赫时代,如何培养纯净细菌是一个难题。虽然液态培养基可以调制出适合细菌生长的环境,但是无法保证培养液中只包含一种细菌。偶然的情况下,科学家看到煮熟的土豆上长出的霉斑,经过显微镜观察,发现这些霉斑中生长的都是同类细菌,因此土豆成为一种固态培养基。但是由于大部分致病菌无法在土豆上生长,并不完全适用于细菌学研究。又是在偶然的情况下,科学家看到果冻的制作方法,联想到可以先配制营养肉汤然后添加明胶或琼脂使其固化,从而得到适合致病菌生长的固态培养基。这种偶然性的发现,在科学中不胜枚举,甚至某些科学研究就是建立在偶然性很强的试错和筛选上的。

因此,本书认为不能简单说理论先于实验,或者实验就是为了证明某个理论。如果说理论是对外部世界的摹写的话,那么实验就是外部世界的真实写照,实验通过干预外部世界获得关于外部世界的知识。

四 实证主义和建构主义

逻辑实证主义者主张将一些知识还原为科学知识的观点遭到了广泛的批评,他们对科学的过度崇拜,使得现在"逻辑实证主义者"主要作为污蔑性的术语来使用。[①] 人们对实证主义的质疑,以及第二次世界大战后科学理性的危机,引发了反科学主义的热潮。理性的反科学主义,主要反对的对象是唯科学主义,反对对科学认知的盲目自信和绝对化;而极端的反科学主义,则试图消解科学的意义,走向彻底的虚无主义和相对主义。

后实证主义者,大部分是站在理性的反科学主义的视角上,从社会建构论的视角重新认知科学理论和科学知识。布鲁尔以自然主义立

---

① [美] 萨蒙:《逻辑经验主义》,[英] 牛顿-史密斯:《科学哲学指南》,上海科技教育出版社 2006 年版,第 281 页。

场提出了科学知识社会的强纲领，主张采用人类学中方法论意义上的相对主义，对科学知识进行公正性和对称性分析，从而摆脱逻辑实证主义者的"上帝视角"和"绝对主义"的僵化立场。然而对社会因素在科学形塑过程中的过度强调，使其在研究实践中走向了认识论的相对主义。[①] 拉图尔则以行动者网络理论将人与非人以同等地位放置在同一网络之中，回避了对科学事件或技术革新进行本质主义的讨论，将科学事实和科学理论与其他知识，都视为社会的建构。[②] 皮克林在《实践的冲撞》中提出了物质力量和人类力量在科学实践中冲撞的历史过程，遵循阻抗与适应的辩证法以瞬时突生的方式来进行共生和互构的理论。他认为在动态的科学实践过程中，人类力量与物质力量以相互交织的方式共同发挥作用。[③] 从整体上看，科学知识社会学的理论从最开始的"社会决定论"慢慢地转向了"科学、技术和社会的相互建构"。人们对科学的认知越来越趋于理性化，从科学决定论，到社会决定论，再到科学和社会的相互建构。

然而，在科学研究中，科学家的观念似乎并没有发生太大的变化，他们几乎不会关注科学实验中的社会因素，他们在科学研究中依然坚持的是以观察和实验为基础的实证方法，很大程度上仍然坚信还原论。只是科学家不再将科学研究视为一种独立的活动，他们也会考量科学研究可能产生的社会影响，以及社会和道德因素对科学活动的影响。

从历史的视角看，社会的发展很大程度上来源于科学技术的革新，如果人们认同社会和科学技术是在进步的，那么就不能否认科学

---

① 刘崇俊、周程：《强纲领自然主义立场的再审视——在相对主义和科学主义边缘的徘徊》，《科学技术哲学研究》2017年第6期。

② 刘文旋：《从知识的建构到事实的建构——对布鲁诺·拉图尔"行动者网络理论"的一种考察》，《哲学研究》2017年第5期。

③ 刘崇俊：《互构论视野下"技性科学"的协同治理》，博士学位论文，北京大学，2017年，第19页。

是人类智慧的独特产物。科学研究的方法始终没有发生过巨大的改变，发生改变的是人们对科学的理解和认知。因此，不像建构主义走向了社会决定论，也不像孔德实证主义、马赫实证主义、逻辑实证主义走向了科学决定论，整体论实证主义在坚守科学阵地的同时，承认社会因素的存在。在整体论实证主义的视野下，以观察和实验为基础的证实原则仍然是科学研究的主要方法，只是在理解科学、传播科学时，强调以一种整理论的思想将社会因素纳入观察和实验的考察范围。

小结　整体论实证主义

通过对实证主义发展史和微生物学中实证主义的考察，本书认为逻辑实证主义及其之前的实证主义观点，主要是建立在对科学的理想化认识的基础上的，用弗莱克的理论来说就是站在科学的思维风格下理解科学活动和科学研究。因此，他们最多只能认识到自然科学中的朴素实证主义和还原论实证主义。后实证主义兴起之后，人们认识到了社会因素对科学的影响，以及科学的社会性，很多学者从一种社会决定论的视角看待科学，将科学活动和科学知识建构为一种社会活动。

在本书看来，科学主义和建构主义实际上是分别站在科学决定论和社会决定论这两种立场上讨论相同的问题，它们的矛盾不可避免。纵观整个科技史，科学理论和科学思想的发展是不断精进和完善的，即便是出现了颠覆性的新思想，它同样也是建立在观察和实验的基础上的，因此本书认为实证主义在科学领域中取得了巨大的成功。然而，当原本地方化的科学实证主义走出科学、认知社会的时候，科学实证主义忽略了可能的社会因素，走向了科学主义。建构主义将科学知识视为社会的建构，将原本"黑箱化"的科学知识打开，成功地分析了科学知识和科学活动的社会性，颠覆了人们对科学的客观性和真理性的认知。虽然建构主义在批评科学实证方法的基础上，使人们更好地理解了科学，但是建构主义的观点并不影响科学家继续以观察和实验为基础从事科学研究。因为，建构主义的主张很大程度上是解决如何理解科学和世界的问题，而科学实证主义的目的在于认识世界和改变世界，相较于其他方法和视野，实证主义仍然是科学研究的最佳选择。建构主义将科学知识的基础建立在社会信念之上，本书不禁要问社会信念的基础是什么？如果说社会信念仅仅是一种信仰，那么科学就与宗教没有差别，这将否认千百年来科学对世界的认知和改变，走向一种虚无主义和不可知论。科学家是绝对不会同意这样的观点的，因为他们通过观察和实验直接干预了外部世界，获得了科学的认知，而这种科学认识又得到了科学共同体的验证和强化。即使科学家承认科学知识建立在社会信念的基础上，他们也会认为社会信念的基础来源于观察和实验获得的真实材料。

尽管社会建构主义在后现代主义的发展大势中崛起，但是它却有着非常深远的传统，建构的观点可以追溯至古希腊柏拉图提出的理念与实在之间的问题。从理念与实在二分的视角出发，逻辑实证主义是对实在的逻辑建构，社会建构主义是对实在的社会建构。极端的实证主义和建构主义都否认理性可以认知外部实在，认为理念独立存在，而温和的实证主义认为以观察和实验为基础的证实或证伪原则可以实现理念与实在的联结，温和的社会建构主义则将人们对外部实在的理念建立在社会信念之上。

然而，不论是从实证主义还是从建构主义的观点出发，人们总能找出反例反驳它们的理论基础，例如究竟是观察和实验优先于理论，还是理论优先于观察和实验的问题。人们既可以找到理论影响观察和实验的案例，也可以找到不受理论影响的观察和实验的例证。因此，本书认为不能简单地将二者的关系对立起来，而应该从整体论的视角重新审视二者。

本书承认社会建构主义对科学活动和科学知识的启发式讨论，社会因素影响着科学研究，科学具有社会性，但是不承认科学活动和科学知识完全是由社会因素决定的。通过对微生物学史的研究，本书发现人们对疾病现象的认识在不断深入和完善，虽然人们的疾病观从古代到现代发生了很大的变化，但是从历史的视角看，以观察和实验为基础的证实原则是提出疾病理论和验证疾病理论最为核心的方法，即便认为疾病观是一种社会信念，在近代科学产生之后，科学疾病观的信念也是建立在观察和实验的基础上的。因此，本书认为科学活动和科学知识既有其科学实在性，也受到社会因素的影响，人们应该在坚持科学实在性的基础上，从整体上认识科学，即整体论实证主义。

从整体论实证主义出发，科学活动不再被视为独立于社会因素之外的存在，科学活动与社会活动紧密地纠缠在一起。科学活动会受到国家和个人利益、社会环境、技术条件、研究理念、心态情绪、意外和偶然等多方面因素的影响，整体论实证主义并不是以此将科学活动视为一种社会的产物，而是尽可能厘清各种社会因素与科学活动之间的关系和作用机制，进而澄清科学活动中的科学基础。科学规范、科研诚信和科学道德实际上就是在承认科学社会性的基础上，对科学活动的自我完善。

因此，本书主张以整体论实证主义来理解科学知识和科学活动，在承认科学可以获得对外部世界的真实认知的基础上，将科学视为一种独特的社会文化现象，融入社会、历史因素从整体上拓展人们对科学社会性的认知。

结　语

科 学、社 会 和 实 证 主 义 的 建 构

虽然实证主义从 19 世纪出现以来对人类知识和社会发展产生了巨大的影响，但是不同时期、不同流派的学者对实证主义这一概念的认知并不一致。例如，孔德实证主义、经验批判主义、逻辑实证主义和后实证主义的观点就存在很大差异；哲学、历史学、法学、经济学、心理学等不同学科中实证主义观点的侧重点也各不相同。因此，人们不能从一种静态的、绝对的观点认知实证主义。实证主义自身存在不断发展和完善的过程。

大部分学者认为，20 世纪中期以来实证主义经历了一个明显的由盛而衰的发展过程，他们从理论层面讨论了实证主义的兴起与衰落，但是很大程度上忽略了实证主义的自然科学基础。实证主义究竟是因为无法克服的理论困境而衰落了，还是这一过程本就是实证主义发展的内在逻辑？通过对微生物学史的考察，本书认为实证主义在微生物学中的发展与实证主义在人文社科领域中的发展存在一致性，自然科学的发展在很大程度上决定了人们的实证主义观念。由于自然科学一直在发展并没有衰落的迹象，因此本书认为以自然科学为基础的实证主义也并没有衰落，而是以一种新的形态继续影响着人类社会的方方面面。

微生物学发展史上存在两个明显的转折点，本书主要以科赫和弗莱克作为典型人物论述了这两个转折的特征。第一个是从神秘主义和

形而上学转向以实验和观察为核心的实证主义，人们不再诉诸神学、权威或者神秘力量来解释疾病现象，而是借助技术革新促进细菌的可视化，并通过设计实验证明细菌与疾病的因果关系；第二个是从还原论转向整体论，虽然 19 世纪细菌学家成功将宏观的疾病现象还原为微观的细菌，但是科赫的细菌理论仍然遇到了诸多现实难题，例如社会对科学研究的影响以及无法解释的新现象。20 世纪初，弗莱克在反思科学异常和科学社会性、历史性的基础上，提出了一种疾病整体论和科学相对主义的观点，为人们全面且充分地理解科学本质拓宽了视野。如果微生物学的发展可以被视为一种连续的历史过程的话，那么实证主义在微生物学中也就存在一种明显的变化与发展，因为实证主义是以科学研究和科学发展为基础的。

早期微生物学中，人们主流的观点是"自然发生说"和"瘴气理论"，虽然现在看来这些理论做了错误的归因，但是这些理论来源于日常的观察，并且在与"微生物起源说"和"细菌理论"的争论中还设计各种实验来证明自身观点的正确性，因此本书认为在早期微生物学中就已经出现了以经验为基础的科学研究，从早期的经验研究中可以总结出一种朴素实证主义，主要是以经验为基础，概括和推测现象与现象之间的因果关系。

随着技术的革新和认知的深入，传统的微生物学理论已经无法满足对新事物和新现象的解释，一种新的理论和新的观点在处理新问题的过程中应运而生。借助显微镜，微生物学家发现了一个肉眼无法观测到的微观世界，微生物与宏观事物或现象究竟是什么关系就成为微生物学家关注的核心问题。在不断应对批评与反驳中，19 世纪的微生物学家，尤其是科赫，通过细菌的可视化研究和细菌与疾病的因果证明，成功地战胜了传统理论，在微观的微生物和宏观的疾病现象之间建立起了因果关系。"科赫原则"更是成为细菌学黄金时代典型的实证方法。因此，19 世纪微生物学的发展，尤其是以科赫为代表的实验室科学的发展，使得观察和实验成为科学研究的核心，寻找宏观现象背后的微观原因和作用机制成为微生物学研究的主要目标。本书将这一时期微生物学研究的观念总结为还原论实证主义，它仍以经验和实验为基础，但是不再满足于宏观现象之间关系的讨论，而是转向了对宏观现象与微观现象、复杂现象与单一要素之间关系和机制的探索。

20世纪初，细菌理论也迎来了新事物和新现象的挑战，带菌者问题、细菌物种变异性、病毒性疾病等直接挑战了细菌理论的核心观点。与19世纪细菌理论对传统理论的批判与发展一样，微生物学家继续沿着解决问题的路径，推动微生物学的进一步发展。波兰微生物学家弗莱克敏锐地察觉到疾病观念和科学事实的历史变化。通过对新现象和新理论的反思，对梅毒史和瓦色曼反应的考察，并结合自身的科学研究和生活经历，弗莱克认识到科学理论不仅会受到技术和认知的限制，还会受到社会和既有观念的影响，他主张从整体论看待疾病概念，并提出"思维风格"和"思维集体"理论，将社会和历史因素纳入对科学知识的考察中。虽然弗莱克的观点并不能完全代表这一时期主流微生物学家的观点，但是本书还是认为这一时期微生物学中已经出现了一种新的疾病观和科学观，部分微生物学家已经认识到还原论研究的弊端，并且意识到了科学的社会性。因此，本书提出了整体论实证主义来表述这一时期微生物学中出现的新观念。整体论实证主义承认科学研究中的还原论倾向，但是认为为了更好地理解科学，人们需要将社会、历史、政治等要素纳入考虑之中。

在后现代的语境中，科学是被建构的，社会是被建构的，那么实证主义同样也是被建构的。实证主义并不是一个独立的、具有固定内含的概念，它在很大程度上依赖于科学的发展和人们对科学的理解。正如本书对实证主义在微生物学中的变化的讨论，技术革新和理论争论直接推动了以观察和实验为基础的实证科学观的出现，对微生物本质的认知、对疾病概念的理解和对科学社会性的深入讨论进一步促进了人们对科学的全面理解。因此，实证主义在微生物学中实际上有两条发展路径，一条是"纵向发展"的路径，实证主义随着微生物学的发展而发展，从朴素实证主义发展到还原论实证主义；另一条是"横向发展"的路径，实证主义随着人们对疾病、微生物等概念的理解的发展而发展，从还原论实证主义发展到整体论实证主义。

虽然从总体上看，实证主义依赖于科学的发展和人们对科学的理解，但是科学与实证主义并不是一种决定与被决定的关系，实际上科学、社会和实证主义是一个相互交织的网络。科学的发展促进了实证主义的发展，实证主义将科学思想拓展到社会领域产生巨大影响，人们对科学社会性的反思推动实证主义的进一步发展，实证主义的发展再反作用于科学的全面发展。据此，本书提出了实证主义的发展三阶段，并认为建立在现阶段科学发展和对科学社会性反思基础上的整体论实证主义是实证主义当下应有的形态。

在20世纪中期，逻辑实证主义因为无法克服的理论困境而走向衰落，并逐渐被新兴的历史主义和社会建构主义所替代。不论是库恩还是拉卡托斯，大部分科学哲学家都是从物理学、天文学或者化学发展史中反思科学研究和科学知识的本质，他们认为在科学领域中发生了一场科学革命，新的理论替代旧的理论，颠覆了以往人们的认知，强调"范式"或者"研究纲领"对科学研究的决定性影响。如果将科学革命的观念引入思想史领域的话，历史主义或社会建构主义很自然地就会被视为替代实证主义的新理论。然而，通过对微生物学史的考察，本书发现与以往认知有些差异的是20世纪初弗莱克通过对微生物学的反思就已经提出了历史主义和社会建构主义的观点，而且他的观点被他之后的科学哲学家和科学史学家接受与发展，弗莱克也理所当然地成为科学哲学和科学社会学中的先驱。但是，回顾弗莱克的一生，他从没有认为自己是一名科学哲学家，他一生中大部分的时间都是在实验室中度过的。如果将弗莱克视为一名微生物学家，将他的思想视为 20 世纪初微生物学思想史上出现的新观点，而不是将他视为科学哲学的先驱，那么人们将会得出一些与以往不同的观点。

虽然弗莱克提出思维风格和思维集体的理论，认为"思维风格"决定了科学事实，但是他并不认为科学的发展是革命式的。在弗莱克的观念中，思维风格是在不断解释"元观念"的基础上缓慢演进的，虽然不同时期、不同思维集体对元观念的解释不可通约，但是随着认知的发展，这些观念部分被遗忘、部分留存，最终会交融在一起形成当代的思维风格。弗莱克是站在渐进式的科学发展观上来反思微生物学的，他反对之前的还原论的科学观，提倡一种整体的、生态的科学观。如果人们将早期科学中的实证观念视为一种元观念的话，那么不同时期人们对实证观念的思维风格就可以视为不同时期的实证主义，因此实证主义也存在一种渐进式的发展，本书根据不同时期科学研究的特点将实证主义分成了三个阶段，朴素实证主义、还原论实证主义、整体论实证主义。

从渐进发展的视角看，实证主义并没有衰落，它只是进入了一种新的形态，即从还原论实证主义发展到了整体论实证主义。虽然以还原论为基本思想的细菌学说或者分子生物学，对生物体的物理化学性质的研究做出了重要的贡献，但是 20 世纪后人们逐渐认识到生物体是结构复杂的系统，仅在分子层面研究生物无法了解生物体的整体功能和本质，因此生物学研究中也出现了一些整体论观点，以及生物和环境互动的生态系统观。整体论实证主义不仅是从理解科学层面对实证主义的发展，而且也是随着科学的发展而发展，建立在科学发展的事实之上的实证主义新阶段。

整体论实证主义作为实证主义发展的新阶段，可以调和建构主义与实证主义的矛盾。从知识论视角看，实证主义者认为只有在经验中可被观察和证实的知识才是真的知识，建构主义者认为知识是一种社会建构；从认识论视角看，实证主义者坚持观察者和研究对象的二分，研究对象是外在的、客观的、价值中立的，观察者可以通过观察和实验等科学方法认识研究对象，建构主义者认为观察渗透理论，主体和客体无法区分，认识的实质是主体在观念中对客体的建构；从方法论视角看，实证主义者坚持假说—演绎法、归纳法、还原论，寻求因果性说明。建构主义者提倡对事实的"整体论"认知，通过对现象的深度描述，丰富对事实的全面了解。可以看出，人们对实证主义的认知更多的是处于还原论实证主义阶段。还原论实证主义排除社会和历史因素的作用，仅仅是为了寻找出决定复杂现象的简单原因，这是从解释科学的目的出发的；而建构主义更多的是以理解科学为目标的。整体论实证主义则是以科学发展和对科学社会性的理解为基础发展而来的，因此在整体论实证主义视角下，科学不仅是追求真理的实践活动，而且还是人类文化的重要组成，它既要纵向不断深入探索复杂现象背后的原因，更要横向促进人类对科学文化的理解。整体论实证主义在认识科学和理解科学的层面上消解了建构主义与实证主义的矛盾。

此外，整体论实证主义有助于促进人们对科学本质的理解，改变人们对科学是客观真理的认知。"弘扬科学精神，普及科学知识"已经成为我国推动社会主义文化繁荣兴盛的一项基本要求。但是在实践过程中，什么是科学精神，什么知识算是科学知识等问题都成为难题。例如，"阴阳五行"到底算不算科学知识就曾引起过学界的争论。支持者认为"阴阳五行"是中国古代科学的一种概念和范畴，为当时提供了构造世界图景的宇宙观，主张从一种历史的和发展的视角来看待科学。而反对者则认为"阴阳五行"是中国传统文化的一部分，但是不属于科学，因为科学的目的在于发现真理和规律，而不是做形而上学的思考。如果站在建构主义的立场上，"阴阳五行"本质上和其他科学知识是没有区别的，它们都是当时社会的普遍信念；如果站在科学主义的立场上，"阴阳五行"必然不是科学，因为它不可证实也无法证伪。可以看出，持有不同立场，对科学知识的认知是有所不同的。因此，了解什么是科学、什么是科学精神才是学习科学知识的基础。

通常来说，科学精神是科学家在从事科学研究和科学探索过程中衍生出来的一种精神气质。从本书的观点出发，实际上就是还原论实证主义的核心思想。科学家通过观察和实验探索外部世界，寻找现象背后的原因或者规律，将宏观的和复杂的现象还原为微观的和简单的现象，从而获得相关的知识和理论，科学知识不仅要经受得起实验的检验，还要具有强大的预言能力。因此，科学精神可以总结为：（1）追求真理。科学家认为自然界中存在普遍的规律，即存在真理，科学家的任务就是通过不断观察和实验发现真理和规律。（2）实证精神。科学的知识是建立在经验基础上的，不可被经验证实或者证伪的知识不能算是科学知识——反形而上学。（3）批判精神。科学批判不同于批评，也不同于哲学的批判思维。它是一种不畏权威，只以可重复验证性为准则，对既有科学知识的反驳或者辩护。

但是如果将还原论实证主义视为科学精神的核心的话，很容易就会走向唯科学主义，因为还原论实证主义的目的只是纵向地寻找客观真理，而忽略了横向地理解事实和科学。因此，本书认为应该从整体论实证主义出发理解科学、传播科学。整体论实证主义承认科学活动和科学知识的社会性，其目的不再是简单地求真，而是在更好地理解科学、认知科学本质的基础上，更好地求真。因此，在多元的社会中，科学对简单原因和规律的探索，可以泛化为从多角度追寻现象的原因，从整体上理解和认识现象，即从追求真理转变为追问原因；以经验为基础证实或证伪科学知识，可以泛化为以实证原则区分科学中的科学元素和社会元素，社会中的科学和伪科学；可重复验证性，可以泛化为对知识的科学要素的判断和理解。从整体论实证主义出发，虽然"阴阳五行"不被视为科学，但是从社会和历史的视角为理解什么是科学提供了很好的案例。

参 考 文 献

中文著作

[1] 安维复：《科学哲学新进展：从证实到建构》，上海人民出版社 2012 年版。

[2] 曹志平：《理解与科学解释：解释学视野中的科学解释研究》，社会科学文献出版社 2005 年版。

[3] 陈恒安：《20 世纪后半叶台湾演化学普及知识的思维样式》，台北：记忆工程 2009 年版。

[4] 贺竹梅：《现代遗传学教程》，中山大学出版社 2002 年版。

[5] 李创同：《科学哲学思想的流变：历史上的科学哲学思想家》，高等教育出版社 2006 年版。

[6] 梁其姿：《麻风：一种疾病的医疗社会史》，商务印书馆 2013 年版。

[7] 林定夷：《科学逻辑与科学方法论》，电子科技大学出版社 2003 年版。

[8] 刘大椿：《科学哲学》，中国人民大学出版社 2006 年版。

[9] 刘放桐等：《新编现代西方哲学》，人民出版社 2000 年版。

[10] 邱觉心：《早期实证主义哲学概观——孔德、穆勒与斯宾塞》，四川人民出版社 1990 年版。

[11] 宋大康：《微生物学史及其对生命科学发展的贡献》，中国农业

大学出版社 2009 年版。

［12］王东：《科学研究中的隐喻》，世界图书出版公司 2016 年版。

［13］吴嘉苓、傅大为、雷祥麟：《科技渴望社会》，群学出版有限公司 2004 年版。

［14］夏基松：《简明现代西方哲学》，上海人民出版社 2015 年版。

［15］张大庆：《医学史》，北京大学医学出版社 2013 年版。

［16］张大庆：《医学史十五讲》，北京大学出版社 2007 年版。

［17］张广智：《西方史学史》，复旦大学出版社 2010 年版。

［18］赵万里：《科学的社会建构：科学知识社会学的理论与实践》，天津人民出版社 2002 年版。

［19］左汉宾：《从抗体到复合免疫网络——免疫学理论进化及其方法论研究》，第四军医大学出版社 2008 年版。

中文译著

［1］［美］奥尔贝：《通往双螺旋之路——DNA 的发现》，赵寿元、诸民家译，复旦大学出版社 2012 年版。

［2］［英］波普尔：《科学发现的逻辑》，查汝强等译，中国美术学院出版社 2008 年版。

［3］［英］波特：《剑桥插图医学史》，张大庆译，山东画报出版社 2007 年版。

［4］［英］布鲁尔：《知识与社会意向》，艾彦译，东方出版社 2001 年版。

［5］［法］德布雷：《巴斯德传》，姜志辉译，商务印书馆 2000 年版。

［6］［加］哈金：《表征与干预：自然科学哲学主题导论》，王巍、孟强译，科学出版社 2010 年版。

［7］［美］亨普尔：《自然科学的哲学》，张华夏、余谋昌、鲁旭东译，生活·读书·新知三联书店 1987 年版。

［8］［意］卡斯蒂廖尼：《医学史》，程之范、甄橙译，译林出版社 2014 年版。

［9］［美］凯利：《医学史话：早期文明（史前—公元 500）》，蔡和兵译，上海科学技术文献出版社 2015 年版。

［10］［美］凯利：《医学史话：科学革命和医学（1450—1700）》，王中立译，上海科学技术文献出版社 2015 年版。

［11］［波兰］科拉科夫斯基：《理性的异化——实证主义思想史》，张彤译，黑龙江大学出版社 2011 年版。

［12］［美］克鲁伊夫：《微生物猎人传》，余年译，科学普及出版社 1982 年版。

［13］［法］孔德：《论实证精神》，黄建华译，商务印书馆 2001 年版。

［14］［美］库恩：《必要的张力》，范岱年、纪树立等译，北京大学出版社 2004 年版。

［15］［美］库恩：《科学革命的结构》，金吾伦、胡新和译，北京大学出版社 2003 年版。

［16］［美］蒯因：《从逻辑的观点看》，陈启伟等译，中国人民大学出版社 2007 年版。

［17］［英］拉卡托斯：《科学研究纲领方法论》，兰征译，上海译文出版社 2005 年版。

［18］［法］拉图尔、［英］伍尔加：《实验室生活：科学事实的建构过程》，刁小英、张柏霖译，东方出版社 2004 年版。

［19］［美］罗宾斯：《路易·巴斯德与神秘的微生物世界》，徐新、徐清平译，陕西师范大学出版社 2004 年版。

［20］［美］玛格纳：《生命科学史》（第 3 版），刘学礼译，上海人民出版社 2009 年版。

［21］［美］玛格纳：《医学史》，刘学礼译，上海人民出版社 2017

年版。

［22］［美］麦克莱伦第三、［美］多恩：《世界科学技术通史》，王鸣阳等译，上海世纪出版集团2007年版。

［23］［英］牛顿－史密斯：《科学哲学指南》，上海科技教育出版社2006年版。

［24］［奥］诺尔－塞蒂纳：《制造知识：建构主义与科学的与境性》，王善博译，东方出版社2001年版。

［25］［法］佩罗、［法］施瓦兹：《巨人的对决》，时利和译，海天出版社2018年版。

［26］［美］皮克林：《建构夸克：粒子物理学的社会史》，王文浩译，湖南科学技术出版社2012年版。

［27］涂纪亮编：《皮尔斯文选》，涂纪亮、周兆平译，社会科学文献出版社2006年版。

［28］［古希腊］希波克拉底：《希波克拉底文集》，赵洪、武鹏译，安徽科学技术出版社1990年版。

［29］［美］夏平、［美］谢弗：《利维坦与空气泵：霍布斯、玻意耳与实验生活》，蔡佩君等译，上海人民出版社2008年版。

中文期刊论文

［1］安维复、梁立新：《究竟什么是"社会建构"——伊恩·哈金社会建构主义》，《吉林大学社会科学学报》2008年第6期。

［2］陈元晖：《严复和近代实证主义哲学——严复是中国第一代实证主义者》，《哲学研究》1978年第4期。

［3］陈振明：《法兰克福学派的"批判的科学哲学"——对实证主义的攻击》，《学术月刊》1991年第5期。

［4］范墨昌：《论批判理性主义和逻辑实证主义在科学观上的主要分歧》，《河北师范大学学报》（社会科学版）1990年第2期。

［5］郭贵春：《塞拉斯的知识实在论》，《自然辩证法研究》1991 年第 4 期。

［6］郭贵春：《夏佩尔的理性实在论》，《自然辩证法通讯》1990 年第 5 期。

［7］郭志强：《语言连接世界何以可能——试论普特南实在论哲学的一致性》，《自然辩证法通讯》2018 年第 3 期。

［8］胡伟希：《中国近代实证主义思潮的产生与发展》，《学术月刊》1985 年第 10 期。

［9］江怡：《什么是实证主义：对它的一种史前史考察》，《云南大学学报》（社会科学版）2003 年第 5 期。

［10］刘崇俊、周程：《强纲领自然主义立场的再审视——在相对主义和科学主义边缘的徘徊》，《科学技术哲学研究》2017 年第 6 期。

［11］刘大椿：《从科学革命到现代科技革命》，《教学与研究》1997 年第 3 期。

［12］刘鹏：《科学知识社会学理论评析》，《科学技术与辩证法》2005 年第 3 期。

［13］刘文旋：《从知识的建构到事实的建构——对布鲁诺·拉图尔"行动者网络理论"的一种考察》，《哲学研究》2017 年第 5 期。

［14］刘晓：《科学知识社会学的史学实践——评夏平与沙弗尔的〈利维坦与空气泵——霍布斯、波义耳与实验活动〉》，《科学文化评论》2004 年第 5 期。

［15］阙祥才：《实证主义研究方法的历史演变》，《求索》2016 年第 4 期。

［16］石庆波：《希波克拉底与西方医学人文传统的萌芽》，《淮北师范大学学报》（哲学社会科学版）2017 年第 6 期。

［17］王延锋：《科学形象的历史描述——皮克林的批判编史学及有关争议之分析》，《自然辩证法研究》2009 年第 4 期。

［18］魏屹东：《巴斯德：科学王国里一位最完美的人物》，《自然辩证法通讯》1998 年第 4 期。

［19］魏屹东：《巴斯德的科学思想及科学方法》，《自然杂志》1999 年第 3 期。

［20］夏钊：《20 世纪前期德国诺贝尔奖的高产成因刍议》，《安徽大学学报》（哲学社会科学版）2016 年第 4 期。

［21］夏钊：《从"范式"的视角看结核杆菌的发现》，《自然辩证法通讯》2018 年第 11 期。

［22］夏钊：《弗莱克研究现状及其在中国的意义》，《科学文化评论》2014 年第 1 期。

［23］谢德秋：《结核杆菌发现者罗伯特·科赫——纪念结核杆菌发现 100 周年》，《自然杂志》1982 年第 9 期。

［24］谢德秋：《微生物学奠基人——巴斯德》，《自然杂志》1980 年第 5 期。

［25］谢向阳、淦家辉：《什么是孔德的实证主义——对孔德实证主义体系的再认识》，《学术探索》2005 年第 2 期。

［26］［美］扎米托：《科学哲学：从实证主义到后实证主义》，《淮阴师范学院学报》（哲学社会科学版）2013 年第 1 期。

［27］张成岗：《弗莱克学术形象初探》，《自然辩证法研究》1998 年第 8 期。

［28］张成岗：《弗莱克与历史主义学派》，《科学技术与辩证法》2000 年第 4 期。

［29］甄橙：《微生物学的辉煌年代——19 世纪的细菌学》，《生物学通报》2007 年第 9 期。

［30］周昌忠：《逻辑实证主义的科学观》，《自然辩证法通讯》1983 年第 5 期。

［31］周程：《19 世纪前后西方微生物学的发展——纪念恩格斯〈自

然辩证法〉发表 90 周年》,《科学与管理》2015 年第 6 期。

中文析出文献

［1］［美］库恩:《发现的逻辑还是研究的心理学》,《必要的张力》,
范岱年、纪树立等译,北京大学出版社 2004 年版。

［2］［美］蒯因:《经验论的两个教条》,《从逻辑的观点看》,陈启伟
等译,中国人民大学出版社 2007 年版。

［3］［英］雷:《逻辑实证主义》,［英］牛顿 – 史密斯:《科学哲学
指南》,上海科技教育出版社 2006 年版。

［4］［美］皮尔斯:《信念的确定》,《皮尔斯文选》,涂纪亮、周兆平
译,社会科学文献出版社 2006 年版。

［5］［美］萨蒙:《逻辑经验主义》,［英］牛顿 – 史密斯:《科学哲
学指南》,上海科技教育出版社 2006 年版。

学位论文

［1］刘崇俊:《互构论视野下"技性科学"的协同治理》,博士学位
论文,北京大学,2017 年。

［2］夏钊: 《弗莱克研究》,硕士学位论文,中国科学院大学,
2014 年。

［3］周丽昀:《科学实在论与社会建构论比较研究——兼议从表象科
学观到实践科学观》,博士学位论文,复旦大学,2004 年。

外文著作

［1］Adler R. , *Robert Koch and American Bacteriology*, Jefferson: McFar-
land, 2016.

［2］Allen A. , *The Fantastic Laboratory of Dr. Weigl: How Two Scientists
Battled Typhus and Sabotaged the Nazis*, New York: W. W. Norton &

Company, 2014.

[3] Applebaum W. , *The Scientific Revolution and the Foundations of Modern Science*, Westport, Connecticut, London: Greenwood Press, 2005.

[4] Bäumler E. , *Paul Ehrlich, Scientist for Life*, translated by Edwards Grant, New York and London: Holmes and Meier, 1984.

[5] Berger S. , *Bakterien in Krieg und Frieden: Eine Geschichte der Medizinischen Bakteriologie in Deutschland, 1890 – 1933*, Göttingen: Wallstein Verlag, 2013.

[6] Blood P. R. , *A Short History of Medicine*, London: Penguin Books, 2003.

[7] Brock T. D. , *Milestiones in Mircrobiology, 1546 to 1940*, Washington, D. C. : ASM Press, 1998.

[8] Brock T. D. , *Robert Koch: A Life in Medicine and Bacteriology*, Washington, D. C. : ASM Press, 1998.

[9] Bulloch W. , *The History of Bacteriology*, New York: Dover Publications, 1979.

[10] Carter K. C. , *Essays of Robert Koch*, Westport: Greenwood Press, 1987.

[11] Carter K. C. , *The Rise of Causal Concepts of Disease: Case Histories*, Aldershot: Ashgate Publishing, 2003.

[12] Cohen R. S. , Schnelle T. , *Cognition and Fact. Materials on Ludwik Fleck, Boston Studies in the Philosophy of Science*, Vol. 87, Dordrecht: D. Reidel Publishing Company, 1986.

[13] Collins H. M. , *Changing Order: Replication and Induction in Scientific Practice*, London, Beverly Hills, New Delhi: SAGE Publications, 1985.

[14] Croft W. J. , *Under the Microscope : A Brief History of Microscopy*, Singapore : World Scientific, 2006.

[15] Delanty G. , *Social Science : Beyond Constructivism and Realism*, Minneapolis : University of Minnesota Press, 1997.

[16] Dubos R. , Dubos J. , *The White Plague : Tuberculosis, Man, and Society*, New Brunswick, N. J. , London : Rutgers University Press, 1987.

[17] Evans R. J. , *Death in Hamburg. Society and Politics in the Cholera Years 1830 – 1910*, London : Penguin Books, 2005.

[18] Faber K. , *Nosography : The Evolution of Clinical Medicine in Modern Times*, New York : Paul B. Hoeber, 1930.

[19] Fisher R. , *Joseph Lister*, New York : Stein and Day, 1977.

[20] Fleck L. , *Entstehung und Entwicklung einer wissenschaftlichen Tatsache : Einführung in die Lehre vom Denkstil und Denkkollektiv*, Berlin : Suhrkamp, 1980.

[21] Fleck L. , *Genesis and Development of a Scientific Fact*, Chicago : The University of Chicago Press, 1979.

[22] Ford W. W. , *Bacteriology*, New York and London : Paul B. Hoeber, 1939.

[23] Foster W. D. , *A History of Medical Bacteriology and Immunology*, London : William Heinemann Medical Books, 1970.

[24] Genschorek W. , *Robert Koch : Leben, Werk, Zeit*, Leipzig : S. Hirzel Verlag, 1976.

[25] Gillispie C. C. , *Dictionary of Scientific Biography*, New York : Charles Scribner's Sons, 1972.

[26] Gradmann C. , *Krankheit im Labor : Robert Koch und die Medizinische Bakteriologie*, Göttingen : Wallstein Verlag, 2005.

[27] Gradmann C. , *Laboratory Disease: Robert Koch's Medical Bacteriology*, translated by Elborg Forster, Baltimore: Johns Hopkins University Press, 2009.

[28] Gradmann C. , *Robert Koch: Zentrale Texte*, Berlin: Springer Spektrum, 2018.

[29] Grüntzig J. W. , Mehlhorn H. , *Robert Koch: Seuchenjäger und Nobelpreisträger*, Heidelberg, Berlin, Oxford: Spektrum Akademischer Verlag, 2010.

[30] Henisch H. K. , Henisch B. A. , *The Photographic Experience, 1839 – 1914: Images and Attitudes*, University Park, PA: The Pennsylvania State University Press, 1994.

[31] Heymann B. , *Robert Koch, Teil I. 1843 – 1882*, Leipzing: Akademische Verlagsgesellschaft, 1932.

[32] King L. , *Medical Thinking: A Historical Preface*, New Jersey: Princeton University Press, 1982.

[33] Kirchner M. , *Robert Koch*, Berlin: Verlag Julius Springer, 1924.

[34] Knight D. C. , *Robert Koch: Father of Bacteriology*, London: Franklin Watts, 1961.

[35] Kogon E. , *Der SS-Staat: das System der deutschen Konzentrationslager*, München: Wilhelm Heyne Verlag, 1974.

[36] Kotar S. L. , Gessler J. E. , *Cholera: A Worldwide History*, Jefferson, North Carolina: McFarland & Company, Inc. , Publishers, 2014.

[37] Kruif P. , *Men Against Death*, New York: Harcourt, Brace, 1932.

[38] Kruif P. , *Microbe Hunters*, New York: Blue Ribbon Books, 1926.

[39] Latour B. , *Pasteurization of France*, translated by Alan Sheridan and John Law, Cambridge, Massachusetts and London, England: Harvard University Press, 1993.

［40］ Latour B. , *Reassembling the Social：An Introduction to Actor-Network Theory*, Oxford：Oxford University Press, 2007.

［41］ Löwy I. , *The Polish School of Philosophy of Medicine：From Tytus Chalubinski（1820 – 1889）to Ludwik Fleck（1896 – 1961）*, Dordrecht, Boston, London：Kluwer Academic Publishers, 1990.

［42］ McMillen C. W. , *Discovering Tuberculosis, A Global History 1900 to the Present*, New Haven, Conn. /London：Yale University Press, 2015.

［43］ Ogawa M. , *Robert Koch's 74 Days in Japan*, Mori-Ôgai-Gedenkstätte der Humboldt-Universität zu Berlin, 2003.

［44］ Robbins L. E. , *Louis Pasteur and the Hidden World of Microbes*, New York：Oxford University Press, 2001.

［45］ Rosenbach O. , *Grundlagen, Aufgaben und Grenzen der Therapie；Nebst Einem Anhange：Kritik des Koch'schen Verfahrens*, Wien und Leipzig：Urban & Schwarzenberg, 1891.

［46］ Rosenberg C. E. , *The Care of Strangers*, Baltimore：Johns Hopkins University Press, 1987.

［47］ Rusch B. , *Robert Koch：Vom Landarzt zum Pionier der Modernen Medizin*, München：Bucher Verlag, 2010.

［48］ Schwalbe J. , *Gesammelte Werke von Robert Koch. Bd II, Teil I*, Leipzig：Thieme, 1912.

［49］ Schwalbe J. , *Gesammelte Werke von Robert Koch. Bd I*, Leipzig：Thieme, 1912.

［50］ Schwartz M. , Perrot A. , *Robert Koch und Louis Pasteur：Duell Zweier Giganten*, Stuttgart：Konrad Theiss Verlag, 2015.

［51］ Singer M. , *The Legacy of Positivism*, Basingstoke, Hampshire：Palgrave Macmillan, 2005.

［52］ Snow J. , *On the Mode of Communication of Cholera*, London：John

Churchill, Princes Street, Soho, 1849.

[53] Snow J. , *On the Mode of Communication of Cholera*, London: John Churchill, New Burlington Street, England, 1855.

[54] Thompson R. P. , Upshur R. E. G. , *Philosophy of Medicine: An Introduction*, New York: Routledge, 2018.

[55] Werner S. , Zittel C. , Stahnisch F. , Ludwik Fleck, *Denkstile und Tatsachen: Gesammelte Schriften und Zeugnisse*, Berlin: Suhrkamp, 2011.

[56] Winslow C. E. A. , *The Conquest of Epidemic Disease*, Princeton, New Jersey: Princeton University Press, 1944.

外文期刊论文

[1] Abbe E. , "On Stephenson's System of Homogeneous Immersion for Microscope Objective", *Transactions of Royal Microscopical Society*, No. 2, 1879.

[2] Akkermans R. , "Robert Heinrich Herman Koch", *The Lancet Respiratory Medicine*, Vol. 2, No. 4, 2014.

[3] Alam M. A. , "Critique of Positivism in the Natural Sciences", *Social Scientist*, Vol. 6, No. 9, 1978.

[4] Amsterdamska et al. , "Medical Science in the Light of a Flawed Study of the Holocaust: A Comment on Eva Hedfors' Paper on Ludwik Fleck", *Social Studies of Science*, Vol. 38, No. 6, 2008.

[5] Anonymous, "Cholera in Egypt. The Mission of Surgeon-General Hunter. Final Report", *The British Medical Journal*, Vol. 1, No. 1206, 1884.

[6] Anonymous, "Koch on Cholera", *The British Medical Journal*, No. 2, 1884.

［7］ Anonymous, "The Official Refutation of Dr. Robert Koch's Theory of Cholera and Commas", *Quarterly Journal of Microscopical Science*, No. 26, 1886.

［8］ Antonelli G. , Cutler S. , "Evolution of the Koch Postulates: Towards a 21st-Century Understanding of Microbial Infection", *Clinical Microbiology and Infection*, Vol. 22, No. 7, 2016.

［9］ Blevins S. M. , Bronze M. S. , "Robert Koch and the 'Golden Age' of Bacteriology", *International Journal of Infectious Diseases*, Vol. 14, No. 9, 2010.

［10］ Blumberg A. E. , Feigl H. , "Logical Positivism", *The Journal of Philosophy*, Vol. 28, No. 11, 1931.

［11］ Brorson S. , "Ludwik Fleck on Proto-Ideas in Medicine", *Medicine, Health Care and Philosophy*, No. 3, 2000.

［12］ Brorson S. , "The Seeds and the Worms: Ludwik Fleck and the Early History of Germ Theories", *Perspectives in Biology and Medicine*, Vol. 49, No. 1, 2006.

［13］ Burke D. S. , "Of Postulates and Peccadilloes: Robert Koch and Vaccine (Tuberculin) Therapy for Tuberculosis", *Vaccine*, Vol. 11, No. 8, 1993.

［14］ Bynum B. , Bynum H. , "Robert Koch's Culture Tubes", *The Lancet*, Vol. 388, No. 10047, 2016.

［15］ Carter K. C. , "Koch's Postulates in Relation to the Work of Jacob Henle and Edwin Klebs", *Medical History*, Vol. 29, No. 4, 1985.

［16］ Carter K. C. , "The Koch-Pasteur Dispute on Establishing the Cause of Anthrax", *Bulletin of the History of Medicine*, Vol. 62, No. 1, 1988.

［17］ Doetsch R. N. , "Henle and Koch's Postulates", *ASM News*, No. 48, 1982.

[18] Evans A. S. , "Causation and Disease: The Henle-Koch Postulates Revisited", *Yale Journal of Biology and Medicine*, No. 49, 1976.

[19] Evans A. S. , "Pettenkofer Revisited: The Life and Contributions of Max von Pettenkofer (1818 – 1901)", *Yale Journal of Biology and Medicine*, No. 46, 1973.

[20] Evans A. S. , "Two Errors in Enteric Epidemiology: The Stories of Austin Flint and Max von Pettenkofer", *Reviews of Infectious Diseases*, Vol. 7, No. 3, 1985.

[21] Exner M. , "Die Entdeckung der Cholera-Ätiologie Durch Robert Koch 1883/84", *Hygiene & Medizin*, Vol. 34, No. 4, 2009.

[22] Falkow S. , "Molecular Koch's Postulates Applied to Microbial Pathogenicity", *Reviews of Infectious Diseases*, No. 10, 1988.

[23] Forstner C. , "The Early History of David Bohm's Quantum Mechanics Through the Perspective of Ludwik Fleck's Thought-Collectives", *Minerva*, No. 46, 2008.

[24] Gradmann C. , "A Harmony of Illusions: Clinical and Experimental Testing of Robert Koch's Tuberculin 1890 – 1900", *Studies in History and Philosophy of Science Part C: Studies in History and Philosophy of Biological and Biomedical Sciences*, Vol. 35, No. 3, 2004.

[25] Gradmann C. , "A Spirit of Scientific Rigour: Koch's Postulates in Twentieth-Century Medicine", *Microbes and Infection*, Vol. 16, No. 11, 2014.

[26] Gradmann C. , "Die Entdeckung der Choiera in Indien — Robert Koch und die DMW", *Deutsche Medizinische Wochenschrift*, No. 124, 1999.

[27] Gradmann C. , "Invisible Enemies: Bacteriology and the Language of Politics in Imperial Germany", *Science in Context*, No. 13, 2000.

[28] Gradmann C. , "Money and Microbes: Robert Koch, Tuberculin and the Foundation of the Institute for Infectious Diseases in Berlin in 1891", *History and Philosophy of the Life Sciences*, No. 22, 2000.

[29] Gradmann C. , "Robert Koch and the Invention of the Carrier State: Tropical Medicine, Veterinary Infections and Epidemiology around 1900", *Studies in History and Philosophy of Science Part C: Studies in History and Philosophy of Biological and Biomedical Sciences*, Vol. 41, No. 3, 2010.

[30] Gradmann C. , "Robert Koch and the Pressures of Scientific Research: Tuberculosis and Tuberculin", *Medical History*, Vol. 45, No. 1, 2001.

[31] Gradmann C. , "Robert Koch and the White Death: From Tuberculosis to Tuberculin", *Microbes and Infection*, Vol. 8, No. 1, 2006.

[32] Graf E. O. , Mutter K. , "Zur Rezeption des Werkes von Ludwik Fleck", *Zeitschrift für philosophische Forschung*, Vol. 54, No. 2, 2000.

[33] Halliday S. , "William Farr, The Lancet, and Epidemic Cholera", *Medical Science Monitor: International Medical Journal of Experimental & Clinical Research*, Vol. 8, No. 6, 2002.

[34] Hedfors E. , "Medical Ethics in the Wake of the Holocaust: Departing from a Postwar Paper by Ludwik Fleck", *Studies in History and Philosophy of Biological and Biomedical Sciences*, No. 38, 2007.

[35] Henle J. , "On Miasmata and Contagia", *Bulletin of the Institute of the History of Medicine*, Vol. 6, No. 8, 1938.

[36] Howard-Jones N. , "Gelsenkirchen Typhoid Epidemic of 1901, Robert Koch and the Dead Hand of Max von Pettenkofer", *British Medical Journal*, No. 1, 1973.

[37] Hunter W. G. , "Remarks on The Epidemic of Cholera in Egypt",

The British Medical Journal, Vol. 1, No. 1203, 1884.

[38] Jewson N. D. , "The Disappearance of the Sick-Man from Medical Cosmology, 1770 – 1870", *Sociology*, No. 10, 1976.

[39] Lammel H. U. , "Virchow Contra Koch? Neue Untersuchungen zu einer alten Streitfrage", *Charité Annalen*, No. 2, 1982.

[40] Leikind M. C. , "The History of Bacteriology by William Bulloch", *Isis*, Vol. 31, No. 2, 1940.

[41] Ligon B. L. , "Robert Koch: Nobel Laureate and Controversial Figure in Tuberculin Research. Seminars in Pediatric Infectious Diseases", *WB Saunders*, Vol. 13, No. 4, 2002.

[42] Lindenmann J. , "Discussion: Siegel, Schaudinn, Fleck and the Etiology of Syphilis: A Response to Henk van den Belt", *Studies in History and Philosophy of Biological and Biomedical Sciences*, No. 33, 2002.

[43] Lindenmann J. , "Siegel, Schaudinn, Fleck and the Etiology of Syphilis", *Studies in History and Philosophy of Biological and Biomedical Sciences*, No. 32, 2001.

[44] Locher W. G. , "Max von Pettenkofer (1818 – 1901) as a Pioneer of Modern Hygiene and Preventive Medicine", *Environmental Health and Preventive Medicine*, No. 12, 2007.

[45] Löwy I. , "Fleck the Public Health Expert: Medical Facts, Thought Collectives, and the Scientist's Responsibility", *Science, Technology & Human Values*, Vol. 41, No. 3, 2016.

[46] Löwy I. , "Introduction: Ludwik Fleck's Epistemologyof Medicine and Biomedical Sciences", *Studies in History and Philosophy of Biological and Biomedical Sciences*, No. 35, 2004.

[47] Löwy I. , "Ways of Seeing: Ludwik Fleck and Polish Debates on the Perception of Reality, 1890 – 1947", *Studies in History and Philosophy*

of Science, *Part A*, No. 3, 2008.

[48] Morabia A. , "Epidemiologic Interactions, Complexity, and the Lonesome Death of Max von Pettenkofer", *American Journal of Epidemiology*, Vol. 166, No. 11, 2007.

[49] Ogawa M. , "Uneasy Bedfellows: Science and Politics in the Refutation of Koch's Bacterial Theory of Cholera", *Bulletin of the History of Medicine*, Vol. 74, No. 4, 2000.

[50] Peirce C. S. , "The Fixation of Belief", *Popular Science Monthly*, No. 12, 1877.

[51] Ross L. N. , Woodward J. F. , "Koch's Postulates: An Interventionist Perspective", *Studies in History and Philosophy of Biological and Biomedical Sciences*, No. 59, 2016.

[52] Sakula A. , "Robert Koch: The Story of His Discoveries in Tuberculosis", *Irish Journal of Medical Science*, Vol. 154, No. 1, 1985.

[53] Schlich T. , "Linking Cause and Disease in the Laboratory: Robert Koch's Method of Superimposing Visual and 'Functional' Representations of Bacteria", *History and Philosophy of the Life Sciences*, No. 22, 2000.

[54] Schultz M. G. , "Robert Koch", *Emerging Infectious Diseases*, Vol. 17, No. 3, 2011.

[55] Shapin S. , "A View of Scientific Thought", *Science*, *New Series*, Vol. 207, No. 4435, 1980.

[56] van den Belt H. , "Ludwik Fleck and the Causative Agent of Syphilis: Sociology or Pathology of Science? A Rejoinder to Jean Lindenmann", *Studies in History and Philosophy of Biological and Biomedical Sciences*, No. 33, 2002.

[57] Verhoeff B. , "Stabilizing Autism: A Fleckian Account of the Rise of

a Neurodevelopmental Spectrum Disorder", *Studies in History and Philosophy of Science Part C: Studies in History and Philosophy of Biological and Biomedical Sciences*, No. 46, 2014.

[58] Virchow R., "Ueber die Wirkung des Koch'schen Mittels auf innere Organe Tuberculöser", *Berliner Klinische Wochenschrift*, No. 28, 1891.

[59] Walker L., Levine H., Jucker M., "Koch's Postulates and Infectious Proteins", *Acta Neuropathologica*, No. 1211, 2006.

[60] Weisz G. M., "Dr Fleck Fighting Fleck Typhus", *Social Studies of Science*, Vol. 40, No. 1, 2010.

[61] Wiedeman H. R., "Robert Koch", *European Journal of Pediatrics*, Vol. 149, No. 4, 1990.

[62] Worboys M., "Was There a Bacteriological Revolution in Late Nineteenth-Century Medicine?", *Studies in History and Philosophy of Science Part C: Studies in History and Philosophy of Biological and Biomedical Sciences*, Vol. 38, No. 1, 2007.

[63] Zittel C., "Ludwik Fleck and the Concept of Style in the Natural Sciences", *Studies East European Thought*, No. 64, 2012.

外文析出文献

[1] Dolman C. E., "Robert Koch", in Gillispie C. C., *Dictionary of Scientific Biography*, New York: Charles Scribner's Sons, 1972.

[2] Fleck L., "Antwort auf die Bemerkungen von Tadaeusz Bilikiewicz", in Werner S., Zittel C., Stahnisch F., Ludwik Fleck, *Denkstile und Tatsachen: Gesammelte Schriften und Zeugnisse*, Berlin: Suhrkamp, 2011.

[3] Fleck L., "Crisis in Science", in Cohen R. S., Schnelle T., *Cognition and Fact, Materials on Ludwik Fleck, Boston Studies in the Philoso-*

phy of Science, Vol. 87, Dordrecht: D. Reidel Publishing Company, 1986.

[4] Fleck L., "On the Crisis of 'Reality'", in Cohen R. S., Schnelle T., *Cognition and Fact*, *Materials on Ludwik Fleck*, *Boston Studies in the Philosophy of Science*, Vol. 87, Dordrecht: D. Reidel Publishing Company, 1986.

[5] Fleck L., "Problems of the Science of Science", in Cohen R. S., Schnelle T., *Cognition and Fact*, *Materials on Ludwik Fleck*, *Boston Studies in the Philosophy of Science*, Vol. 87, Dordrecht: D. Reidel Publishing Company, 1986.

[6] Fleck L., "Scientific Observation and Perception in General", in Cohen R. S., Schnelle T., *Cognition and Fact*, *Materials on Ludwik Fleck*, *Boston Studies in the Philosophy of Science*, Vol. 87, Dordrecht: D. Reidel Publishing Company, 1986.

[7] Fleck L., "Some Specific Features of the Medical Way of Thinking", in Cohen R. S., Schnelle T., *Cognition and Fact*, *Materials on Ludwik Fleck*, *Boston Studies in the Philosophy of Science*, Vol. 87, Dordrecht: D. Reidel Publishing Company, 1986.

[8] Fleck L., "The Problem of Epistemology", in Cohen R. S., Schnelle T., *Cognition and Fact*, *Materials on Ludwik Fleck*, *Boston Studies in the Philosophy of Science*, Vol. 87, Dordrecht: D. Reidel Publishing Company, 1986.

[9] Fleck L., "To Look, To see, To Know", in Cohen R. S., Schnelle T., *Cognition and Fact*, *Materials on Ludwik Fleck*, *Boston Studies in the Philosophy of Science*, Vol. 87, Dordrecht: D. Reidel Publishing Company, 1986.

[10] Fleck L., "Wie Entstand die Bordet-Wassermann-Reaktion und Wie

Entsteht Eine Wissenschaftliche Entdeckung im Allgemeinen?", in Werner S. , Zittel C. , Stahnisch F. , *Ludwik Fleck, Denkstile und Tatsachen: Gesammelte Schriften und Zeugnisse*, Berlin: Suhrkamp, 2011.

[11] Fleck L. , "Wissenschaft und Umwelt", in Werner S. , Zittel C. , Stahnisch F. , *Ludwik Fleck, Denkstile und Tatsachen: Gesammelte Schriften und Zeugnisse*, Berlin: Suhrkamp, 2011.

[12] Fleck L. , "Zur Frage der Grundlagen der Medizinischen Erkenntnis", in Werner S. , Zittel C. , Stahnisch F. , *Ludwik Fleck, Denkstile und Tatsachen: Gesammelte Schriften und Zeugnisse*, Berlin: Suhrkamp, 2011.

[13] Koch R. , "Berichte über die Tätigkeit der zur Erforschung der Cholera im Jahre 1883 Nach Ägypten und Indien Entsandten Kommission an S. Exzellenz den Staatssekretär des Innern Herrn Staatsminister von Bötticher", in Schwalbe J. , *Gesammelte Werke von Robert Koch. Bd II , Teil I*, Leipzig: Thieme, 1912.

[14] Koch R. , "Die Ätiologie der Milzbrand-Krankheit, begründet auf die Entwicklungsgeschichte des Bacillus Anthracis", in Schwalbe J. , *Gesammelte Werke von Robert Koch. Bd I* , Leipzig: Thieme, 1912.

[15] Koch R. , "Die Ätiologie der Tuberkulose", in Schwalbe J. , *Gesammelte Werke von Robert Koch. Bd I* , Leipzig: Thieme, 1912.

[16] Koch R. , "Experimentelle Studien über die künstliche Abschwächung der Milzbrandbazillen und Milzbrandinfektion durch Fütterung", in Schwalbe J. , *Gesammelte Werke von Robert Koch. Bd I* , Leipzig: Thieme, 1912.

[17] Koch R. , "Fortsetzung der Mitteilungen über ein Heilmittel gegen Tuberkulose", in Schwalbe J. , *Gesammelte Werke von Robert Koch. Bd I* , Leipzig: Thieme, 1912.

［18］Koch R. ，"Inverstigation into the etiology of traumatic infective dis-
eases" ，in Brock T. D. ，*Milestiones in Mircrobiology* ，1546 *to* 1940 ，
Washington ，D. C. ：ASM Press ，1998.

［19］Koch R. ，"Neue Untersuchungen über die Mikroorganismen bei
infektiösen Wundkrankheiten" ，in Schwalbe J. ，*Gesammelte Werke von
Robert Koch. Bd I* ，Leipzig：Thieme ，1912.

［20］Koch R. ，"On Bacteriological Research" ，in *Essays of Robert Koch* ，
trans. Carter K. C. ，Westport：Greenwood Press ，1987.

［21］Koch R. ，"On the Etiology of Anthrax" ，in *Essays of Robert Koch* ，
trans. Carter K. C. ，Westport：Greenwood Press ，1987.

［22］Koch R. ，"The Etiology of Anthrax ，Founded on the Course of De-
velopment of the Bacillus Anthracis" ，in *Essays of Robert Koch* ，
trans. Carter K. C. ，Westport：Greenwood Press ，1987.

［23］Koch R. ，"The Etiology of Tuberculosis" ，in *Essays of Robert Koch* ，
trans. Carter K. C. ，Westport：Greenwood Press ，1987.

［24］Koch R. ，"Über Bakteriologische Forschung" ，in Schwalbe J. ，*Ge-
sammelte Werke von Robert Koch. Bd I* ，Leipzig：Thieme ，1912.

［25］Koch R. ，"Über die Behandlung der Lungentuberkulose mit Tu-
berkulin" ，in Schwalbe J. ，*Gesammelte Werke von Robert Koch. Bd I* ，
Leipzig：Thieme ，1912.

［26］Koch R. ，"Über die Milzbrandimpfung. Eine Entgegnung auf den
von Pasteur in Genf Gehaltenen Vortrag" ，in Schwalbe J. ，*Gesammelte
Werke von Robert Koch. Bd I* ，Leipzig：Thieme ，1912.

［27］Koch R. ，"Über die Pasteurschen Milzbrandimpfungen" ，in
Schwalbe J. ，*Gesammelte Werke von Robert Koch. Bd I* ，Leipzig：Thi-
eme ，1912.

［28］Koch R. ，"Untersuchungen über die Ätiologie der Wundinfektionskrankheiten", in Schwalbe J. , *Gesammelte Werke von Robert Koch. Bd I* , Leipzig: Thieme, 1912.

[29] Koch R. , "Verfahren zur Untersuchung, zum Konservieren und Photographieren der Bakterien", in Schwalbe J. , *Gesammelte Werke von Robert Koch. Bd I* , Leipzig: Thieme, 1912.

[30] Koch R. , "Weitere Mitteilungen über das Tuberkulin", in Schwalbe J. , *Gesammelte Werke von Robert Koch. Bd I* , Leipzig: Thieme, 1912.

[31] Koch R. , "Weitere Mitteilungen über ein Heilmittel gegen Tuberkulose", in Schwalbe J. , *Gesammelte Werke von Robert Koch. Bd I* , Leipzig: Thieme, 1912.

[32] Koch R. , "Zur Untersuchung von Pathogenen Organismen", in Schwalbe J. , *Gesammelte Werke von Robert Koch. Bd I* , Leipzig: Thieme, 1912.

[33] Loeffler F. , "Untersuchung über die Bedeutung der Mikroorganismen für die Entstehung der Diphtherie beim Menschen, bei der Taube und beim Kalbe", in *Mittheilungen aus dem Kaiserlichen Gesundheitsamte. Bd. 2*, 1884.

[34] Löwy I. , "The Epistemology of the Science of an Epistemologist of the Sciences: Ludwik Fleck's Professional Outlook and Its Relationships to His Philosophical Works", in Cohen R. S. , Schnelle T. , *Cognition and Fact*, *Materials on Ludwik Fleck*, *Boston Studies in the Philosophy of Science*, *Vol. 87*, Dordrecht: D. Reidel Publishing Company, 1986.

[35] Schlick M. , "Briefwechsel mit Moritz Schlick", in Werner S. , Zittel C. , Stahnisch F. , *Ludwik Fleck*, *Denkstile und Tatsachen: Gesammelte Schriften und Zeugnisse*, Berlin: Suhrkamp, 2011.

[36] Schnelle T. , "Microbiology and Philosophy of Science, Lwów and the German Holocaust: Station of a Life—Ludwik Fleck 1896 – 1961",

in Cohen R. S. , Schnelle T. , *Cognition and Fact*, *Materials on Ludwik Fleck*, *Boston Studies in the Philosophy of Science*, *Vol. 87*, Dordrecht: D. Reidel Publishing Company, 1986.

[37] Zittel C. , "Die Entstehung und Entwicklung von Ludwik Flecks Vergleichender Erkenntnistheorie", in Chołuj B. , Joerden J. C. , *Von der Wissenschaftlichen Tatsache zur Wissensproduktion: Ludwik Fleck und seine Bedeutung für die Wissenschaft und Praxis*, Frankfurt am Main/Berlin/Bern/Bruxelles/New York/Oxford/ Wien: Lang, 2007.

网络资源

[1] Anonymous, "Reductionism", Encyclopedia Britannica, Encyclopedia Britannica Inc. , https://www. britannica. com/topic/reductionism, 2019 - 2 - 18.

[2] Feigl H. , "Positivism", Encyclopedia Britannica, Encyclopedia Britannica Inc. , https://www. britannica. com/topic/positivism, 2017 - 04 - 25.

[3] Sady W. , "Ludwik Fleck", The Stanford Encyclopedia of Philosophy, https://plato. stanford. edu/archives/fall2017/entries/fleck, 2017 - 12 - 15.

[4] Stevenson L. G. , "Robert Koch", Encyclopedia Britannica, Encyclopedia Britannica Inc. , https://www. britannica. com/biography/Robert-Koch, 2018 - 07 - 15.

[5] Klein E. , Gibbes H. , "An Inquiry into the Etiology of Asiatic Cholera", London: Great Britain, India Office, 1885, http://resource. nlm. nih. gov/1263651.

后　记

　　本书乃是在我博士论文的基础上修改而成。一方面因为自身的能力有限，另一方面因为毕业后研究方向的转变，交付书稿后，自己仍然觉得书中有许多不足和有待完善的地方。不过我也安慰自己，只要付梓出版就总会有遗憾。好在作为对以往学习和研究的总结，本书基本涵盖了我在科技史和科技哲学方面的思考。

　　本书的研究内容贯穿了我的整个研究生阶段，其中关于卢德维克·弗莱克的研究是我学术研究的起点。作为科技哲学专业的研究生，我们要阅读大量科技哲学和科技史的经典文献，但弗莱克的著作显然不在必读书目之中。接触到弗莱克，完全是因为自己迷茫于研究选题时，硕导方在庆研究员将他复印的弗莱克的书给我，让我读一读看看感不感兴趣。通过阅读弗莱克的著作和相关文献，我才了解到弗莱克的传奇人生，及其理论对库恩和科学社会学的重要影响，并认识到弗莱克的理论对理解科学社会学的发展和科学事实的形成有着诸多启发，从而选择了弗莱克作为我硕士学位论文的研究主题。而关于罗伯特·科赫的研究则是我学术研究的拓展。在博士研究生阶段，我自己设想了两条可能的研究道路，一条是从弗莱克的理论出发做科学哲学史的研究，另一条是利用弗莱克的理论做科学史的案例研究。但是这两条道路都被博导周程教授所驳斥，理由也很简单：缺乏创新性。周程教授建议我在弗莱克的微生物学家的身份上做文章，这就自然地将我引向了微生物学史和罗伯特·科赫的研究。

　　起初，我并没有自信做好这一工作，因为作为文科生，我的微生物学知识少的可怜，之前的研究工作也都集中于哲学理论的探索，对我来说，想要从微生物学视角建立起科赫和弗莱克的联系并非易事。不过，还好20世纪之前的微生物学的理论和实验不太难理解，加上一些微生物学相关专业友人给予的帮助，我遇到的科学难题基本上都得到了解答。此外，更重要的是，当我读到格拉德曼教授利用弗莱克理论研究罗伯特·科赫的文章后，发现这条道路上已经有人在前行，而且当我联系格拉德曼教授后，他不仅对我的研究思路给予了肯定，还给我发了他的文章，并推荐了相关文献，这使得我对这一研究树立起了信心。

　　之后，在国家留学基金委的支持和周程教授、方在庆研究员的推荐下，我获得了公派留学的资格，前往柏林自由大学历史系交流、学习。在柏林，康拉德（Sebastian Conrad）教授为我的学习和研究提供了巨大的帮助，他主持的全球史系列讲座使我获益匪浅，并且在他指点下我搜集了大量相关文献材料，为我的研究提供了强有力的材料支撑。

　　在诸多老师的教导与支持下，我完成了博士论文并获得了博士学位。毕业后，周程教授曾多次建议我，多花一些时间将本书的内容加以精进和完善，然后出版，但作为初登讲台的青年教师，我不得不花费更多的时间在教学工作上，因此，论文修改的进度缓慢。我断断续续花了三年的时间，才敢于寻找出版社出版本书。

　　承蒙中国社会科学出版社副总编辑王茵老师的认可和编辑老师们的帮助，以及北京邮电大学马克思主义学院院长周晔教授的关心，本书才最终得以出版。此外，本书的出版得到了北京邮电大学马克思主义学院和北京市科学技术协会学术类研究课题"面向实践问题的思维方法——罗伯特·科赫的结核病研究"（项目编号：bjkxxs202008）的资助。特此表示感谢！

　　由于能力有限，书中难免存在不妥之处，还望读者朋友批评指正。如有幸带给您一些启发，我将万分欣喜。感谢大家！

夏　钊

2023 年春于沙河